现代加工技术丛书

# 现代铣削加工技术

**主 编**
韩开生 解伟坡
**副主编**
梁 猛 张世林

金盾出版社

## 内 容 提 要

本书为《现代加工技术丛书》之一,主要内容有:传统铣削、数控机床和数控铣床简介,数控铣削加工工艺,FANUC 系统数控铣床编程,数控铣床数控系统操作,FANUC 系统数控车床加工实例,数控铣自动编程,数控铣床的维护和故障诊断,数控铣工操作技能和理论知识试题及模拟试卷等。

本书实例较多,有的章末附有配合学习的复习思考题。理论知识模拟试题和试卷均有参考答案,以便于培训、考核和读者自测自查。

本书可作为数控铣工职业技能考核鉴定的培训教材和自学用书,还可作为技工学校和职业学校的培训教材或参考书。

**图书在版编目(CIP)数据**

现代铣削加工技术/韩开生,解伟坡主编. -- 北京:金盾出版社,
2012.5

ISBN 978-7-5082-7242-9

(现代加工技术丛书)

Ⅰ.①现… Ⅱ.①韩…②解… Ⅲ.①铣削—基本知识 Ⅳ.①TG54

中国版本图书馆 CIP 数据核字(2011)第 202853 号

### 金盾出版社出版、总发行

北京太平路 5 号(地铁万寿路站往南)

邮政编码:100036　电话:68214039　83219215

传真:68276683　网址:www.jdcbs.cn

封面印刷:北京精美彩色印刷有限公司

正文印刷:北京万友印刷有限公司

装订:北京万友印刷有限公司

各地新华书店经销

开本:705×1000 1/16　印张:21.75　字数:440 千字

2012 年 5 月第 1 版第 1 次印刷

印数:1~5000 册　定价:49.00 元

# 前　　言

数控技术是机械加工制造业实现自动化、柔性化、集成化生产的基础,是提高零件产品质量、提高加工生产效率必不可少的技术手段。中国在加入世贸组织后,正在逐步变成"世界制造中心",并开始从劳动密集型向技术型转变。为了增强竞争能力,许多制造企业已开始广泛使用先进的数控技术,但目前我国数控机床操作工严重短缺(据统计缺 60 万人左右)。数控人才短缺已经引起了教育部、人力资源和社会保障部等政府部门的高度重视。

数控技术人才需求量的大小和人才需求的类型、层次、质量等取决于国民经济和制造业的发展程度、水平,也取决于用工单位自身的管理要求、发展趋势等。据统计,制造业较发达的德国、美国、日本等国家的数控机床占生产设备的 70%以上,而我国制造业与国际先进工业国家相比存在着很大的差距。目前我国制造业数控机床拥有量不足总量的 4%,虽近几年来都以较快的速度在迅速增长,但很多还没能充分利用,原因之一就是数控人才的匮乏。

为加速培训数控加工技术人才,我们编写了《现代加工技术丛书》,包括《现代车削加工技术》、《现代铣削加工技术》、《现代特种加工技术》、《现代焊接加工技术》和《现代模具加工技术》。

本书主要参照国家职业标准中的数控铣工中级技能,本着由简单到复杂、由基础到专业、涉及面广的原则,主要介绍了数控铣床的相关基础和工艺知识,FANUC 数控系统和华中数控系统的编程与操作,具体介绍了刀具的材料、结构、选择以及数控机床的维护保养,并附有数控铣工理论练习题和操作技能练习图纸,以提高读者的数控铣削技能。

本书由石家庄市职业技术教育中心老师韩开生、解伟坡任主编,梁猛、张世林任副主编。

由于编者的经验和水平有限,书中如有不妥之处,敬请读者批评指正。

编　者

# 目　　录

# 第一章 概　述

## 第一节　金属切削的地位和种类

金属切削加工是利用切削刀具从工件(毛坯)上切去多余的材料,使零件具有符合图样规定的几何形状、尺寸和表面粗糙度等方面要求的加工过程。

### 一、金属切削的地位

机械加工中的金属切削加工,在机械制造过程中所占比重最大,用途最广。目前,机械制造业中所用工作母机有 80%～90% 主要为金属切削加工机床;在各种制造业中,机械制造占据主导地位。可见机械制造业的切削加工,在国民经济发展中处于十分重要的地位。它是一个国家经济实力和科学技术发展水平的重要标志,因而世界各国均把发展机械制造工业作为振兴和发展国民经济的战略重点之一。

### 二、切削加工的分类

切削加工可分为钳工和机械加工(简称机工)两部分。

#### 1. 钳工

主要是在钳台上以手持工具为主,对工件进行加工。其主要工作内容有划线、用手锯锯削、用錾子錾削、用锉刀锉削、用刮刀刮削、用钻头钻孔、用扩孔钻扩孔、用铰刀铰孔,此外,还有攻螺纹、套螺纹、机械装配和设备修理等。

#### 2. 机工

是在机床上利用机械力对工件进行加工。其主要方法有车、钻、镗、铣、刨、拉、插、磨、珩磨、超精加工和抛光等。

随着加工技术的现代化,越来越多的钳工加工工作已被机械加工所代替,同时,钳工自身也在逐渐机械化。但是,由于钳工加工非常经济,并且灵活、方便,所以在切削加工行业中仍占有一席之地,并且永远也不会被机械加工完全替代。

## 第二节　切削加工的特点和发展方向

### 一、金属切削加工的主要特点

#### 1. 精度

切削加工获得零件的几何精度范围宽泛,可以适应不同层次的需要,这是其他加工方法难以达到的。加工精度范围一般为:

①尺寸精度:一般在 IT12～IT3;

②表面粗糙度:一般在 $Ra$ 25～0.08$\mu$m 以内;

③形状精度、位置精度:选择好工艺路线和工装,可以达到与尺寸精度相适应的形状和位置精度。

**2. 材料**

金属切削加工零件的材料、形状、尺寸和重量的适应范围很大,主要表现为:

①材料可以是金属材料,也可以是非金属材料;

②可以是形状较复杂的零件;

③零件的尺寸大小一般不受限制;

④质量的适用范围很广,可以重达数百吨,轻的只有几克,如微型仪表零件等。

**3. 生产率**

切削加工的生产率较高,一般高于其他加工方法。

**4. 刀具**

要求刀具材料的硬度高于工件材料的硬度。

**5. 工艺过程**

切削加工的工艺过程较为严密,工艺过程制订得正确与否直接影响零件的加工质量。

鉴于上述特点,切削加工难以完成某些复杂零件细微结构的加工,特别是难以完成一些高硬度和高强度等特殊材料制成的零件的加工,这给特种加工带来了生存和发展的空间。

## 二、金属切削加工的发展方向

①切削加工设备正朝着高精度、高速度、自动化、柔性化和智能化方向发展。加工中心、自适应控制系统、直接数字控制系统(即计算机群控系统)、柔性制造系统等的出现,以及误差自动化补偿的问世,已揭开了金属切削加工发展的前幕,在精度上向原子级加工逼近。

②刀具材料朝着超硬方向发展,陶瓷、聚晶金刚石和聚晶立方氮化硼等超硬材料将被普遍应用于切削加工,使切削速度迅速提高到每分钟数千米。

③生产规模由目前的小批量和单品种大批量向多品种变批量方向发展。

④切削加工将被融合到计算机辅助设计与计算机辅助制造、计算机集成制造系统等高新技术和理论中,实现设计、制造和检验与生产管理等全部生产过程自动化。

# 第三节  传统铣削加工技术简介

零件的制造加工,往往需要由很多不同的工种配合起来协作加工才能完成。这些不同工种之间有着相互密切的关系,因此在金属切削加工企业中,一般有车工、铣工、刨工、磨工、钳工等工种,铣工就是这些工种中的一种。如果对一台机器的零件进行分析就会发现,组成零件的要素中,除了有很多是回转要素,如:轴、孔、沟槽、螺纹等以外,还有许多非规则要素,例如:平面、平面沟槽、T形槽、V形槽等,如图1-1所示的铣削加工内容。

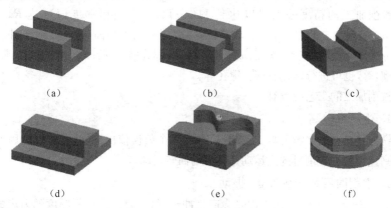

**图 1-1　铣削加工内容**

(a)平面沟槽　(b)T形槽　(c)V形槽　(d)阶梯工件　(e)曲面槽　(f)多边形

这些工件轮廓一般都要由铣床经过铣削来完成,如图1-2所示的普通铣床。

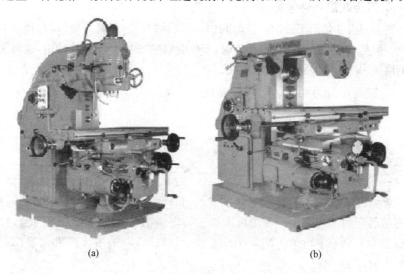

**图 1-2　普通铣床**

(a)X5040立式铣床　(b)X6032卧式铣床

铣削加工是在铣床上利用铣刀对工件进行切削。铣刀通过刀刃的切割和刀面的推挤,把工件表面层的金属材料变成为切屑的过程称为铣削过程。铣床是机械制造业的重要设备。铣床生产效率高,加工范围广,是一种应用广、类型多的金属切削机床。

铣床的种类有很多,常用的铣床有卧式铣床、立式铣床、工具铣床和龙门铣床。此外,使用较广泛的还有适于加工各种具有复杂型面工件的仿形铣床,以及自动化程度较高、用于加工形状复杂和精度要求较高工件的数控铣床。

铣削加工的精度一般可以达到 IT6～IT10,表面粗糙度值可达 $Ra$ 6.3～1.6$\mu$m。铣削加工的加工范围比较广泛,主要用来加工平面(按加工时工件所处的位置分为水平面、垂直面、斜面、成形面)、齿轮、螺旋槽、台阶面、沟槽(键槽、燕尾槽、T形槽)等,也可进行钻孔、铰孔、镗孔等。

铣削加工的工艺特点有:

**1. 生产率较高**

铣刀是典型的多齿刀具。铣削过程中,多个刀齿依次参加切削工作,因此可以进行高速切削。铣削时的主运动是铣刀的回转运动。

**2. 铣削时容易产生冲击、振动**

铣刀刀齿在切入、切出工件时会产生冲击,每个刀齿的切削厚度随刀齿的运动而发生变化,切削力也随之变化,使切削过程不平稳,容易产生振动,从而影响加工质量;同时也限制了加工质量和生产率的进一步提高。

**3. 刀齿散热条件较好**

铣刀刀齿在切离工件的一段时间内,可以得到一定程度的冷却,有利于刀齿的散热。但是,刀齿在切入、切离工件时,不但受到冲击力,还受到热冲击,这将加速刀具的磨损,甚至使硬质合金刀具碎裂。

**4. 铣削可分为粗铣、半精铣、精铣**

# 第四节　数控机床简介及其特点

## 一、数控机床

数控机床是安装了数字控制系统的机床,它集中了万能型机床通用性好、精密型机床加工精度高和专用机床加工效率高的特点,使用范围广泛。数控机床也称为 CNC(Computer Numerical Control)机床,即采用计算机数字控制系统的机床。

20 世纪 40 年代末,美国开始研究数控机床。1952 年,美国麻省理工学院伺服机构实验室成功研制出第一台数控铣床,并于 1957 年投入使用,在复杂曲面零件加工中发挥了很大作用。这是机械加工技术发展过程中的一个重大突破,标志着制造领域中数控加工时代的开始。数控加工是现代制造技术的基础,这一新兴技术对于制造行业而言,具有划时代的意义和深远的影响,世界上主要工业发达国家都十分重视数控加工技术的研究和发展。我国于1958年开始研制数控机床,成功试制出配有电子管数控系统的数控机床;1965年开始批量生产配有晶体管数控系统的三坐标数控铣床。经过几十年的发展,目前的数控机床已实现了计算机控制并在机械加工业得到广泛应用并取得了长足的发展,在模具加工行业的应用尤为普及和重要。但是,国产数控机床特别是中高档数控机床缺乏市场竞争力,其主要原因是国产数控机床的研究开发深度不够、制造水平依然落后、服务意识与能力欠缺、数控系统生产应用推广不力及数控人才缺乏等。我们应充分认识到国产数控机床的不足,努力发展先进的数控加工技术,加大技术创新与培训服务力度,以缩短与发达国家间的差距。

## 二、数控机床特点

1)与传统机床相比,数控机床具有加工精度高、工件质量稳定可靠的特点。

数控机床是精密机械和自动化技术的高度结合。数控机床的数控装置可以对机床运动中产生的位移、热变形、丝杠间隙等导致的误差,通过测量系统进行补偿而获得很高而且稳定的加工精度。数控机床的加工精度一般可达到0.005~0.1mm。数控机床是按数字信号形式控制的,数控装置每输出一个脉冲信号,则机床移动部件移动一个脉冲当量(一般为0.001mm),而且机床进给传动链的反向间隙与丝杠螺距平均误差可由数控装置进行补偿;因此,数控机床定位精度比较高。

2)数控机床和普通机床相比具有传动链短、传动误差小、精度高的特点。

数控机床主轴箱结构简单、刚度大,与控制系统的高精度控制相匹配,适合高精度零件的加工。

3)由于数控机床实现的是自动加工,所以减少了因机床操作人员素质不同带来的人为误差,提高了同一批零件的一致性。

4)数控机床多采用电子油泵润滑和油雾自动润滑,并有缺油报警装置,润滑充分、可靠。

5)生产效率高。数控机床可以有效地减少零件的加工时间和辅助时间。数控机床的主轴转速和进给量的调整范围大,允许机床进行大切削量的强力切削;数控机床目前正进入高速加工时代,数控机床移动部件的快速移动、定位及高速切削加工,减少了半成品的工序间周转时间,提高了生产效率。

相对普通机床,数控机床的加工效率一般能提高2~3倍,甚至十几倍,主要体现在以下几个方面:

①一次装夹能完成多道工序加工,省去了普通机床加工的多次更换工种,工序间的转件以及划线、装夹等工序。

②简化了机床夹具及专用工装等。由于一次装夹完成加工,所以相对于普通机床多工序的夹具减少了,但有时也用到专用夹具。由于数控机床的超强功能,因此夹具的结构也可得到简化。

6)减轻了操作人员的劳动强度,改善了劳动条件。高度智能化的数控系统使数控机床的操作由体力型转为智能型。部分数控机床采用全封闭防护罩,液压台虎钳、气动夹具等,可以有效保持工作环境的清洁和减轻操作者的劳动强度。

7)有利于生产管理现代化。主要体现在以下几个方面:

①程序化控制加工,更换加工零件品种方便、灵活;

②一机多工序加工,简化了生产过程的管理,减少了管理人员;

③可以实现无人化生产和联机生产;

8)具有高度柔性。在数控机床上加工零件,主要取决于加工程序,它与普通机床加工不同,不必制造、更换许多工具、夹具、刀具,不需要经常调整机床。因此,数控机床适用于加工零件频繁更换的场合,也就是适合单件、小批生产及新产品的开发,从而缩短了生产准备周期,节省了大量工艺设备的费用。

9)数控机床具有加工过程冷却充分、防护较严密等特点,自动加工时一般都处于全封闭或半封闭状态,还有自动排屑装置。

10)数控机床初期投资较高,数控系统维护困难,对操作人员和维修人员有较高的技术要求,对刀具、夹具也有较高的要求。

### 三、数控技术发展的几个主要阶段

数控技术发展的几十年间,主要经过了六个主要阶段:电子管数控系统(1952年),晶体管和印刷电路板数控系统(1959年),小规模集成电路数控系统(1965年),简称 NC(Numerical Control)、目前已被淘汰小型计算机数控系统(1970年),微处理器数控系统(1974年),基于工业 PC 的通用 CNC 系统(1990年)。最后这种数控系统又称为软线数控,即计算机数控系统,简称 CNC。数控技术的发展阶段见表1-1。

表 1-1 数控技术发展的六个主要阶段

| 数控系统发展的历史 | 出现年代 | 数控系统发展的历史 | 出现年代 |
|---|---|---|---|
| 第一代电子管数控系统 | 1952 | 第四代小型计算机数控系统 | 1970 |
| 第二代晶体管数控系统 | 1959 | 第五代微处理器数控系统 | 1974 |
| 第三代集成电路数控系统 | 1965 | 第六代基于工业 PC 的通用 CNC 系统 | 1990 |

# 第五节 数控机床的分类

## 一、按加工方式分类

### 1. 切削加工类(金属切削数控机床)

金属切削数控机床指通过从工件上除去一部分材料而得到所需零件的数控机床。这是一类应用最广泛的数控机床,常见的有数控铣床、加工中心、数控车床与车削中心、数控钻床与钻削中心、数控磨床、数控齿轮加工机床等。

### 2. 成型加工类(无屑加工数控机床)

无屑加工数控机床指通过物理的方法改变工件形状才能得到所需零件的数控机床。如数控折弯机、数控弯管机、数控冲压成型机床等。

### 3. 特种加工类(特种加工数控机床)

特种加工数控机床指利用特种加工技术得到所需零件的数控机床。如数控线切割、数控电火花、数控激光加工等。

### 4. 其他类型

一些广义上的数控设备。如数控测量仪、数控装配机、机器人等。

## 二、按控制系统特点分类

### 1. 点位控制数控机床(Point to Point Control)

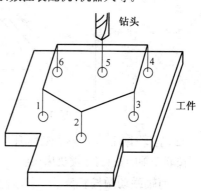

这类数控机床有数控钻床、数控镗床、数控冲床等。其特点是,只要求控制刀具相对于工件在机床加工平面内从某一加工点运动到另一加工点的精确坐标位置,而对两点之间的运动轨迹原则上不加以控制,且在运动过程中不作任何加工,如图1-3所示。定位原则为先快后慢。

图1-3 点位控制数控机床的孔加工

### 2. 点位直线控制数控机床

简称为直线控制数控机床。这类机床主要有数控车床和数控铣床等。这类数控机床不仅可以控制刀具或工作台由一个位置点到另一个位置点的精确坐标位置,还可以控制它们以给定的进给速度沿着平行于某一坐标轴方向作直线或斜线运动并在移动的过程中进行加工,如图1-4所示。

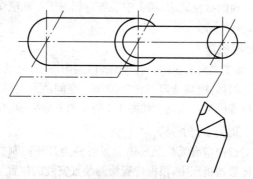

图1-4 点位直线控制切削加工

### 3. 轮廓控制数控机床(Contour Control)

这类机床有数控车床、数控铣床、数控磨床和加工中心等,也称连续控制数控机床。现代的数控机床基本上装备的是这种数控系统。其特点是，不仅要求刀具相对于工件在机床加工空间内从一点运动到另一点的坐标位置精确定位，而且要求对两点之间的运动轨迹及轨迹上每一点的运动速度进行精确控制，且能够边移动边加工，用于加工二维平面轮廓或三维空间轮廓。由于数控系统带有插补器，所以能精确实现各种曲线或曲面加工，如图1-5所示。

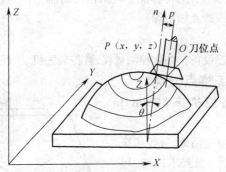

图1-5 五坐标轴联动加工球面

### 三、按轮廓控制数控机床中同时控制轴数（联动轴的数目）分类

按联动轴的数目，这类机床还可以细分为：

**1. 两轴联动数控机床**

数控车床、铣削平面曲线轮廓的数控铣床等。

**2. 三轴控制，任意两轴同时控制（又称为两轴半控制）**

**3. 三轴联动数控机床**

数控铣床、加工中心等。

**4. 四轴联动数控机床**

用于加工空间曲面的数控铣床、加工中心等。相对于3轴联动机床可以提高加工效率和加工质量。

**5. 五轴联动数控机床**

用于高效、高精加工空间曲面的数控铣床、加工中心等，是功能最全、控制最复杂的一类数控机床。例如：用端铣刀替代球刀加工空间曲面轮廓时，要求刀具轴线与工件轮廓法线平行或成某一角度。如图1-5所示为五坐标轴联动加工。

### 四、按位置控制方式分类

数控机床按照对被控量有无检测反馈装置可分为开环控制数控机床和闭环控制数控机床。在闭环数控机床中，根据位置检测装置安装的位置又可以分为全闭环和半闭环两种。

**1. 开环控制系统数控机床**

采用开环控制系统，是数控机床中最简单的伺服系统，执行元件一般为步进电动机,其控制原理如图 1-6 所示。

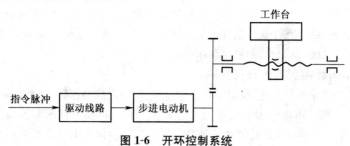

**图 1-6 开环控制系统**

机床部件的移动速度和位移量是由输入脉冲的频率和脉冲数决定的。

开环进给伺服系统没有位置反馈装置,位置控制的精度由步进电动机和进给丝杠等来决定。由于影响定位精度的机械传动装置的磨损、惯性及间隙的存在,故开环系统的精度和快速性能较差,振动、噪声较大;在过载情况下,步进电动机会产生失(丢)步现象,严重影响加工精度。但其结构简单,易于调整,造价低廉,在精度要求不太高的场合中得到较广泛的应用。一般适用于经济型数控机床和旧机床数控化改造。

**2. 闭环控制系统数控机床**

因为开环系统的精度不能很好地满足数控机床的要求,所以为了保证加工精度,最根本的办法是采用闭环控制方式。闭环控制系统是采用直线型位置检测装置(直线感应同步器、磁尺、长光栅尺或激光干涉仪等),对数控机床工作台位移进行直接测量并进行反馈控制的位置伺服系统,其控制原理见图 1-7 所示。

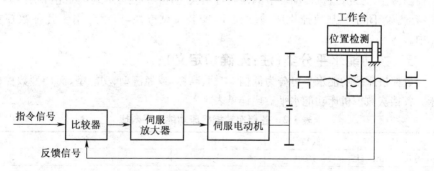

**图 1-7 闭环控制系统**

闭环控制数控机床有位置和速度检测装置,并且直线位移检测装置直接装在机床移动部件如工作台上,将测量的结果直接反馈到数控装置中,与输入指令进行比较控制,使移动部件按照指令要求运动,最终实现精确定位。因为把机床工作台纳入了位置控制环,故称为闭环控制系统。

闭环控制数控机床其伺服系统由交流(或直流)伺服驱动和交流(或直流)伺服

电动机组成。与伺服电动机同轴刚性连接的测速器件,随时检测电动机转速反馈至数控系统,与速度指令信号进行比较,控制电动机的转速。该系统定位精度高、调节速度快;但该系统调试困难,系统复杂并且成本高,故适用于精度要求很高的数控机床,如精密数控镗铣床、精密数控车床等。

### 3. 半闭环控制系统数控机床

采用半闭环控制系统,使用旋转型角度测量元件(脉冲编码器、旋转变压器或圆感应同步器等)和伺服电动机按照反馈控制原理构成的位置伺服系统,其控制原理如图 1-8 所示。其角位移检测装置装在交流(或直流)伺服电动机的输出轴上,通过检测角位移间接地检测移动部件的位移,并反馈到数控系统中。半闭环控制系统的检测装置有两种安装方式:一种是把角位移检测装置安装在丝杠末端;另一种是把角位移检测装置安装在电动机轴端。

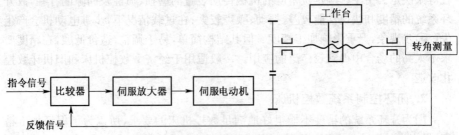

**图 1-8 半闭环控制系统**

在半闭环控制系统中,由于系统闭环环路内不包括机械传动环节,可获得稳定的控制特性;另外,机械传动环节的误差可用误差补偿的方法消除,因此可获得满意的精度。半闭环控制数控机床精度较高,安装调试方便,广泛应用于各种数控机床中。

### 五、按功能水平分类(注:无确切定义)

数控机床按功能水平可分为低档、中档、高档,或经济型、功能型、高档型数控机床。各档次数控机床功能水平对比详见表 1-2。

**表 1-2 各档次数控机床功能水平对比**

| 功能 | 低档 | 中档 | 高档 |
|---|---|---|---|
| 分辨率/μm | 10 | 1 | 0.1 |
| 进给速度/m/min | 8～15 | 15～24 | 15～100 |
| 驱动进给类型 | 开环 | 半闭环或闭环的直流或交流伺服系统 | |
| 联动轴数(轴) | 2～3 | 2～4 | 3～5 以上 |
| 通信功能 | 一般没有 | RS-232 或 DNC 接口 | 可有 MAP 通信接口,有联网能力 |
| 显示功能 | LED 或简单的 CRT | 较齐全的 CRT 显示 | 有三维图形显示 |
| 内装 PLC | 无 | 有 | 有功能强的 PLC |
| 主 CPU | 8 位、16 位 | 32 位以上或 32 位以上的多 CPU | |

注:较齐全的 CRT 显示是指具有字符、图形、人机对话、自诊断和帮助等功能显示。

### 1. 经济(低档)型数控机床

又称简易数控机床,主要采用功能较弱、价格低廉的经济型数控装置,多为开环控制,其机械结构与传统机床机械结构差异不大,刚度与精度均较低。由于这类机床经济性好,因此在我国中小企业中应用广泛。目前国产数控机床多为经济型数控机床,有些企业还用经济型数控装置对传统机床进行数控化改造,改装成经济型数控机床。经济型数控机床的脉冲当量一般在 0.001~0.01mm 范围内。

### 2. 功能型数控机床

又称普及型数控机床,采用功能完善、价格较高的数控装置,采用闭环或半闭环控制,直流或交流伺服电动机,在机械结构设计上充分考虑了强度、刚度、抗振性、低速运动平稳性、精度、热稳定性和操作宜人等方面的要求,能实现高速、强力切削。功能型数控机床的脉冲当量一般在 $0.1~1\mu m$ 范围内。

### 3. 高档型数控机床

高档型数控机床指三轴以上联动控制,能加工复杂形状零件的数控机床;或者工序高度集中,具备高度柔性的数控机床;或者可进行超高速、精密、超精密甚至纳米加工的数控机床。这类机床性能好、价格高,一般仅用在特别需要的场合。高档型数控机床的脉冲当量一般为 $0.1\mu m$ 甚至更小。

## 六、按数控装置分类

### 1. 硬件数控机床(NC)

控制功能全由硬件实现,通用性差,已基本淘汰。

### 2. 软件数控机床(CNC)

以硬件为平台,用软件程序实现控制,通用性强,目前广泛采用。

# 第六节　数控铣床的组成

数控铣床的基本结构如图 1-9 所示。数控铣床一般由铣床主体、程序载体、输入输出装置、数控装置、伺服系统、位置反馈系统、辅助装置等部分组成。下面分别进行介绍。

## 一、铣床主体

铣床主体是数控机床的机械部件,包括床身、主轴箱、工作台(包括 $X,Y,Z$ 方向滑板)、进给机构等。

### 1. 床身

除了基本保持普通铣床传统布局形式的部分经济性数控铣床外,目前大部分数控铣床均已通过专门设计并定型生产。

### 2. 主轴箱

相比较普通铣床而言数控铣床的主轴具有回转精度高、抗震性好、同步运行准

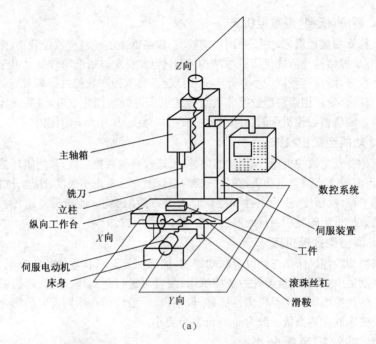

主轴箱

铣刀
立柱
纵向工作台
$X$向

伺服电动机
床身

$Y$向

$Z$向

数控系统

伺服装置

工件

滚珠丝杠
滑鞍

(a)

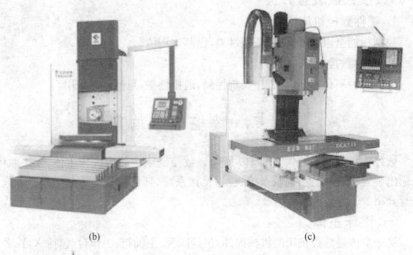

(b)　　　　　　　　　　　　　　　　　　(c)

**图 1-9　数控铣床**

(a)数控铣床主要组成部分　(b)卧式数控铣床　(c)立式数控铣床

确等优点。数控铣床的主轴结构较为复杂,一般在数控铣床的主轴套筒内都设有自动夹刀、退刀装置,能在数秒内完成装刀与卸刀,使换刀较为方便。此外,多坐标数控铣床的主轴还可以绕 $X$, $Y$ 或 $Z$ 轴做数控摆动,扩大了主轴自身的运动范围,但主轴结构更加复杂。

### 3. 导轨

一般可分为滑动导轨和滚动导轨两种。如图 1-10 所示。

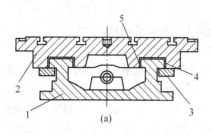

(a)

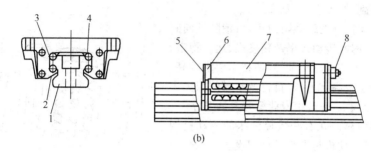

(b)

**图 1-10　数控铣床导轨**

（a）滑动导轨

1. 床身　2. 工作台　3. 下压板　4. 导轨软带　5. 镶条

（b）滚动导轨

1. 导轨体　2. 侧面密封垫　3. 保持器　4. 承载球列

5. 端部密封垫　6. 端盖　7. 滑块　8. 润滑油杯

数控铣床的导轨是保证刀具进给运动准确性的重要部件。主要影响数控铣床的刚度、精度及低速进给时的平稳性,是影响零件加工质量的重要因素之一。除部分数控铣床仍沿用传统的滑动导轨(金属型)外,定型生产的数控铣床已较多地采用贴塑导轨。这种新型滑动导轨的摩擦系数小,其耐磨性、耐腐蚀性及吸震性好,润滑条件也比较优越。

①滑动导轨具有结构简单、制造方便、接触刚度大等优点。但传统滑动导轨摩擦阻力大,磨损快,动、静摩擦系数差别大,低速时易产生爬行现象。目前,数控铣床已不采用传统滑动导轨,而是采用带有耐磨粘贴带覆盖层的滑动导轨和新型塑料滑动导轨。它们具有摩擦性能良好和使用寿命长等特点。

导轨刚度的大小、制造是否简单、能否调整、摩擦损耗是否最小以及能否保持导轨的初始精度,在很大程度上取决于导轨的横截面形状。

②滚动导轨的优点是摩擦系数小,动、静摩擦系数很接近,不会产生爬行现象,可以使用油脂润滑。数控机床导轨的行程一般较长,因此滚动体必须循环。根据滚

动体的不同,滚动导轨可分为滚珠直线导轨和滚柱直线导轨,后者的承载能力和刚度都比前者高,但摩擦系数略大。

### 4. 传动进给机构

除了部分主轴箱内的齿轮传动等机构外,数控铣床已在原普通铣床传动链的基础上,作了大幅度的简化。如取消了齿轮箱、滑板箱及其绝大部分传动机构,而仅保留了纵、横进给的螺旋传动机构,并在驱动电动机至丝杠间增设了(部分数控铣床未增设)可消除其侧隙的齿轮副。

①螺旋传动机构。数控铣床中的螺旋副,是将驱动电动机所输出的旋转运动转换成工作台在纵、横方向上直线运动的运动副。构成螺旋传动机构的部件,一般为滚珠丝杠副,如图1-11所示。

滚珠丝杠副的摩擦阻力小,可消除轴向间隙及预紧,因此传动效率及精度高、运动稳定、动作灵敏;但结构较复杂,制造技术要求较高,所以成本也较高。另外,自行调整其间隙大小时,难度也较大,一般由专业维修人员进行。

②齿轮副。在有些数控铣床的驱动机构中,其驱动电动机与进给丝杠间设置有一个简单的齿轮箱(架)。齿轮副的主要作用是,保证数控铣床进给运动的脉冲当量符合要求,避免丝杠可能产生的轴向窜动对驱动电动机的不利影响。

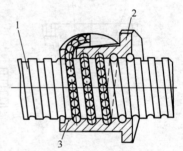

**图 1-11　滚珠丝杠**
1. 丝杠　2. 螺母　3. 滚珠

## 二、程序载体(控制介质)

如穿孔纸带、软磁盘等。

## 三、输入输出装置

它的作用是将程序载体内有关加工的信息读入数控装置,或者是将数控装置中的有关的信息输出到程序载体内。根据载体的不同,输入输出装置可以是光电阅读机、软盘驱动器等。现在的数控机床,还可以不使用任何程序载体,将零件加工程序通过数控装置上的键盘,用手工方式输入,也可以通过RS232接口或者是网络通讯方式传输到数控装置。

## 四、数控装置

一般由专用(或通用)计算机、输入输出接口板及机床控制器(可编程控制器)等部分组成。数控铣床的核心是数控装置,数控装置的核心是数控系统,数控系统的核心是微机数控系统,微机控制的核心是中央处理器(CPU),它在数控铣床中起"指挥"作用。数控装置用于数控铣床的运算、管理和控制,通过输入介质得到数据,对这些数据进行运算、处理后,向驱动机构发出执行命令信号;在执行过程中,其驱动、检测等机构同时将有关信息反馈给数控装置,以便经处理后发出新的执行命令。数控系统由若干个"模块"组成：

### 1. 微机控制系统(CPU)

它的作用是实施对整个系统的运算、控制和管理。

### 2. 可编程控制器(简称 PLC)

是用来实现辅助化控制的，如换刀、润滑、冷却等，它是微机系统的补充。PLC按配置方式分内装型和外装型，但现在较高档次的 PLC 都采用内装型。

数控铣床与普通铣床的主要区别就在于是否具有数控装置和伺服系统这两大部分。数控铣床的检测装置相当于人的眼睛，数控装置相当于人的大脑，伺服系统则相当于人的双手。

## 五、伺服系统

伺服系统是数控铣床执行进给机构的驱动部件，它的伺服精度和动态响应是影响数控铣床的加工精度、表面质量和生产率的重要因素之一。数控铣床的进给传动系统一般均采用进给伺服系统，这也是数控铣床区别于普通铣床的一个特殊部分。伺服系统准确地执行数控装置发出的命令，通过驱动电路和执行元件(如步进电动机、伺服电动机等)，完成数控装置所要求的各种位移。

数控铣床的伺服系统一般由驱动控制单元、驱动元件、机械传动部件、执行部件和检测反馈环节等组成。驱动控制单元和驱动元件组成伺服驱动系统，机械传动部件和执行元件组成机械传动系统，检测元件与反馈电路组成检测系统。

进给伺服系统按其控制方式不同可分为开环系统和闭环、半闭环系统。各种进给伺服系统的特点在前面已经详细地描述过。

数控铣床的进给伺服系统中常用的驱动装置是伺服电动机，伺服电动机有直流伺服电动机和交流伺服电动机两种。交流伺服电动机由于具有可靠性高，基本上不需要维护和造价低等特点而被广泛采用。

为了提高数控铣床的性能，对数控铣床进给伺服系统提出了很高的要求。由于各种数控铣床所完成的加工任务不同，所以对进给伺服系统的要求也不尽相同，但大致可概括为以下几个方面：高精度、快速响应、宽调速范围、低速大转矩、好的稳定性。

## 六、位置反馈装置

位置反馈装置是数控铣床的重要组成部分，对加工精度、生产效率和自动化程度有很大影响。位置反馈装置包括位移检测装置和工件尺寸检测装置两大类，其中工件尺寸检测装置又分为机内尺寸检测装置和机外尺寸检测装置两种。工件尺寸检测装置仅在少量的高档数控铣床上装备。

不同类型的数控铣床对于检测系统的精度与速度有不同的要求，一般来说，大型数控铣床以满足速度要求为主，而中小型和高精度数控铣床以满足精度要求为主。位置检测装置的分类见表1-3，下面分别介绍。

### 1. 感应同步器

是一种电磁式的高精度位移检测元件,按其结构方式的不同可分为直线式和旋转式两种,前者用于长度测量,后者用于角度测量。

**表 1-3　位置反馈装置的分类**

| 类型 | 数　字　式 | | 模　拟　式 | |
|------|----------|----------|----------|----------|
| | 增量式 | 绝对式 | 增量式 | 绝对式 |
| 旋转型 | 脉冲编码器<br>圆光栅 | 编码盘 | 旋转变压器<br>圆感应同步器<br>圆磁栅 | 多极旋转变压器<br>三速圆感应同步器 |
| 直线型 | 长光栅<br>激光干涉仪 | 编码尺 | 直线感应同步器<br>磁栅 | 绝对值式磁尺<br>三速感应同步器 |

感应同步器的特点是:精度高、工作可靠、抗干扰性强、维护简单、寿命长、成本低,可测量长距离位置,易于批量生产。

### 2. 光栅

是在一块长条形的光学玻璃上均匀地刻划很多条与运动方向垂直的条纹,条纹之间的距离成为栅距。

光栅测量装置是一种非接触式测量,利用光路减少了机械误差,具有精度高、响应速度快等特点,因此是数控机床和数显系统常用的检测元件。

### 3. 磁栅

是用电磁的方法计算磁波数目的一种位置检测元件。磁栅测量装置由磁性标尺、读取磁头和检测电路组成。

磁栅位置检测电路的特点是:容易制造、检测精度高(能达到每米$\pm 3\mu m$)、安装使用方便、对环境条件要求较低;若磁性标尺膨胀系数与机床一致,可在一般车间使用。由于磁头与磁栅为有接触的相对运动,因而有磨损,使用寿命受到一定的限制。一般使用寿命可达到 5 年,涂上保护膜后寿命则可进一步延长。

### 4. 旋转变压器

是一种角位移检测元件,由定子和转子组成,分为有刷和无刷两种形式。有刷旋转变压器定子和转子均为两相交流分布绕组。

数控机床检测装置主要使用无刷旋转变压器,因为无刷旋转变压器具有可靠性高、寿命长、体积小、不用维修以及输出信号大、抗干扰能力强等优点。

### 5. 脉冲编码器

是把机械转角转化为电脉冲的一种常用角位移传感器。

### 6. 测速发电机

是速度反馈元件,相当于一台永磁式直流电动机。

## 七、辅助装置

是指数控铣床的一些配套部件,包括液压和气动装置、冷却系统、排屑装置等。

# 第七节　数控铣床的工作原理

## 一、数控铣床的工作原理

数控铣床的基本工作原理如图 1-12 所示。在数控铣床上加工零件时,首先根据零件图样的要求,结合所采用的数控铣床的功能、性能和特点,确定合理的加工工艺,编制相应的数控加工程序,并采用适当的方式将程序输入到数控装置。在数控铣床加工过程中,数控装置对数控加工程序进行编译、运算和处理,输出坐标控制指令到伺服驱动系统,顺序逻辑控制指令到 PLC,通过伺服驱动系统和 PLC 驱动机床主轴或工作台按照数控加工程序规定的轨迹和工艺参数运动,从而加工出符合图纸要求的零件。

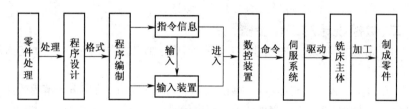

**图 1-12　数控铣床的工作原理**

在数控铣床的运动控制过程中,工作台(或刀具)的最小移动单位是一个脉冲当量。因此,刀具的运动轨迹是具有极小台阶所组成的折线(数据点密化),从而合成所需的运动轨迹(直线或曲线)。数控系统根据给定的直线、圆弧(曲线)函数,在理想的轨迹上的已知点之间,进行数据点密化,确定一些中间点的方法,称为插补。数学上对加工轨迹进行逼近的方法叫做插补运算,它是在坐标系内完成的。下面以逐点比较法为例进行说明。

逐点比较法的进刀过程是一步步执行的。它通过数学方法来跟踪计算刀具的当前位置坐标,再和编程轨迹坐标进行比较,以确定刀具相对于编程轨迹的位置,控制刀具沿着编程轨迹进行下一步移动。在逐点比较法中,每进给一步都需要进行偏差判别、坐标进给、偏差计算和终点比较四个节拍。

如图 1-13 所示为数控坐标系第一象限内一条直线加工轨迹的加工计算过程。计算机从起点坐标(坐标原点)起,开始逐点判断当前刀具位置是在编程轨迹之上还是之下。如果在上方,则向 +X 进一步;如果在下方,则向 +Y 进一步。每进给一次,还要和终点坐标相比较,如果已经到达终点,则进给停止。通过逐点比较和选择进给方向,实现对编程轨迹的跟踪。

逐点比较法在其他象限也有对应的比较进给原则,如图 1-14 所示。

在数控系统中，早期是用硬件插补器进行计算的，现在由于计算机速度的大幅度提高，这一过程已经完全可由软件来完成。

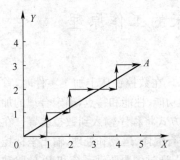

图 1-13　逐点比较法的插补原理　　　图 1-14　逐点比较法的各象限进刀规则

插补计算除了逐点比较法以外，还有数字积分法、比较积分法、数字脉冲相乘法、矢量判别法、最小偏差法等，本书不一一叙述。

## 二、数控铣床的工作步骤

①首先根据零件加工图纸进行工艺分析，确定加工方案、工艺参数、工艺路线和位移数据；

②用规定的程序代码和格式规则编写零件加工程序单，或用自动编程软件进行 CAD/CAM 处理，直接生成零件的加工程序代码；

③将加工程序的内容以代码形式完整记录在信息介质（如磁带、磁盘）上；

④通过阅读机把信息介质上的代码转变为电信号，并输送给数控装置；由手工编写的程序，可以通过数控系统的 MDI 面板输入程序代码；由编程软件生成的程序代码，可通过计算机的串行通信接口直接传输到数控机床的数控单元中，并存储起来；

⑤数控装置将所接受的信号进行一系列处理后，再将处理结果以脉冲信号形式向伺服系统发出执行命令；

⑥伺服系统接到执行的信息指令后，立即驱动数控铣床进给机构严格按照指令的要求进行位移，使数控铣床自动完成相应零件的加工。

如图 1-15 所示为在数控铣床上加工的零件。

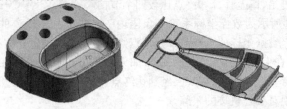

图 1-15　数控铣床上加工的部分零件

图 1-15　数控铣床上加工的部分零件(续)

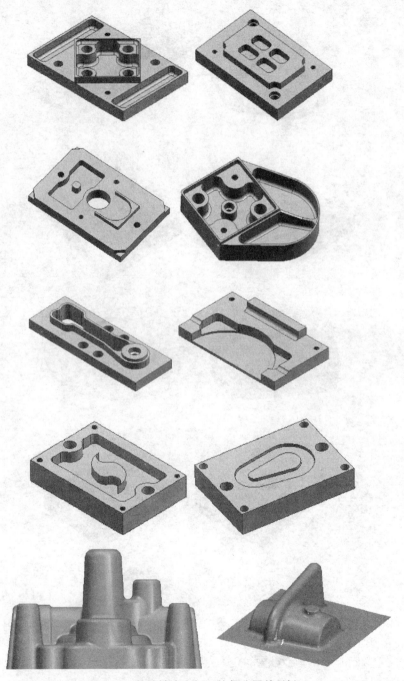

图 1-15  数控铣床上加工的部分零件(续)

**图 1-15 数控铣床上加工的部分零件(续)**

# 第八节 数控铣床的选用

## 一、数控铣床的选用步骤

### 1. 选用前的准备工作

明确和确定选型要求,包括确定加工对象的类型、加工范围、内容和要求、生产批量及坯料情况等,挑选出典型零件,进行数控加工的工艺分析,明确机床精度和功能方面的要求及购买数控铣床的费用。

### 2. 初选

初选在明确和确定了选用要求之后,广泛收集国内外有关数控铣床的信息资料,在其中选出满足要求的数控铣床产品。

### 3. 精选和终选

初选产品之后,应向机床的生产厂家索取详细参数资料,进一步了解该产品的情况,并广泛征求各个方面专家的意见,必要时可作加工试验,促进选择。也可将初拟的机床类型、规格和性能与生产厂家共同商讨,以求更加合理。同时应考虑产品供货情况,通过多方面比较分析后,选择理想的机型和厂家。

对于技术力量较弱或初次选用数控铣床的用户,在有困难的情况下,可带图样请生产厂家协助选型,也可委托有关专业部门(如研究所)或生产厂家提供成套工艺服务(包括加工工艺、夹具和刀具的设计制造、编制加工程序以及试切等)。

选用中应注意的事项:

①注意培训和配备操作人员、维修人员和编程人员。数控铣床是技术比较密集的机床,要求从事该项工作的人员有较强的事业心和责任心,有较好的业务能力,能刻苦钻研。操作人员应选择相近工种,具有一定的专业知识的人员加以培训;维修人员应选择具有自动控制、计算机或机电一体化专业知识的人员担任;而编程人员因与工艺和经验有关,则宜选择熟悉工艺并且具有一定数学和软件知识基础的人员加以培训后担任。

②尽可能引进相同厂家的设备,以利于维修,编程和刀具的通用。

## 二、选用的一般原则

### 1. 实用性

就是要使选中的数控铣床最终能最佳程度地实现预定的目标。例如选数控铣床是为了复杂的零件加工,提高工作效率,提高加工精度,集中工序、缩短周期、实现柔性加工要求等。有了明确的目标,就有针对性地选用机床,合理的投入,获得最佳效果。

### 2. 经济性

是指所选用的数控铣床在满足加工要求的前提下,所支付的费用是经济的或是合理的。经济性往往是和实用性相联系的,机床选得实用,那么经济上也会合理。在这方面要注意的是不要以高代价换来功能过多而又不实用的较复杂的数控铣床,即注意性能／价格比。否则,不仅是造成了不必要的浪费,而且也会给维修保养及修理等方面带来困难,况且数控系统的更新期越来越缩短,两年左右,就有新的系统和新的机床出现,而且到那时候所需花费的代价会比现在更低。因此在选用数控机床时一定要量"力"而行。

### 3. 可操作性

用户所选用的数控铣床要与本企业的操作和维修水平相适应。选用了一台较复杂、功能齐全、较为先进的数控铣床,如果没有适当的人去操作,没有熟悉的技工去维护修理,那么再好的机床也不可能用好,也发挥不了应有的作用。因此,在选用数控铣床时要注意工件的工艺分析、工序的制订,数控编程、工装准备,铣床安装与调试,以及在加工过程中进行的故障排除与及时调整的可能性,这样才能保证铣床长时期正常运转。越是高档的、复杂的数控铣床,在操作时可能非常简单,而加工前的准备和使用中的调试与维修却比较复杂。因此,在选用数控铣床时,要注意力所能及。

### 4. 稳定可靠性

是指铣床本身的质量,与选用有关。稳定可靠性既有数控系统的问题,又有机械部分的问题,尤其是数控系统(包括伺服系统)部分。数控铣床如果不能稳定可靠地工作,那就完全失去了意义。要保证数控铣床工作时稳定可靠,在选用时一定要选择名牌产品(包括主机、系统和配套件),因为这些产品在技术上成熟,有一定的生产批量且已有相当用户。

## 三、数控铣床的选用要素

数控铣床的种类和品种很多,可以从下述几方面来合理选用。

### 1. 数控铣床的类型、规格及精度应与产品相适应

选择数控铣床首先要根据产品的零件类型、尺寸、批量、加工复杂程度等因素进行综合分析,确定与其相适应的数控铣床类型、规格。在选择数控铣床时,一方面要考虑到数控铣床的先进性和适应能力,使其在产品改进时仍能适应产品的要求。另

一方面要尽量避免选择数控铣床规格太大、精度太高的浪费现象。数控铣床的规格偏大,则价格昂贵,用大型机床加工小零件是不经济的,而且占地面积大、能耗高、辅助工作时间增加。选用时应分别从类型、规格、精度等几方面进行分析比较。

(1)从类型方面考虑　选择何种类型的数控铣床,要根据工件的结构而定。每类数控铣床都有其适应的加工对象。

(2)从规格方面考虑　要满足工件加工尺寸的需要,还要防止选用的规格偏大。

(3)从精度方面考虑　选择加工设备,精度是一项重要指标。数控铣床除属于机床本身的各项几何精度外,还有位置精度,其中主要的检验项目有:定位精度、重复定位精度和反向误差。由于精度标准和评定方法不同,制造厂家提供的精度数据可能有差别,选购时应注意了解制造厂家所用的是何种精度标准和测量方法,以便确保满足必要的加工精度。

### 2. 合理选定数控铣床中的选择功能

数控铣床的功能与价格有密切的联系,因此在实际选用时有一个功能与价格的权衡问题。数控功能主要包括坐标轴数和联动轴数、人机对话编程及图形显示功能、故障自诊断功能等。这些功能直接影响设备的加工控制性能、操作使用性能和故障维修性能。一般数控厂家都将数控功能分为基本功能和供用户选择的选择功能两类。基本功能是系统必须提供的功能;而选择功能只有当用户特定选择了之后,才能提供。这部分是为特殊的加工而设定的,功能越多,性能越好,但价格也就越贵。选择功能应从实际使用的要求来确定。

### 3. 数控铣床应配套,控制系统应统一

如果同时购置多台数控铣床应注意数控铣床类型和规格要配套。应根据工件的类型合理地选择数控铣床的类型、规格,使之配套。例如某产品零件的加工是以铣削加工为主,则可以考虑多购数控铣床,适当地配置其他类型数控机床。同时应尽量选购同一厂家的产品,至少应购同一厂家的控制系统,这样给以后维修带来极大的方便。如某些工厂订购机床,不仅要求控制系统采用同一厂家的产品,而且希望机床的其他配套件也采用同一厂家的产品,这对机床维修和配件供应都是很有利的。

### 4. 配置必要的附件和刀具

为了充分发挥数控铣床的作用,增加其加工能力,必须配备必要的附件和刀具,如刀具预调仪、自动编程器、测量头、中心找正器和刀具系统等。这些附件和刀具一般在数控铣床说明书中都有介绍,在选购时应该考虑本单位加工产品的特点,以满足加工要求。数控铣床的附件较多,不同类型的数控铣床,其附件各不相同。选择数控铣床的附件要坚持可靠性的原则,避免因某个附件缺少或出现问题而影响整机的运行。选择数控铣床的刀具时要了解刀具系统的规格、夹持部位尺寸以及刀柄尺寸等情况。

**5. 优先选择国内生产的数控铣床**

购买国内生产的数控铣床，一方面是对国内机床制造业的支持；另一方面在技术培训、售后服务、附件配套和备件补充等方面能方便一些，而且价格便宜。

# 第九节　数控铣削加工技术的发展

随着先进制造技术不断兴起，超高速切削、超精密加工等技术的应用，柔性制造系统的迅速发展和计算机集成系统的不断成熟，对数控铣加工技术提出了更高的要求。当今数控铣床及其加工技术正在朝着以下几个方向发展：

## 一、高速度、高精度化

速度和精度是数控铣床的两个重要指标，它直接关系到加工效率和产品质量。目前，数控系统采用位数、频率更高的处理器，以提高系统的基本运算速度；同时，采用超大规模的集成电路和多微处理器结构，以提高系统的数据处理能力，即提高插补运算的速度和精度。采用直线电动机直接驱动机床工作台的直线伺服进给方式，其高速度和动态响应特性非常优越。采用前馈控制技术，使追踪滞后误差大大减小，从而改善拐角切削的加工精度。为适应超高速加工的要求，数控铣床采用主轴电动机与机床主轴合二为一的结构形式，实现了变频电动机与机床主轴一体化，主轴电动机的轴承采用磁浮轴承、液体动静压轴承或陶瓷滚动轴承等形式。目前，陶瓷刀具和金刚石涂层刀具已开始得到广泛应用。

## 二、多功能化

配有自动换刀机构（刀库容量可达 100 把以上）的各类加工中心，能在同一台机床上同时实现铣削、镗削、钻削、车削、铰孔、扩孔、攻螺纹等多种工序加工，现代数控机床还采用了多主轴、多面体切削，即同时对一个零件的不同部位进行不同方式的切削加工。数控系统由于采用了多 CPU 结构和分级中断控制方式，即可在一台机床上同时进行零件加工和程序编制，实现所谓的"前台加工，后台编辑"。为了适应柔性制造系统和计算机集成系统的要求，数控系统具有远距离串行接口，甚至可以联网，实现数控机床之间的数据通信，也可以直接对多台数控机床进行控制。

## 三、智能化

现代数控机床将引进自适应控制技术，根据切削条件的变化，自动调节工作参数，使加工过程中能保持最佳工作状态，从而得到较高的加工精度和较小的表面粗糙度，同时也能提高刀具的使用寿命和设备的生产效率。现代数控机床具有自诊断、自修复功能，在整个工作状态中，系统随时对数控系统本身以及与其相连的各种设备进行自诊断、检查。一旦出现故障时，立即采用停机等措施，并进行故障报警，提示发生故障的部位、原因等；还可以自动使故障模块脱机，而接通备用模块，以确保无人化工作环境的要求。为实现更高的故障诊断要求，其发展趋势是采用人工智能专家诊断系统。

## 四、数控编程自动化

随着计算机应用技术的发展,目前 CAD/CAM 图形交互式自动编程已得到较多的应用,是数控技术发展的新趋势。它是利用 CAD 绘制的零件加工图样,再经计算机内的刀具轨迹数据进行计算和后置处理,从而自动生成零件加工程序,以实现CAD 与 CAM 的集成。随着 CIMS 技术的发展,当前又出现了 CAD/CAPP/CAM集成的全自动编程方式,它与 CAD/CAM 系统编程的最大区别是其编程所需的加工工艺参数不必由人工参与,直接从系统内的 CAPP 数据库获得。

## 五、可靠性最大化

数控机床的可靠性一直是用户最关心的主要指标。数控系统将采用更高集成度的电路芯片,利用大规模或超大规模的专用及混合式集成电路,以减少元器件的数量,来提高可靠性。通过硬件功能软件化,以适应各种控制功能的要求,同时采用硬件结构机床本体的模块化、标准化和通用化及系列化,使得既提高生产批量,又便于组织生产和质量把关。还通过自动运行启动诊断、在线诊断、离线诊断等多种诊断程序,实现对系统内硬件、软件和各种外部设备进行故障诊断和报警。利用报警提示,及时排除故障;利用容错技术,对重要部件采用"冗余"设计,以实现故障自恢复;利用各种测试、监控技术,当生产超程、刀损、干扰、断电等各种意外时,自动进行相应的保护。

## 六、控制系统小型化

便于将机、电装置结合为一体。目前主要采用超大规模集成元件、多层印刷电路板,采用三维安装方法,使电子元器件得以高密度安装,较大规模缩小系统的占有空间。而利用新型的彩色液晶显示器替代传统的阴极射线管,将使数控操作系统进一步小型化。这样可以方便地将它安装在机床设备上,更便于对数控机床的操作使用。

# 第十节　先进的制造技术简介

## 一、柔性制造单元 FMC

FMC 构成分两大类:加工中心配上自动托盘系统(APC)和数控机床配机器人。FMC 既是柔性制造系统 FMS 的基础,又可以作为独立的自动化加工设备使用,因此其发展速度较快。它能完成复合加工(在一次装夹中通过刀架与 C 轴配合,完成车、铣、钻、镗等加工)外,机床还具有其他功能,主要特点如下:

### 1. 高性能的外围设备

包括工业机器人,多工位拖板交换工作台,随行存放器,刀库、换刀机械手等。

### 2. 自动更换工件

利用工业机器人装置,实现自动更换工件的功能。工业机器人配备有机械式或电磁式抓取装置,后者更具柔性。工业机器人一般有 4~5 个自由度,重复定位精度为±0.5mm～±0.1mm。

### 3. 自动更换刀具

利用刀库和换刀机械手实现自动换刀。刀库主要有链式和鼓轮式,除中央刀库外,也有箱式刀库。刀库的容量可达 64 把或更多。

换刀机械手一般为双爪回轮式,被换刀具重量可达 30kg,机械手的两个夹爪可相对旋转 90°。如果是重型刀具,只换切削部分,借助托盘从中央刀库向机床供给带刀具的刀具盒,并借助机器人装夹刀具。

### 4. 自动更换卡盘

可以快速更换卡盘爪或整个卡盘的功能,机床更换新工件转换时的自动化程度高。

### 5. 刀具的自动监控

具有自动监控的功能,可以减少停机时间。间接测量数控机床与刀具之间,切削力的波动、功率的消耗以及切削力的变化来监控刀具。刀具监控系统可以在线测量表面粗糙度和刀具磨损。

### 6. 多坐标多功能控制系统

具备刀具测量、工件测量、刀具监控等功能,有控制辅助功能的自动上下料、自动更换刀具等接口。

## 二、柔性制造系统 FMS(Flexible Manufacturing System)

在 FMC 和加工中心的基础上,通过增加物流系统、工业机器人以及相关设备,并由中央控制系统进行集中、统一控制和管理,这样的制造系统称为柔性制造系统FMS。FMS 不仅可以进行长时间的无人化加工,而且可以实现多品种零件的全部加工和部件装配,实现了车间制造过程的自动化。它是一种高度自动化的先进制造系统。

## 三、集成制造系统 CIMS(Computer Integrated Manufacturing System)

计算机集成制造系统 CIMS 将市场预测、生产决策、产品设计、产品制造直到产品销售的全过程均由计算机集成管理和控制,由此构成的完整的自动生产制造系统。CIMS 将一个更长的生产、经营活动进行了有机的集成,实现了更高效益、更高柔性的智能化生产,是当今数控高效、柔性化加工的最高境界。在 CIMS 中,不仅是生产设备的集成,更主要的是以信息为特征的技术集成和功能集成。

CIMS 将整个车间的数控加工设备集成于一体,并通过一系列先进的机电一体化设备如自动化仓库、自动运输车、自动进出料装置、上下料机械手以及计算机管理与控制系统的集成,最终达到"无人化车间"的境界。

## 四、计算机辅助设计 CAD(Computer Aided Design)

利用计算机及其图形设备帮助设计人员进行设计工作。

### 五、计算机辅助制造 CAM(Computer Aided Manufacturing)

利用计算机来进行生产设备管理控制和操作的过程。输入信息是零件的工艺路线和工序内容,输出信息是刀具加工时的运动轨迹(刀位文件)和数控程序。

### 六、计算机辅助检验 CAT(Computer Aided Testing)

检测和检验是零件制造过程中最基本的活动之一。通过检测和检验活动提供产品及其制造过程的质量信息,按照这些信息利用计算机对产品的制造过程实施监控并进行修正和补偿活动,使废、次品与返修品率降到最低程度,保证产品质量形成过程的稳定性以及产出产品的一致性。

## 复习思考题

1. 什么是切削加工?
2. 切削加工的分类。
3. 试述切削加工的精度及适用范围。
4. 试述切削加工的发展方向。
5. 什么是铣削?
6. 铣削的加工特点是什么?
7. 什么是数控机床?
8. 数控机床有哪些优点和不足之处?
9. 数控技术发展的主要阶段有哪些?
10. 数控机床的分类方法有哪些?
11. 点位控制、点位直线控制和轮廓控制的最主要区别是什么?
12. 开环、闭环和半闭环控制系统有哪些部分组成?
13. 数控铣床的组成部分有哪些?
14. 数控装置由哪些部分组成?
15. 位置检测装置常用的有哪几种?
16. 数控铣床的基本工作原理是什么?
17. 逐点比较法有几个节拍?
18. 数控铣床的工作步骤有几个? 是怎样工作的?
19. 数控铣削技术发展的方向是什么?
20. 什么是柔性制造单元?
21. 什么是柔性制造系统?
22. 什么是集成制造系统?
23. 什么是计算机辅助检验 CAT?

# 第二章　数控铣削加工工艺

## 第一节　数控铣床工件装夹和夹具选用

### 一、装夹的概念

在金属切削加工时,工件在机床上或者夹具中装夹好后才能进行切削加工。装夹包括两个方面:

**1. 定位**

使工件在机床上或夹具中占有某一个正确的位置。

**2. 夹紧**

对工件施加一定的外力,使工件在加工过程中保持定位后的正确位置不变。

### 二、装夹方式

工件在机床上的装夹方式,取决于生产批量、工件大小及复杂程度、加工精度要求及定位的特点等。主要装夹形式有三种:

**1. 直接找正装夹**

将工件装在机床上,然后按工件的某个(或某些)表面,用划针或用百分表等量具进行找正,以获得工件在机床上的正确位置。直接找正装夹效率较低,但找正精度可以很高,适用于单件、小批生产或定位精度要求特别高的场合。

**2. 划线找正装夹**

这种装夹方法是按图纸要求在工件表面上事先划出位置线、加工线和找正线。装夹工件时,先按找正线找正工件的位置,然后夹紧工件。划线找正装夹不需要专用设备,通用性好,但效率低,精度也不高,通常划线找正精度只能达到 $0.1\sim 0.5$mm。此方法多用于单件、小批生产中铸件的粗加工工序。

**3. 使用夹具装夹**

使用夹具装夹,工件在夹具中可迅速而正确的定位和夹紧。这种装夹方式效率高、定位精度好而可靠,还可以减轻操作人员的劳动强度和降低对操作人员技术水平的要求,因而广泛应用于各种生产类型。

### 三、六点定位原理

任何一个位置尚未确定的工件,在空间均具有六个自由度,即沿空间三个直角坐标轴 $X,Y,Z$ 方向的移动与绕他们的转动,分别以 $\vec{X},\vec{Y},\vec{Z},\hat{X},\hat{Y},\hat{Z}$ 表示。要使工件在机床夹具中正确定位,必须限制或约束工件的这些自由度。

如图 2-1 所示,采用六个定位支承点合理布置,使工件有关定位基面与其相接触,每一个定位支承点限制了工件的一个自由度,便可将工件六个自由度完全限制,使工件在空间的位置被唯一地确定。这就是通常所说的工件的六点定位原理。

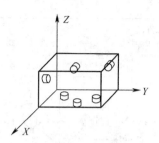

图 2-1　六点定位原理示意图

### 四、典型定位元件的定位分析

在实际生产中,工件总是通过定位元件实现其在夹具或机床上的定位。定位元件有多种形式,常用的有支承钉、支承板、定位销、定位套、芯轴、V 形块等,其中多数已标准化。表 2-1 是一些典型定位元件的定位分析,请读者特别注意其限制的自由度。

**表 2-1　典型定位元件的定位分析**

| 工件的定位面 | | 夹具的定位元件 | | | |
|---|---|---|---|---|---|
| 平面 | 支承钉 | 定位情况 | 一个支承钉 | 两个支承钉 | 三个支承钉 |
| | | 图示 | | | |
| | | 限制自由度 | $\vec{Y}$ | $\vec{X},\hat{Z}$ | $\vec{Z},\hat{X},\hat{Y}$ |
| 平面 | 支承板 | 定位情况 | 一块条形支承板 | 两块条形支承板 | 一块矩形支承板 |
| | | 图示 | | | |
| | | 限制自由度 | $\vec{X},\hat{Z}$ | $\vec{Z},\hat{X},\hat{Y}$ | $\vec{Z},\hat{X},\hat{Y}$ |
| 圆柱孔 | 圆柱销 | 定位情况 | 短圆柱销 | 长圆柱销 | 两段短圆柱销 |
| | | 图示 | | | |
| | | 限制自由度 | $\vec{X},\vec{Z}$ | $\vec{X},\vec{Z},\hat{X},\hat{Z}$ | $\vec{X},\vec{Z},\hat{X},\hat{Z}$ |

续表 2-1

| 工件的定位面 | | | 夹具的定位元件 | | |
|---|---|---|---|---|---|
| | | 定位情况 | 菱形销 | 长销小平面组合 | 短销大平面组合 |
| | 圆柱销 | 图示 | | | |
| | | 限制自由度 | $\vec{Z}$ | $\vec{X},\vec{Y},\vec{Z},\hat{X},\hat{Z}$ | $\vec{X},\vec{Y},\vec{Z},\hat{X},\hat{Z}$ |
| 圆孔 | 圆锥销 | 定位情况 | 长圆柱芯轴 | 短圆柱芯轴 | 小锥度芯轴 |
| | | 图示 | 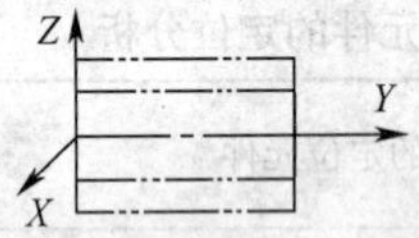 | 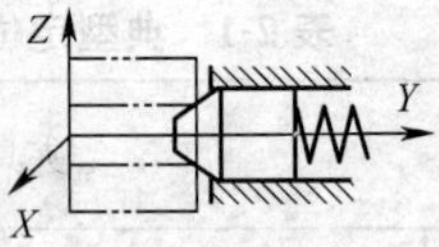 | 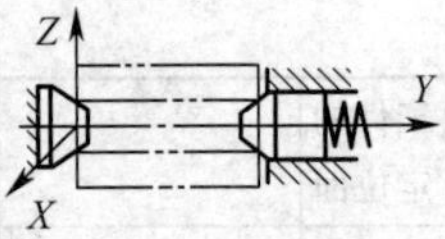 |
| | | 限制自由度 | $\vec{X},\vec{Y},\vec{Z}$ | $\vec{X},\vec{Z}$ | $\vec{X},\vec{Y},\vec{Z},\hat{X},\hat{Z}$ |
| | 芯轴 | 定位情况 | 长圆柱芯轴 | 短圆柱芯轴 | 小锥度芯轴 |
| | | 图示 | 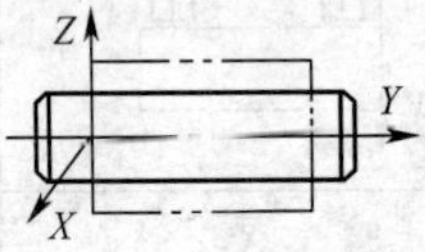 | 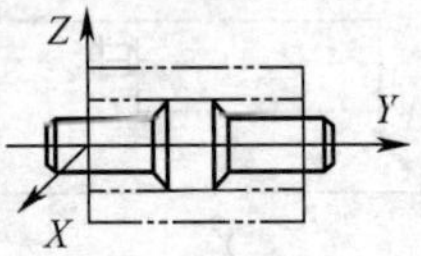 | 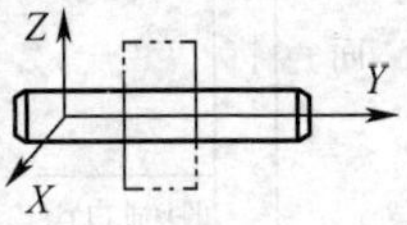 |
| | | 限制自由度 | $\vec{X},\vec{Z},\hat{X},\hat{Z}$ | $\vec{X},\vec{Z}$ | $\vec{X},\vec{Z},\hat{X},\hat{Z}$ |
| 外圆柱面 | V形块 | 定位情况 | 一块短 V 形块 | 两块短 V 形块 | 一块长 V 形块 |
| | | 图示 | 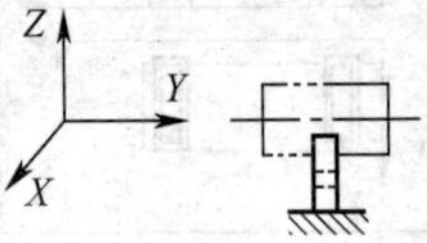 | 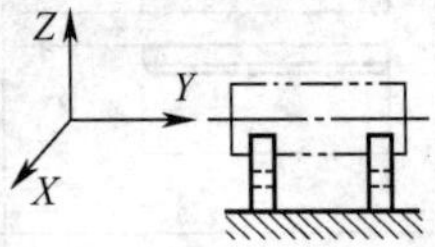 | 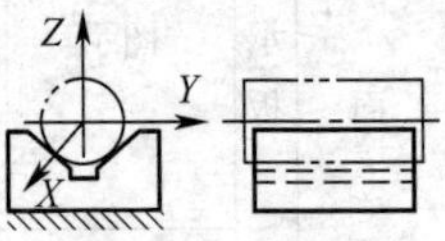 |
| | | 限制自由度 | $\vec{X},\vec{Z}$ | $\vec{X},\vec{Z},\hat{X},\hat{Z}$ | $\vec{X},\vec{Z},\hat{X},\hat{Z}$ |
| | 定位套 | 定位情况 | 一个短定位套 | 两个短定位套 | 一个长定位套 |
| | | 图示 | 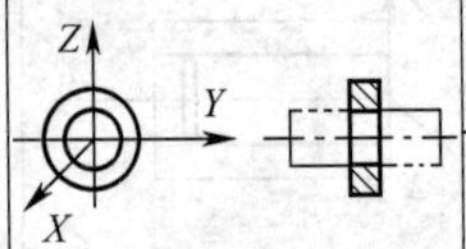 | 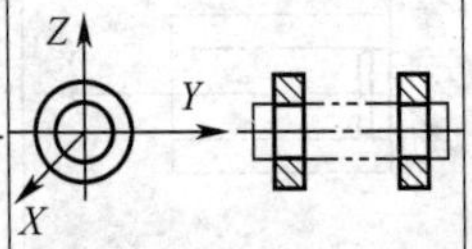 | 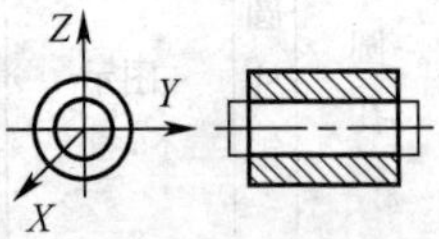 |
| | | 限制自由度 | $\vec{X},\vec{Z}$ | $\vec{X},\vec{Z},\hat{X},\hat{Z}$ | $\vec{X},\vec{Z},\hat{X},\hat{Z}$ |

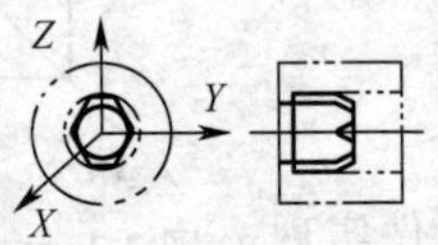

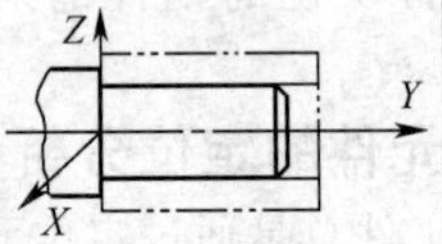

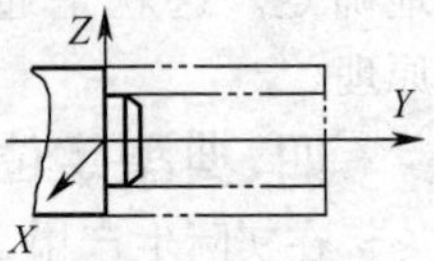

**续表 2-1**

| 工件的定位面 | 夹具的定位元件 | | | |
|---|---|---|---|---|
| | 定位情况 | 固定顶尖 | 浮动顶尖 | 锥度芯轴 |
| 圆锥面（锥顶尖及锥度芯轴） | 图示 | 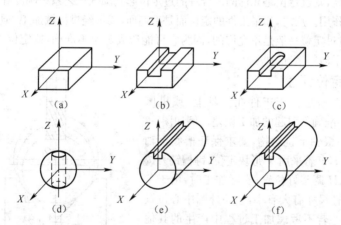 | | |
| | 限制自由度 | $\vec{X},\vec{Y},\vec{Z}$ | $\vec{X},\vec{Z}$ | $\vec{X},\vec{Y},\vec{Z},\hat{X},\hat{Z}$ |

## 五、工件定位分析和应用

### 1. 完全定位与不完全定位

工件定位时六个自由度完全被限制,称为完全定位,如图 2-2(c)所示。工件定位时六个自由度中有 1 个或 1 个以上自由度未被限制,称为不完全定位或部分定位,如图 2-2(a)和(b)所示。

图 2-2　工件定位分析和应用

如图 2-2(a)所示为铣削长方体工件上平面工序,要求保证 $Z$ 方向上的高度尺寸及上平面与底面的平行度,只需限制 $\vec{Z},\hat{X},\hat{Y}$ 三个自由度即可。

如图 2-2(b)所示为铣削一个通槽,只需限制除了 $\vec{X}$ 外的其他五个自由度。这就是不完全定位或部分定位。如图 2-2(c)所示在同样的长方体工件上铣削一个键槽,在三个坐标轴的移动和转动方向上均有尺寸及相互位置的要求,因此,这种情况必须限制全部的六个自由度,即完全定位。

如果将图 2-2(e)与(b)相比较,图 2-2(e)为圆柱体的工件,而图 2-2(b)为长方体工件。虽然他们均是铣一个通槽,加工内容、要求相同;但是,加工定位时,图 2-2(b)

的定位基面是一个底面与一个侧面,而图 2-2(e)只能采用外圆柱面作为定位基面。因此,图 2-2(e)对于 $\hat{X}$ 的限制就没有必要,则限制四个自由度就可以了。

若将图 2-2(f)与图 2-2(e)比较,均是在圆柱体工件上铣通槽,但图 2-2(f)的加工要求增加了一条,即被铣通槽与下端槽需要对中。虽然,他们的定位基面仍是外圆面,但图 2-2(f)需增加对 $\hat{X}$ 自由度的限制,共需限制五个自由度才正确。

如图 2-2(d)所示过球体中心打一通孔,定位基面为球面,则对三个坐标轴的转动自由度均无必要限制,所以,限制 $\vec{X},\vec{Y}$ 两个移动就够了。

**2. 欠定位**

工件加工时必须限制的自由度未被完全限制,称为欠定位。欠定位不能保证工件的正确安装位置,因而是不允许的。

**3. 过定位**

如果工件的某一个自由度被定位元件重复限制,称为过定位。过定位是否允许,要视具体情况而定。通常,如果工件的定位面经过机械加工,且形状、尺寸、位置精度均较高,则过定位是允许的。合理的过定位起到加强工艺系统刚度和增加定位稳定性的作用。反之,如果工件的定位面是毛坯面,或虽经过机械加工,但加工精度不高,这时过定位一般是不允许的,因为它可能造成定位不准确,或定位不稳定,或发生定位干涉等情况。

## 六、定位误差

定位误差是由于工件在夹具上(或机床上)定位不准确而引起的加工误差。例如图 2-3 所示,在一根轴上铣键槽,要求保证槽底至轴心的距离 $H$。若采用 V 形块定位,键槽铣刀按规定尺寸 $H$ 调整好位置;实际加工时,由于工件外圆直径尺寸有大有小,会使外圆中心位置发生变化。若不考虑加工过程中产生的其他加工误差,仅由于工件圆心位置的变化而使工序尺寸 $H$ 也发生变化。此变化量(即加工误差)是由于工件的定位而引起的,故称为定位误差。

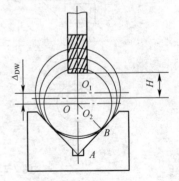

**图 2-3 定位误差示意图**

## 七、定位误差的来源

**1. 基准位置误差**

由于工件的定位表面或夹具上的定位元件制作不准确引起的定位误差,称为基准位置误差。如图 2-4 所示,其定位误差就是由于工件定位面尺寸不准确而引起的。

## 2. 基准不重合误差

由于工件的工序基准与定位基准不重合而引起的定位误差,称为基准不重合误差。如图 2-5 所示,工件以底面定位铣台阶面,要求保证尺寸 $a$,即工序基准为工件顶面。如刀具已调整好位置,则由于尺寸 $b$ 的误差会使工件顶面位置发生变化,从而使工序尺寸 $a$ 产生误差。

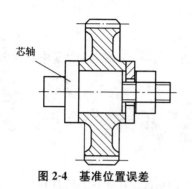

图 2-4　基准位置误差

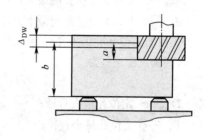

图 2-5　基准不重合误差

## 八、定位误差的计算

在采用调整法加工时,工件的定位误差实质上就是一批工件在夹具上定位时,工序基准在加工尺寸方向上的最大变动量。因此,计算定位误差一般方法是首先找出工序基准,然后求其在工序尺寸方向上的最大变动量,即得到定位误差。计算可以采用几何方法,也可以采用微分方法。

### 1. 几何方法

采用几何方法计算定位误差通常要画出定位简图,并在图中夸张地画出工件变动的极限位置;然后运用几何知识,求出工序基准在工序尺寸方向上的最大变动量,即为所求定位误差。

[例 1]　如图 2-6 所示为孔与销间隙配合的情况,若工件的工序基准为孔心,试确定其定位误差。

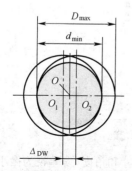
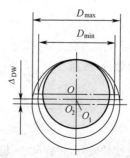

图 2-6　孔与销间隙配合定位误差

[解] 当工件孔径为最大,定位销的直径为最小时,孔心在任意方向上的最大变动量等于孔与销配合的最大间隙量,即无论工序尺寸方向如何,只要工序尺寸方向垂直于孔心轴线,其定位误差均为

$$\Delta_{DW} = D_{max} - d_{min} \qquad\qquad (式 2-1)$$

式中 $\Delta_{DW}$——定位误差;

$D_{max}$——工件上定位孔的最大直径;

$d_{min}$——夹具上定位销的最小直径。

若工件的定位基准仍为孔心,且工序尺寸方向与固定接触点和销子中心连线方向相同,则其定位误差为

$$\Delta_{DW} = (D_{max} - D_{min}) = T_D \qquad\qquad (式 2-2)$$

式中 $D_{max}$——定位孔最大直径;

$D_{min}$——定位孔最小直径;

$T_D$——定位孔直径公差。

上式即为孔销间隙配合并保持固定边接触的情况下定位误差的计算公式。此时,孔在销上的定位已由定心定位转化为支承定位的形式,定位基准也由孔心变成了与定位销固定边接触的一条母线。这种情况下,定位误差是由于定位基准与工序基准不重合所造成的,属于基准不重合误差,与定位销直径无关。

**2. 微分方法**

[例 2] 如图 2-3 所示工件在 V 形块上定位铣键槽,试计算其定位误差。

[解] 工件在 V 形块上定位铣键槽时,需要保证的工序尺寸和工序要求是:

①槽底至工件外圆中心的距离 $H$;

②键槽对工件外圆中心的对称度。

对于第①项要求,写出 $O$ 点至加工尺寸方向上某一固定点(例如 V 形块两斜面交点 $A$)的距离

$$\overline{OA} = \frac{\overline{OB}}{\sin\frac{\alpha}{2}} = \frac{d}{2\sin\frac{\alpha}{2}}$$

式中 $d$——工件外圆直径;

$\alpha$——V 形块两斜面夹角。

对上式求全微分,得到

$$d(\overline{OA}) = \frac{1}{2\sin\frac{\alpha}{2}}d(d) - \frac{d \cdot \cos\frac{\alpha}{2}}{4\sin^2\left(\frac{\alpha}{2}\right)}d(\alpha)$$

以微小增量代替微分,并将尺寸(包括直线尺寸和角度)误差视为微小增量,且考虑到尺寸误差可正可负,各项误差均取绝对值,可得到工序尺寸 $H$ 的定位误差

$$\Delta_{DW} = \frac{T_d}{2\sin\frac{\alpha}{2}} + \frac{d \cdot \cos\frac{\alpha}{2}}{4\sin\left(\frac{\alpha}{2}\right)^2} T_\alpha$$

式中 $T_d$——工件外圆直径公差；

$T_\alpha$——V形块两斜面夹角角度公差。

若忽略V形块两斜面夹角的角度误差（在支承定位的情况下，定位元件的误差——此处为V形块的角度误差，可以通过调整刀具相对于夹具的位置来进行补偿），可以得到用V形块对外圆表面定位，当定位基准为外圆中心时，在垂直方向（图2-3中尺寸 $H$ 方向）上的定位误差为

$$\Delta_{DW} = \frac{T_d}{2\sin\frac{\alpha}{2}}$$

对于第②项要求，若忽略工件的圆度误差和V形块的角度偏差（这种忽略通常是合理的，并符合工程问题要求），可以认为工序基准（工件外圆中心）在水平方向上的位置变动量为零，即使用V形块对外圆表面定位时，在垂直于V形块对称面方向上的定位误差为零。

需要指出的是定位误差一般总是针对批量生产，并采用调整法加工的情况而言。在单件生产时，若采用调整法加工（采用样件或对刀规对刀），或在数控机床上加工时，同样存在定位误差问题。但若采用试切法进行加工，则一般不考虑定位误差。

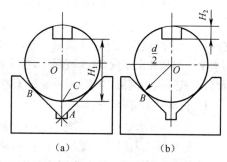

图 2-7　V形块定位计算

[例3] 工件以外圆表面在V形块上定位铣键槽，若工序尺寸标注如图2-7所示，其定位误差为多少？

[解] ①若工件的工序基准为外圆的下母线时[相应的工序尺寸为 $H_1$，参考图2-7(a)]，$C$ 点至 $A$ 点的距离为

$$\overline{CA} = \overline{OA} - \overline{OC} = \frac{d}{2}\left(\frac{1}{\sin\frac{\alpha}{2}} - 1\right)$$

取全微分，并忽略V形块的角度误差（即将 $\alpha$ 视为常量），可得到此种情况的定位误差

$$\Delta_{DW} = \frac{T_d}{2}\left(\frac{1}{\sin\frac{\alpha}{2}} - 1\right)$$

②用完全相同的方法可以求出当工件的工序基准为外圆上母线时[相应的工序

尺寸为 $H_2$，参考图 2-7(b)]时的定位误差

$$\Delta_{DW}=\frac{T_d}{2}\left[\frac{1}{\sin\frac{\alpha}{2}+1}\right]$$

[例 4]　如图 2-8 所示 $\alpha=90°$ 的 V 形块定位铣轴上键槽，计算定位误差。若不考虑其他误差，判断其加工精度能否满足加工要求。

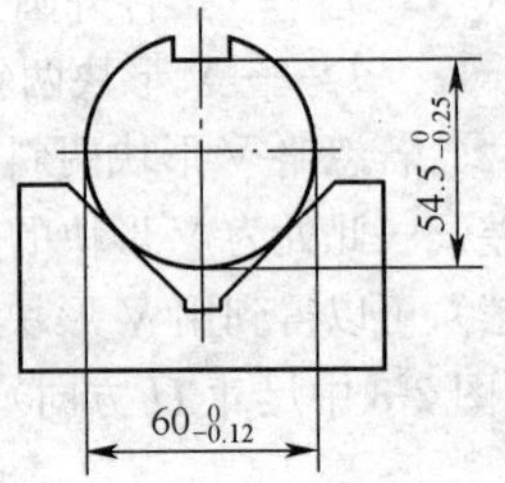

[解]　该定位工序基准为外圆柱面的下母线，与定位基准不重合，会产生基准不重合误差。根据[例 3]①所得公式

$$\Delta_{DW}=\frac{T_d}{2}\left[\frac{1}{\sin\frac{\alpha}{2}}-1\right]$$
$$=0.06\times0.414$$
$$=0.0248(\mathrm{mm})$$

图 2-8　定位误差计算

因为 0.0248mm，远小于工件尺寸公差 0.25mm，所以能够满足加工要求。

## 九、机床夹具

机床夹具是在机床上用以装夹工件的一种装置，其作用是使工件相对于机床或刀具有一个正确的位置，并在加工过程中保持这个位置不变。在机械加工中，为了完成加工工序、装配工序及检验工序等，需要使用大量的夹具。利用夹具，可以提高劳动生产率和加工精度，减少废品率，扩大机床的工艺范围，改善操作的劳动条件。因此，夹具是机械制造中的一项重要的工艺装备。

### 1. 机床夹具的组成

如图 2-9 所示是一个铣削轴端槽的夹具。工件以外圆和端面为定位基准，放在一个固定 V 形块 1 和支承套 2 上定位，转动手柄 3，偏心轮推动活动 V 形块夹紧工件。对刀块 6 用来确定铣刀相对工件的位置。所有的装置和元件都装在夹具体 5 上。为了方便地确定夹具在机床上的正确位置，在夹具底部装有定位键 4。安装夹具时只要将两个定位键放入铣床工作台的 T 形槽中并靠向一侧，则不需再进行找正便可将夹具固紧在机床工作台上。

由上面分析可见，机床夹具由下述各组成部分组成：

(1)定位元件及定位装置　它们是用来确定工件在夹具上位置的元件或装置，如图 2-9 中的固定 V 形块、支承套等；

(2)夹紧元件及夹紧装置　如图 2-9 中的偏心轮、手柄及活动 V 形块等；

(3)对刀及导向元件　它们是用来确定刀具位置或引导刀具方向的元件，如图 2-9 中的对刀块，钻夹具中的钻套等；

(4)连接元件　它们是用来确定夹具和机床之间正确位置的元件，如图 2-9 中的定位键等；

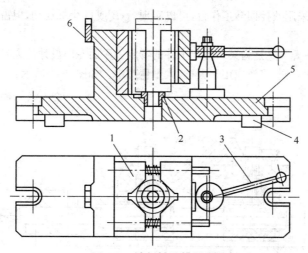

**图 2-9　铣削轴端槽的夹具**

1. V形块　2. 支撑套　3. 手柄　4. 定位键　5. 夹具体　6. 对刀块

　　(5)其他元件及装置　如某些夹具中的分度装置、防错(防止错误安装)装置、为便于卸下工件而设置的顶出器等;

　　(6)夹具体　将上述元件和装置连成整体的基础件,如图2-9中的夹具体。

## 2. 夹具的分类

　　按夹具的使用范围,可将其划分为以下几类:

　　(1)通用夹具　例如车床的三爪自定心卡盘、四爪单动卡盘、顶尖、拨盘及花盘等,铣床用的平口虎钳、分度头及回转工件台等,平面磨床上的电磁吸盘等,如图2-10所示。这些夹具通用性强,应用十分广泛,一般已经标准化,并由专门的专业工厂生产,经常作为机床的附件提供给用户使用。这类夹具主要用于单件小批量生产。

(a)　　　　　　　　　　　　　　　　　(b)

**图 2-10　用于铣床的通用夹具举例**

(a)机床用精密平口台虎钳　(b)数控分度头

　　数控回转工作台、分度头可以使数控铣床增加一个或两个回转坐标,通过数控系统实现4坐标或5坐标联动,从而有效地扩大工艺范围,加工更为复杂的工件。

数控铣床一般采用数控回转工作台,可以实现 $A,B$ 或 $C$ 坐标运动,但占据的机床运动空间也较大。

(2)专用夹具 这是为某一特定工件的特定工序而专门设计的夹具。专用夹具结构紧凑,操作方便,广泛应用于大批、大量生产中。如图 2-11 所示。

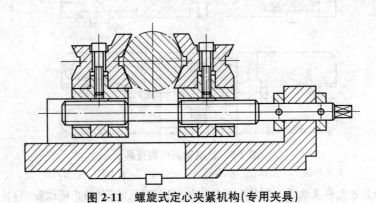

图 2-11 螺旋式定心夹紧机构(专用夹具)

(3)通用可调夹具 这类夹具的特点是夹具的部分元件可以更换,部分装置可以调整,以适应不同零件的加工。针对成组加工中某一工序而设计制造的可调整夹具,称为成组夹具。通用可调整夹具与成组夹具相比,加工对象不很明确,适用范围更广一些。

(4)组合夹具 它是由一套预先制造好的标准元件组合而成。这些元件具有各种不同形状、尺寸和规格,并具有良好的互换性、耐磨性和较高的精度。根据工件的工艺要求,可将不同的组合夹具元件像搭积木一样,组装成各种专用夹具,如图 2-12 所示。使用完毕后,元件可方便地拆开,洗净后存放起来,待需要时重新组装成新的夹具。组合夹具由于它的灵活性和通用性,使生产准备周期大大缩短,同时能节约大量设计、制造夹具的工时和材料,特别适用于新产品试制、单件小批生产和临时性生产任务。

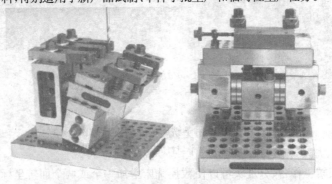

图 2-12 组合夹具

　　1)组合夹具的优缺点：

　　①优点：使用组合夹具可节省夹具的材料费、设计费、制造费，方便库存保管；另外，其组合时间短，能够缩短生产周期；反复拆装，不受零件尺寸改动限制，可以随时更换夹具易磨损件；

　　②缺点：组合夹具需要经常拆卸和组装，其结构与专用夹具相比显得复杂、笨重；对于定型产品大批量生产时，组合夹具的生产效率不如专用夹具的高。

　　2)组合夹具的适用范围：

　　①组合夹具适用于新产品研制，单件、小批量生产；适用于品种多、生产周期短的产品；

　　②适用于钻床、加工中心、镗床、铣床、磨床等机床设备，也可以组合成装配用的工装、检验用的检具和焊接夹具。

　　(5)随行夹具　　这是一种在自动线或柔性制造系统中使用的夹具。工件安装在夹具上，夹具除完成对工件的定位和夹紧外，还载着工件由输送装置送往各机床，并在机床上被定位和夹紧。

　　划分夹具类型的方式还有很多。若按夹具所使用的机床来划分，可分为钻床夹具、铣床夹具、车床夹具等，若按夹具所采用的夹紧动力源可把夹具分为手动夹具、气动夹具、液压夹具等。

### 3. 夹具的使用

　　在数控铣床上零件的安装方式与普通铣床一样，要合理选择定位基准和夹紧方案，主要注意以下几点。

　　①力求设计、工艺与编程计算的基准统一，这样有利于提高编程时数值计算的简便性和精确性；

　　②尽量选用已有的通用夹具装夹，尽量减少装夹次数，尽可能在一次装夹后，加工出全部待加工表面；

　　③避免采用占机人工调整方案；

　　④夹具要敞开，其定位、夹紧机构不能影响加工中的走刀(如产生碰撞)和工件装夹。

# 第二节　　数控加工的主要内容

　　数控机床是一种按照输入的数字程序信息进行自动加工的机床。数控加工泛指在数控机床上进行零件加工的工艺过程。数控加工技术是指高效、优质地实现产品零件特别是复杂形状零件加工的有关理论、方法与实现的技术，它是自动化、柔性化、敏捷化和数字化制造加工的基础与关键技术。该技术集传统的机械制造、计算机、现代控制、传感检测、信息处理、声光机电技术于一体，是现代机械制造技术的基础。它的广泛应用，给机械制造业的生产方式及产品结构带来了深刻的变化。数控技术的水平和普及程度,已经成为衡量一个国家综合国力和工业现代化水平的重要标志。

一般来说,数控加工涉及数控编程技术和数控加工工艺两大方面。数控加工过程包括由给定的零件加工要求(零件图纸、CAD 数据或实物模型)进行加工的全过程,其主要内容如图 2-13 所示。

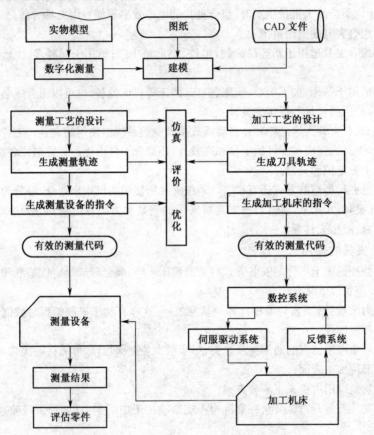

**图 2-13 数控加工过程及内容**

数控编程技术涉及制造工艺、计算机技术、数学、人工智能等众多学科领域知识,它所追求的目标是如何更有效地获得满足各种零件加工要求的高质量数控加工程序,以便更充分地发挥数控机床的性能,获得更高的加工效率与加工质量。数控编程是实现数控加工的重要环节,特别是对于复杂零件加工,编程工作的重要性甚至超过数控机床本身。在现代生产加工中,由于产品形状及质量信息往往需通过坐标测量机或直接在数控机床上测量来得到,测量运动指令也有赖于数控编程来产生,因此数控编程对于产品质量控制也有着重要的作用。

根据零件复杂程度的不同,数控加工程序可通过手工编程或计算机自动编程来获得。

# 第三节 数控加工工艺基础

## 一、数控加工工艺的概念

数控加工工艺是采用数控机床加工零件时所运用的方法和技术手段的总和。

数控加工与通用机床加工相比较，在许多方面遵循的原则基本一致。但由于数控机床本身自动化程度较高，控制方式不同，设备费用也高，使数控加工工艺相应形成了以下几个特点：

### 1. 工艺内容具体

用普通机床加工时，许多具体的工艺问题，如工艺中各工步的划分与顺序安排、刀具的几何形状、走刀路线及切削用量等，在很大程度上都是由操作人员根据自己的实践经验和习惯自行考虑而决定的，一般无需工艺人员在设计工艺规程时进行过多的规定。而在数控加工时，上述这些具体工艺问题，不仅仅成为数控工艺设计时必须认真考虑的内容，而且还必须做出正确的选择并编入加工程序中。即本来是由操作人员在加工中灵活掌握并可通过适时调整来处理的许多具体工艺问题和细节，在数控加工时就转变为编程人员必须事先设计和安排的内容。

### 2. 工艺设计严密

数控机床虽然自动化程度较高，但自适性差。它不能像通用机床在加工时可以根据加工过程中出现的问题，比较灵活自由地适时进行人为调整。即使现代数控机床在自适应调整方面做出了不少努力与改进，但自由度也不大。比如说，数控机床在镗削盲孔时，它就不知道孔中是否已挤满了切屑，是否需要退一下刀具排屑，而是一直镗到结束为止。所以，在数控加工的工艺设计中必须注意加工过程中的每一个细节。同时，在对图形进行数学处理、计算和编程时，都要力求准确无误，以使数控加工顺利进行。在实际工作中，由于一个小数点或一个正负号的差错就可能造成重大机床事故和质量事故。

### 3. 注重加工的适应性

要根据数控加工的特点，正确选择加工方法和加工内容。由于数控加工自动化程度高、质量稳定、可多坐标联动、便于工序集中，但价格昂贵，操作技术要求高等特点均比较突出，加工方法、加工对象选择不当往往会造成较大损失。为了既能充分发挥出数控加工的优点，又能达到较好的经济效益，在选择加工方法和对象时要特别慎重，甚至有时还要在基本不改变工件原有性能的前提下，对其形状、尺寸、结构等作适应数控加工的修改。一般情况下，在选择和决定数控加工内容的过程中，有关工艺人员必须对零件图或零件模型做足够具体和充分的工艺性分析。在进行数控加工的工艺性分析时，编程人员应根据所掌握的数控加工基本特点及所用数控机床的功能和实际工作经验，力求把这一前期准备工作做得更仔细、更扎实一些，以便为下面要进行的工作铺平道路,减少失误和返工、不留遗患。即数控加工的工艺设计必须在程序编制工作开始以前完成,因为只有工艺方案确定以后,编程才有依据。工艺方案的优劣不仅会影响机床效率的发挥,而且将直接影响零件的加工质量。根据大量加工实例分析,工艺设计考虑不周是造成数控加工差错的主要原因之一,因此在进行编程前做好工艺分析规划是十分必要的。

## 二、数控加工工艺设计的主要内容和工艺文件的种类

### 1. 数控加工工艺设计的主要内容

①选择适合在数控机床上加工的零件,确定工序内容;

②分析被加工零件的图纸,明确加工内容及技术要求,确定零件的加工方案,制定数控加工工艺路线,如划分工序、处理与非数控加工工序的衔接等;

③加工工序、工步的设计,如选取零件的定位基准,夹具、辅具方案的确定、切削用量的确定等;

④数控加工程序的调整,选取对刀点和换刀点,确定刀具补偿,确定加工路线;

⑤分配数控加工中的加工余量;

⑥处理数控机床上的部分工艺指令;

⑦首件试加工与现场问题处理;

⑧数控加工工艺文件的定型与归档。

### 2. 数控加工工艺文件的种类

不同的数控机床,工艺文件的种类也有所不同。一般来讲,数控铣床的工艺文件应包括:

①编程任务书;

②数控加工工序卡片;

③数控机床调整单;

④数控加工刀具卡片;

⑤数控加工进给路线图;

⑥数控加工程序单。

其中以数控加工工序卡片和数控刀具卡片最为重要。数控加工工序卡片是说明数控加工顺序和加工要素的文件,数控刀具卡片是刀具使用的依据。为了加强技术文件管理,数控加工工艺文件也应向标准化、规范化方向发展,但目前尚无统一的国家标准。在企业中,一般是根据自身的实际情况来制订上述有关工艺文件。

## 三、数控铣削加工的工艺适应性

根据数控加工的优缺点及国内外大量应用实践,一般可按工艺适应程度将零件分为下列三类:

### 1. 最适应类

①形状复杂,加工精度要求高,用通用加工设备无法加工或虽然能加工但很难

保证产品质量的零件；

②用数学模型描述的复杂曲线或曲面轮廓零件；

③具有难测量、难控制进给、难控制尺寸的不开敞内腔的壳体或盒型零件；

④必须在一次装夹中合并完成铣、镗、铰或攻螺纹等多工序的零件。

对于上述零件，可以先不要过多地考虑生产率与经济上是否合理，而首先应考虑能不能把它们加工出来，要着重考虑可能性的问题；只要有可能，都应把采用数控加工作为优选方案。

**2. 较适应类**

①在通用机床上加工时易受人为因素干扰，零件价值又高，一旦质量失控便造成重大经济损失的零件；

②在通用机床上加工必须制造复杂的专用工装的零件；

③需要多次更改设计后才能定型的零件；

④在通用机床上加工需要做长时间调整的零件；

⑤用通用机床加工时，生产率很低或体力劳动强度很大的零件。

这类零件在首先分析其可加工性以后，还要在提高生产率及经济效益方面做全面衡量，一般可把它们作为数控加工的主要选择对象。

**3. 不适应类**

①生产批量大的零件(当然不排除其中个别工序用数控机床加工)；

②装夹困难或完全靠找正定位来保证加工精度的零件；

③加工余量很不稳定，且数控机床上无在线检测系统可自动调整零件坐标位置的零件；

④必须用特定的工艺装备协调加工的零件。

以上零件采用数控加工后，在生产效率与经济性方面一般无明显改善，更有可能得不偿失，故一般不应作为数控加工的选择对象。

总之，在选择和决定数控铣加工内容时，要考虑生产批量、生产周期、工序间周转情况等等。尽量做到合理，达到多、快、好、省的目的。

# 第四节　数控铣削加工工艺性分析

对图样的工艺性分析与审查，一般是在零件图样设计和毛坯设计以后进行的，特别是在把原来采用普通铣床加工的零件改为数控加工的情况下，零件设计都已经定型，再根据数控加工工艺的特点，对图样或毛坯进行较大的更改，一般是比较困难的，所以，一定要把重点放在零件图样或毛坯图样初步设计定型时的工艺性审查与分析上。因此，编程人员要与设计人员密切合作，参与零件图样审查，提出恰当的修改意见，在不损害零件使用特性的许可范围内，更多地满足数控加工工艺的各种要求。

关于数控加工的工艺性问题,其涉及面很广,这里仅从数控加工的可能性与方便性两个角度提出一些必须分析和审查的主要内容。

## 一、尺寸标注应符合数控加工的特点

在数控编程中,所有点、线、面的尺寸和位置都是以编程原点为基准的,因此,零件图中最好直接给出坐标尺寸,或尽量以同一基准引注尺寸。这种标注法,既便于编程,也便于尺寸之间的相互协调,在保持设计、工艺、检测基准与编程原点设置的一致性方面带来很大方便。由于零件设计人员往往在尺寸标注中较多地考虑装配等使用特性方面,而不得不采取局部分散的标注方法,这样会给工序安排与数控加工带来许多不便。事实上,由于数控加工精度及重复定位精度都很高,不会因产生较大的累积误差而破坏使用性能,因而改动局部的分散标注法为集中引注或坐标式尺寸是完全可以的。

## 二、几何要素的条件应完整、准确

在程序编制中,编程人员必须充分掌握构成零件轮廓的几何要素参数及各几何要素间的关系。因为在自动编程时要对构成零件轮廓的所有几何元素进行定义,手工编程时要计算出每一个节点的坐标,无论哪一点不明确或不确定,编程都无法进行。由于零件设计人员在设计过程中考虑不周密,常常出现给出参数不全或不清楚,也可能有自相矛盾之处,如:圆弧与直线、圆弧与圆弧到底是相切还是相交或相离状态? 这就增加了数学处理与节点计算的难度。所以,在审查与分析图样时,一定要仔细认真,发现问题及时找设计人员更改或沟通。

## 三、定位基准可靠

在数控加工中,加工工序往往较集中,可对零件进行多工序的加工,因此以同一基准定位十分必要,否则很难保证两次安装加工后两个轮廓位置及尺寸协调。所以,如零件本身有合适的孔,最好就用它来作定位基准孔,即使零件上没有合适的孔,也要想办法专门设置工艺孔作为定位基准。例如,如图 2-14 所示的柱形工件可用 V 形钳口装夹,如图 2-15 所示的是带孔离合器工件和夹具装置。

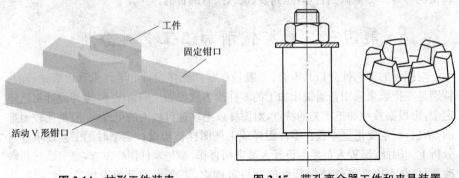

**图 2-14　柱形工件装夹**　　　　**图 2-15　带孔离合器工件和夹具装置**

# 第五节　数控铣削加工工艺路线的设计

数控加工的工艺路线设计与用通用机床加工的工艺路线设计的主要区别在于它不是指从毛坯到成品的整个工艺过程,而仅是几道数控加工工序工艺过程的具体描述。因此在工艺路线设计中一定要注意到,由于数控加工工序一般均穿插于零件加工的整个工艺过程中间,因而要与普通加工工艺衔接好。例如,在数控铣床还未达到普及使用的条件下,一般应把毛坯件上过多的余量,特别是含有锻、铸硬皮层的余量安排在普通铣床上加工。如必须用数控铣床加工时,则要注意程序的灵活安排。安排一些子程序对余量过多的部位先作一定的切削加工。即对大余量毛坯进行阶梯切削时的加工路线和分层切削时刀具的终止位置。

另外,许多在通用机床加工时由工人根据自己的实践经验和习惯所自行决定的工艺问题,如:工艺中各工步的划分与安排、刀具的几何形状、走刀路线及切削用量等,都是数控工艺设计时必须认真考虑的内容,并将正确的选择编入程序中。在数控工艺路线设计中主要应注意以下几个问题。

## 一、工序的划分

根据数控加工的特点,数控加工工序的划分一般可按下列方法进行。

（1）以一次安装、加工作为一道工序　这种方法适合于加工内容不多的工件,加工完后就能达到待检状态。

（2）以同一把刀具加工的内容划分工序　有些零件虽然能在一次安装中加工出很多待加工面,但考虑到程序太长,会受到某些限制,如:数控系统的限制（主要是内存容量）,机床连续工作时间的限制（如一道工序在一个工作班内不能结束）等。此外,程序太长会增加出错与检索困难。因此程序不能太长,一道工序的内容不能太多。

（3）以加工部位划分工序　对于加工内容很多的零件,可按其结构特点将加工部位分成几个部分,如内形、外形、曲面或平面。

（4）以粗、精加工划分工序　对于易发生加工变形的零件,由于粗加工后可能发生的变形而需要进行校正,因此一般来说凡要进行粗、精加工的都要将工序分开。如图 2-16 所示,在薄壁套筒上铣削沟槽,因为粗铣时,夹紧力、切削力较大,工件变形严重,导致工件精度超差,常采取以下措施解决:

**图 2-16　在薄壁套筒上铣削沟槽**

①采用轴向夹紧方式;

②粗加工后,稍微松开夹具,减少夹紧力,再精加工;

③提高刀具锋利程度,减少切削力;

④增加走刀次数,减少切削力和变形。

总之,在划分工序时,一定要根据零件的结构与工艺性、机床的功能、零件数控加工内容的多少、安装次数及本企业生产组织状况灵活掌握。被加工零件宜采用工序集中的原则还是采用工序分散的原则,也要根据实际情况合理确定。

## 二、工序的安排

工序的安排应根据零件的结构和毛坯状况,以及定位安装与夹紧的需要来考虑,重点是工件的刚性不被破坏。工序安排一般应按以下原则进行:

①上道工序的加工不能影响下道工序的定位与夹紧,中间穿插有通用机床加工工序的也要综合考虑;

②先进行内形内腔加工工序,后进行外形加工工序;

③以相同定位、夹紧方式或同一把刀具加工的工序,最好连续进行,以减少重复定位次数、换刀次数;

④在同一次安装中进行的多道工序,应先安排对工件刚性破坏较小的工序。

## 三、数控加工工艺与普通工序的衔接

数控工序前后一般都穿插有其他普通工序,如衔接得不好就容易产生矛盾,因此在熟悉整个加工工艺内容的同时,要清楚数控加工工序与普通加工工序各自的技术要求、加工目的、加工特点,如:要不要留加工余量,留多少;定位面与孔的精度要求及形位公差;对校正工序的技术要求;对毛坯的热处理状态等。这样才能使各工序达到相互能满足加工需要,而且质量目标及技术要求明确,交接验收有依据。

## 四、数控工序设计

数控工艺路线设计是下一步工序设计的基础,其设计质量会直接影响零件的加工质量与生产效率,设计工艺路线时应对零件图、毛坯图认真审核,结合数控加工的特点灵活运用普通加工工艺的一般原则,尽量把数控加工工艺路线设计得更合理一些。

当数控加工工艺路线设计完成后,各数控加工工序的内容已基本确定,要达到的目标已比较明确,对其他一些问题(诸如:刀具、夹具、量具、装夹方式等),也大体做到心中有数,接下来就可以进行数控工序设计。

数控工序设计的主要任务是进一步把本工序的加工内容、切削用量、工艺装备、定位夹紧方式及刀具运动轨迹都确定下来,为编制加工程序作好充分准备。

### 1. 加工余量的选择

加工余量指毛坯实体尺寸与零件(图纸)尺寸之差。加工余量的大小对零件的加工质量和制造的经济性有较大的影响。余量过大会浪费原材料及机械加工工时,增加机床、刀具及能源的消耗;余量过小则不能消除上道工序留下的各种误差、表面缺陷和本工序的装夹误差,容易造成废品。因此,应根据影响余量的因素合理地确定加工余量。零件加工通常要经过粗加工、半精加工、精加工才能达到最终要求。因此,零件总的加工余量等于中间工序加工余量之和。

（1）工序间加工余量的选择原则

①采用最小加工余量原则，以求缩短加工时间，降低零件的加工费用；

②应有充分的加工余量，特别是最后的工序。

（2）考虑加工余量的其他因素

①由于零件的大小不同，切削力、内应力引起的变形也会有差异，工件大，变形增加，加工余量相应地应大一些；

②零件热处理时引起变形，应适当增大加工余量；

③加工方法、装夹方式和工艺装备的刚性可能引起的零件变形，过大的加工余量会由于切削力增大引起零件的变形。

（3）确定加工余量的方法

①查表法。这种方法是根据各工厂的生产实践和实验研究积累的数据，先制成各种表格，再汇集成手册。确定加工余量时查阅这些手册，再结合工厂的实际情况进行适当修改后确定。目前，我国各工厂普遍采用查表法。

②经验估算法。这种方法是根据工艺编制人员的实际经验确定加工余量。一般情况下，为了防止因余量过小而产生废品，经验估算法的数值总是偏大。经验估算法常用于单件小批量生产。

③分析计算法。这种方法是根据一定的试验资料数据和加工余量计算公式，分析影响加工余量的各项因素，并计算确定加工余量。这种方法比较合理，但必须有比较全面和可靠的试验资料数据。目前，只在材料十分贵重，以及少数大型工厂采用。

**2. 确定加工路线和安排工步顺序**

在数控加工过程中，刀具刀位点相对于工件运动的轨迹称为加工路线，它是编程的依据，直接影响加工质量和效率。刀具时刻处于数控系统的控制下，因而每一时刻都应有明确的运动轨迹及位置。加工路线就是刀具在整个加工工序中的运动轨迹，它不但包括了工步的内容，也反映出工步顺序。走刀路线是编写程序的依据之一，因此，在确定加工路线时，最好画一张工序简图，将已经拟定出的走刀路线画上去（包括进、退刀路线），这样可为编程带来不少方便。工步的划分与安排一般可随走刀路线来进行，在确定走刀路线时，主要考虑以下几点：

（1）寻求最短加工路线　以减少空刀时间提高加工效率。

①保证零件的加工精度和表面质量，且效率要高；

②减少编程时间和程序容量；

③减少空刀时间和在轮廓面上的停刀时间，以免划伤零件表面；

④减少零件变形；

⑤位置精度要求高的孔系零件的加工应避免机床反向间隙而影响孔的位置精度；

⑥复杂曲面零件的加工应根据零件的实际形状、精度要求、加工效率等多种因素来确定是行切还是环切，是等距切削还是等高切削的加工路线等。

　　加工如图 2-17(a)所示零件上的孔系,图 2-17(b)的走刀路线为先加工完外圈孔后,再加工内圈孔;若改用图 2-17(c)的走刀路线,减少空刀时间,则可节省定位时间近一倍,提高了加工效率。

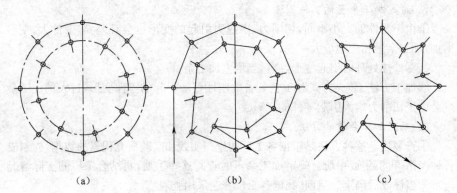

**图 2-17　最短走刀路线的设计**

(a)零件图样　(b)路线 1　(c)路线 2

　　(2)保证工件轮廓表面加工后的表面粗糙度要求　最终轮廓应安排在最后一次走刀中连续加工出来。

　　(3)铣刀的进、退刀(切入与切出)路线要合理　以尽量减少在轮廓切削中停刀(切削力突然变化造成弹性变形)而留下刀痕,也要避免在工件轮廓面上垂直上下刀而划伤工件表面。铣削平面零件时,切削前的进刀方式也必须考虑。切削前的进刀方式有两种形式:一种是垂直方向进刀,另一种是水平方向进刀。如图 2-18(a)所示,铣削外表面轮廓时,为减少接刀痕迹,保证零件表面质量,铣刀的切入点和切出点应沿零件轮廓曲线上某点的切线延长线来切入和切出零件表面;如果切入和切出距离受限,可采用先直线进刀再圆弧过渡的加工路线,如图 2-18(b)所示;铣削内轮廓表面时,可以同样处理,如图 2-18(c)所示。

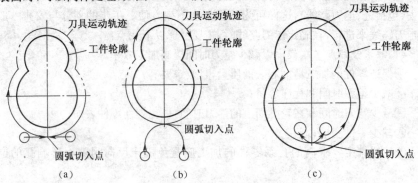

**图 2-18　铣削时的加工路线**

(a)铣削外圆的一般加工路线　(b)铣削外圆空间受限时的加工路线　(c)铣削内圆的加工路线

(4)选择工件在加工后变形小的路线　对横截面积小的零件应采用分几次走刀加工到最后尺寸或对称去余量法安排走刀路线。

# 第六节　对刀点和切削用量的选择

## 一、对刀点的选择

对刀点是指通过对刀确定刀具与工件相对位置的基准点。对于数控铣床来说，在加工开始时，确定刀具与工件的相对位置是很重要的，它是通过对刀点来实现的。在程序编制时，不管实际上是刀具相对工件移动，还是工件相对刀具移动，都是把工件看作静止，而刀具在运动。对刀点往往就是零件的加工原点，它可以设在被加工零件上，也可以设在夹具上与零件定位基准有一定尺寸联系的某一位置。对刀点的选择原则如下：

①所选的对刀点应使程序编制简单；

②对刀点应选择在容易找正、便于确定零件的加工原点的位置；

③对刀点的位置应在加工时检查方便、可靠；

④有利于提高加工精度。

在使用对刀点确定加工原点时，就需要进行"对刀"。所谓对刀是指使"刀位点"与"对刀点"重合的操作。"刀位点"是指刀具的定位基准点。例如，立铣刀的刀位点是刀具中心与底面的交点，钻头的刀位点是钻尖。对刀的具体办法将在以下章节中结合机床操作进行介绍。

换刀点是为数控铣床等多刀加工的机床编程而设置的，因为这些机床在加工过程中间要自动换刀。对于手动换刀的数控铣床等机床，也应确定相应的换刀位置。为防止换刀时碰伤零件或夹具，换刀点常常设置在被加工零件轮廓之外，并要有一定的安全量。

## 二、确定切削用量

合理选择切削用量对于发挥数控铣床的最佳效益有着至关重要的关系。切削用量包括切削速度、进给量、背吃刀量和侧吃刀量。背吃刀量和侧吃刀量在数控加工中通常称为切削深度和切削宽度，如图2-19所示。

选择切削用量的原则是：粗加工时，一般以提高生产率为主，但也应考虑经济性和加工成本；半精加工和精加工时，应在保证加工质量的前提下，兼顾切削效率、经济性和加工成本，具体数值应根据机床说明书、切削用量手册，并结合经验而定。

从刀具耐用度出发，切削用量的选择方法是：首先选取切削深度或切削宽度，其次确定进给量，最后确定切削速度。

### 1. 切削深度和切削宽度的选择

在机床、工件和刀具刚度允许的情况下，增加切削深度，可以提高生产率。为了保证零件的加工精度和表面粗糙度，一般应留一定的余量进行精加工。

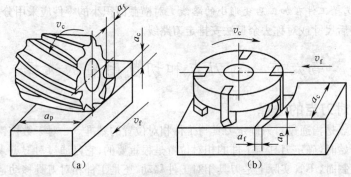

**图 2-19　铣削用量**

(a)圆周铣　(b)端铣

在编程中切削宽度称为步距,一般切削宽度与刀具直径成正比,与切削深度成反比。在粗加工中,步距取得较大有利于提高加工效率。在使用平底刀进行切削时,切削宽度 $d$ 的一般取值范围为

$$d=(0.6\sim0.9)D \qquad\qquad (式2\text{-}3)$$

式中　$D$——刀具直径。

而使用圆角刀进行加工,刀具直径应扣除刀尖的圆角部分,即

$$d=D-2r \qquad\qquad (式2\text{-}4)$$

式中　$r$——刀尖圆角半径。

而切削宽度可以取

$$d=(0.8\sim0.9)D \qquad\qquad (式2\text{-}5)$$

式中　$D$——刀具直径。

而在使用球头刀进行精加工时,步距的确定应首先考虑所能达到的精度和表面粗糙度。

切削深度的选择通常如下:

①在工件表面粗糙度值要求为 $Ra\ 12.5\sim25\mu m$ 时,如果圆周铣削的加工余量小于5mm,端铣的加工余量小于6mm 左右时,粗铣一次进给就可以达到要求。但在余量较大,工艺系统刚性较差或机床动力不足时,可分多次进给完成。

②在工件表面粗糙度值要求为 $Ra\ 3.2\sim12.5\mu m$ 时,可分粗铣和半精铣两步进行。粗铣时切削深度或切削宽度选取同前。粗铣后留 0.5~1.0mm 余量,在半精铣时切除。

③在工件表面粗糙度值要求为 $Ra\ 0.8\sim3.2\mu m$ 时,可分粗铣、半精铣、精铣三步进行。半精铣时切削深度或切削宽度取 1.5~2mm;精铣时圆周铣侧吃刀量取 0.3~0.5mm,面铣刀背吃刀量取 0.5~1mm。

**2. 进给量的选择**

进给量有进给速度 $v_f$、每转进给量 $f$ 和每齿进给量 $f_z$ 三种表示方法。

进给速度 $v_f$ 是单位时间内工件与铣刀沿进给方向的相对位移,单位为 mm/min,在数控程序中的代码为 F。

每转进给量 $f$ 是铣刀每转一转,工件与铣刀的相对位移,单位为 mm/r。

每齿进给量 $f_z$ 是铣刀每转过一齿时,工件与铣刀的相对位移,单位为 mm/齿。

三种进给量的关系为

$$v_f = f \times n = f_z \times z \times n \tag{式 2-6}$$

式中　$n$——铣刀转速;

　　　$z$——铣刀齿数。

(1)每齿进给量 $f_z$　每齿进给量 $f_z$ 的选取主要取决于工件材料的力学性能、刀具材料、工件表面粗糙度等因素。工件材料的强度和硬度越高,$f_z$ 越小,反之则越大;硬质合金铣刀的每齿进给量高于同类高速钢铣刀;工件表面粗糙度要求越高,$f_z$ 就越小。每齿进给量的确定可参考表 2-2。

### 表 2-2　铣刀每齿进给量 $f_z$ 选择　　(mm/齿)

| 工件材料 | 工件材料硬度/HB | 硬质合金 | | 高速钢 | | | |
|---|---|---|---|---|---|---|---|
| | | 端铣刀 | 三面刃铣刀 | 圆柱铣刀 | 立铣刀 | 端铣刀 | 三面刃铣刀 |
| 低碳钢 | ~150 | 0.20~0.40 | 0.15~0.30 | 0.12~0.2 | 0.04~0.20 | 0.15~0.30 | 0.12~0.20 |
| | 150~200 | 0.20~0.35 | 0.12~0.25 | 0.12~0.2 | 0.03~0.18 | 0.15~0.30 | 0.10~0.15 |
| 中、高碳钢 | 220~325 | 0.15~0.50 | 0.15~0.3 | 0.12~0.2 | 0.05~0.20 | 0.15~0.30 | 0.12~0.2 |
| | 325~375 | 0.15~0.40 | 0.12~0.2 | 0.12~0.2 | 0.04~0.20 | 0.15~0.25 | 0.07~0.15 |
| | 375~425 | 0.12~0.25 | 0.07~0.20 | 0.07~0.15 | 0.03~0.15 | 0.10~0.20 | 0.05~0.12 |
| 灰铸铁 | 150~180 | 0.20~0.50 | 0.12~0.3 | 0.20~0.30 | 0.07~0.18 | 0.20~0.35 | 0.15~0.25 |
| | 180~220 | 0.20~0.40 | 0.12~0.25 | 0.15~0.25 | 0.05~0.15 | 0.15~0.30 | 0.12~0.20 |
| | 220~300 | 0.15~0.30 | 0.10~0.20 | 0.10~0.20 | 0.03~0.10 | 0.10~0.15 | 0.07~0.12 |
| 可锻铸铁 | 110~160 | 0.20~0.50 | 0.10~0.30 | 0.20~0.35 | 0.08~0.20 | 0.20~0.40 | 0.15~0.25 |
| | 160~200 | 0.20~0.40 | 0.10~0.25 | 0.20~0.30 | 0.07~0.20 | 0.20~0.35 | 0.15~0.20 |
| | 200~240 | 0.15~0.30 | 0.10~0.20 | 0.12~0.25 | 0.05~0.15 | 0.10~0.30 | 0.12~0.20 |
| | 240~280 | 0.10~0.30 | 0.10~0.15 | 0.10~0.20 | 0.02~0.08 | 0.10~0.20 | 0.07~0.12 |
| 含 C<3%合金钢 | 125~170 | 0.15~0.50 | 0.12~0.3 | 0.12~0.30 | 0.05~0.20 | 0.15~0.30 | 0.12~0.20 |
| | 170~220 | 0.15~0.40 | 0.12~0.25 | 0.10~0.20 | 0.05~0.15 | 0.15~0.25 | 0.10~0.15 |
| | 220~280 | 0.10~0.30 | 0.08~0.20 | 0.07~0.12 | 0.03~0.08 | 0.12~0.20 | 0.07~0.12 |
| | 280~320 | 0.08~0.20 | 0.06~0.15 | 0.05~0.10 | 0.025~0.05 | 0.07~0.12 | 0.05~0.10 |
| 含 C>3%合金钢 | 170~220 | 0.12~0.40 | 0.12~0.30 | 0.12~0.20 | 0.05~0.20 | 0.15~0.25 | 0.07~0.15 |
| | 220~280 | 0.10~0.30 | 0.10~0.25 | 0.10~0.15 | 0.07~0.15 | 0.12~0.20 | 0.07~0.12 |
| | 280~320 | 0.08~0.20 | 0.08~0.15 | 0.07~0.12 | 0.05~0.10 | 0.10~0.15 | 0.05~0.10 |
| | 320~380 | 0.06~0.15 | 0.05~0.12 | 0.05~0.10 | 0.025~0.08 | 0.05~0.10 | 0.05~0.10 |
| 铝镁合金 | 95~100 | 0.15~0.38 | 0.12~0.30 | 0.15~0.20 | 0.05~0.15 | 0.20~0.30 | 0.07~0.20 |

(2)切削速度 $v_c$　影响切削速度选择的因素很多,其中最主要的是刀具材质,常用的切削速度选择见表 2-3,仅供参考。

表 2-3　刀具材料、工件材料与切削速度选择　　　　(mm/min)

| 工件材料 | 硬度/HB | 铣削速度 | |
|---|---|---|---|
| | | 硬质合金铣刀 | 高速钢铣刀 |
| 低、中碳钢 | <220 | 80～150 | 21～40 |
| | 225～290 | 60～115 | 15～36 |
| | 300～425 | 40～75 | 9～20 |
| 高碳钢 | <220 | 60～130 | 18～36 |
| | 220～325 | 50～105 | 14～25 |
| | 325～375 | 36～50 | 9～12 |
| | 375～425 | 35～45 | 6～10 |
| 合金钢 | <220 | 55～120 | 15～35 |
| | 225～325 | 40～80 | 10～24 |
| | 325～380 | 30～60 | 5～9 |
| 灰铸铁 | 150～180 | 60～110 | 15～25 |
| | 180～220 | 45～90 | 9～18 |
| | 220～300 | 21～45 | 5～10 |
| 可锻铸铁 | 110～160 | 100～200 | 42～50 |
| | 160～200 | 83～120 | 24～35 |
| | 200～240 | 72～110 | 15～25 |
| | 240～280 | 40～60 | 9～20 |
| 铝镁合金 | 95～100 | 360～600 | 180～300 |

(3)主轴转速 $n(\mathrm{r/min})$　主轴转速一般根据切削速度 $v_c$ 来选定,计算公式为

$$n=\frac{1000\times v_c}{\pi\times d} \qquad (式 2\text{-}7)$$

式中　$d$——刀具或工件直径(mm)。

对于球头立铣刀的计算直径 $D_e$,一般要小于铣刀直径 $D$,故其实际转速不应按铣刀直径 $D$ 计算,而应按计算直径 $D_e$ 计算。

$$n=\frac{1000\times v_c}{\pi\times D_e} \qquad (式 2\text{-}8)$$

$$D_e=\sqrt{D^2-(D-D\times a_p)^2} \qquad (式 2\text{-}9)$$

式中　$a_p$——切削深度。

数控铣床的控制面板上一般有主轴转速修调(倍率)开关和进给速度修调(倍率)开关,可在加工过程中根据需要对主轴转速和加工速度进行调整。

# 第七节　数控铣削刀具的选择和应用

先进的刀具不但是推动制造技术发展进步的重要动力,还是提高产品质量、降低加工成本的重要手段。刀具与数控机床一直是互相制约又相互促进的。先进的数控机床已经成为现代制造业的主要装备,它与同步发展起来的先进刀具一起共同推动了加工技术的进步,使制造技术进入了数控加工的新时代。

数控铣削刀具的选择和刃磨的优劣,将直接影响加工生产率和加工质量,如工件的尺寸精度和表面粗糙度在很大的程度上是由刀具来保证的。在数控铣削加工过程中,操作者必须对刀具的选择和应用有详细的了解。本节将重点介绍数控铣削刀具的基础知识。

## 一、数控铣床对刀具的要求

为了保证数控铣床的加工精度、提高生产率及降低刀具的消耗,在选用数控铣床刀具时对刀具提出更高的要求,如可靠的断屑、高的耐用度、快速调整与更换等。

### 1. 适应高速切削要求,具有良好的切削性能

为了提高加工效率,数控铣床向着高速度、大进给、高刚性和大功率发展。中等规格的数控铣床,其主轴最高转速一般为 3000～8000r/min,工作进给由 0～5m/min 提高到 0～45m/min。

### 2. 适应高硬度工件材料(如淬火模具钢)的加工

数控铣床所用刀具必须有承受高速切削和较大进给量的性能,而且要求刀具有较高的耐用度。新型刀具材料如涂层硬质合金、陶瓷和超硬材料(如聚晶金刚石和立方氮化硼)的使用,更能发挥数控铣床的优势。

### 3. 高的可靠性

数控铣床加工的基本前提之一是刀具的可靠性,加工中不会发生意外的损坏。刀具的性能一定要稳定可靠,同一批刀具的切削性能和耐用度不得有较大差异。

### 4. 较高的刀具耐用度

刀具在切削过程中不断地被磨损而造成工件尺寸的变化,从而影响加工精度。刀具在两次调整之间所能加工出合格零件的数量,称为刀具的耐用度。在数控机床加工过程中,提高刀具耐用度非常重要。

### 5. 高精度

为了适应数控铣床的高精度加工,刀具及其装夹机构必须具有很高的精度,以保证它在机床上的安装精度(通常在 0.005mm 以内)和重复定位精度。

### 6. 可靠的断屑及排屑措施

切屑的处理对保证数控铣床正常工作有着特别重要的意义。在数控机床加工

中,紊乱的带状切屑会给加工过程带来很多危害,在可靠卷屑的基础上,还需要畅通无阻地排屑。对于孔加工刀具尤其重要。

### 7. 精确迅速的调整

数控铣床所用孔加工刀具一般带有微调装置,这样就能够补偿由于刀具磨损而造成的工件尺寸的变化。

### 8. 自动快速的换刀

数控加工中心一般采用机外预调尺寸的刀具,而且换刀是在加工的自动循环过程中实现的,即自动换刀。这就要求刀具应能与数控机床快速、准确地接合和脱开,并能适应机械手或机器人的操作。所以连接刀具的刀柄、刀套等,已发展成各种适应自动化加工要求的结构,而成为包括刀具在内的数控工具系统。

### 9. 刀具标准化、模块化、通用化及复合化

数控铣床所用刀具的标准化,可使刀具品种规格减少,成本降低。数控工具系统模块化、通用化,可使刀具适用于不同的数控铣床,从而提高生产率,保证加工精度。

## 二、数控铣削刀具的制造材料

根据刀具的制造材料不同一般可以分为五大类。

### 1. 高速钢刀具(HSS)

是一种加入了较多的钨、钼、铬、钒等合金元素的高合金工具钢。高速钢具有较高的热稳定性、高的强度和韧性、一定的硬度和耐磨性,在 600℃ 仍然能保持较高的硬度。按用途不同,高速钢可分为通用型高速钢和高性能高速钢。

(1)通用型高速钢　广泛用以制造各种复杂刀具,例如丝锥、板牙、成形刀具、钻头、铣刀等,可以切削硬度在 250~280HBS 以下的结构钢和铸铁材料。其典型牌号有 W18Cr4V(简称 W18),W14Cr4VMnXt,W6Mo5Cr4v2(简称 M2),W9Mo3Cr4V(简称 W9)。

(2)高性能高速钢　包括高碳高速钢、高钒高速钢、钴高速钢和超硬高速钢等。其刀具耐用度约为通用型高速钢刀具的 1.5~3 倍,适合于加工超高强度等难加工材料。其典型牌号有 W2Mo9Cr4Vo8(M42),是应用最广的含钴超硬高速钢,具有良好的综合性能;W6Mo5Cr4V2AI 和 W10Mo4Cr4V3AI(5F-6)是两种含铝的超硬高速钢,具有良好的切削性能。

### 2. 硬质合金刀具

是将钨钴类(WC),钨钴钛(WC-TiC),钨钛钽(铌)钴(WC-TiC-TaC)等难熔金属碳化物,用金属黏结剂 Co 或 Ni 等经粉末冶金方法压制烧结而成。

按照 ISO 标准以硬质合金的硬度、抗弯强度等指标为依据,将切削用硬质合金分为三类:P 类(相当于我国的 YT 类)、K 类(相当于我国的 YG 类)和 M 类(相当于我国的 YW 类),并把所有牌号分成用颜色标志的三大类。

在 ISO 标准中,通常又在 P,K,M 三种代号之后附加 01,05,10,20,30,40,50 等数字进一步细分。一般来说,数字越小,硬度越高,韧度降低;数字越大,韧度提高但硬度降低。

(1)P 类 蓝色标识,钨钛钴类,成分是 WC+TiC+Co,常用牌号有 P01,P10,P30,分别对应 YT30(精加工)、YT15(半精加工)、YT5(粗加工),属于高合金化的硬质合金牌号。这类合金主要用于加工钢或其他韧性较大的塑性金属和长切屑的黑色金属,不适合加工脆性金属。

(2)K 类 红色标识,钨钴类,成分是 WC+Co,常用牌号有 K01,K10,K20,分别对应 YG3(精加工)、YG6(半精加工)、YG8(粗加工),属于单纯 WC 的硬质合金牌号。主要用于加工铸铁、有色金属等脆性材料,或冲击性较大的场合,适用于加工短切屑的黑色金属、有色金属及非金属材料。

(3)M 类 黄色标识,钨钛钽铌钴类,成分是 WC+TiC+TaC(NbC)+Co,常用牌号有 M10,M20,分别对应 YW1(精加工、半精加工)、YW2(粗加工、半精加工),属于中合化的硬质合金牌号。这类合金为通用合金型,既可以加工铸铁、有色金属,又可以加工碳素钢、合金钢,主要加工高温合金、高锰钢、不锈钢、可锻铸铁、球墨铸铁、合金铸铁等难加工材料,适于长切屑或短切屑的黑色金属及有色金属。

涂层硬质合金刀具是在韧性较好的硬质合金基体上或高速钢刀具基体上,涂覆一薄层耐磨性高的难熔金属化合物而成的。常用的涂层材料有 TiC,YiN,YiCN,TiB$_2$,ZrO$_2$ 及 Al$_2$O$_3$ 等陶瓷材料。涂层可采用单涂层,也可采用双涂层或多涂层,涂层厚度一般为 0.005~0.015mm。

硬质合金的涂层方法分为两类。一类为化学涂层法(CVD 法),一类为物理涂层法(PVD 法)。化学涂层是将各种化合物通过化学反应,沉积在工具表面上形成表面膜,反应温度一般在 1000℃左右。物理涂层是在 550℃以下将金属和气体离子化后,喷涂在工具表面上。

硬质合金涂层一般采用化学涂层法(CVD 法)生产。涂层物质以 TiC 最为广泛。数控机床上机夹不重磨刀具的广泛使用,为发展涂层硬质合金刀片开辟了广阔的天地。涂层刀具的使用范围广泛,从非金属、铝合金到铸铁、钢以及高强度钢、高硬度钢和耐热合金、钛合金等难加工材料的切削均可使用。实际加工应用中,涂层硬质合金刀片的耐用度至少可提高 1~3 倍。涂层硬质合金的通用性广。涂层高速钢刀具主要有钻头、丝锥、滚刀、立铣刀等。

因为涂层刀具有比基体高得多的硬度、抗氧化性能、抗黏结性能以及低的摩擦系数,因而有高的耐磨性和抗月牙洼磨损能力,且可降低切削力及切削温度,所以在加工中可采用比没有涂层的刀具高得多的切削用量,从而使生产效率大大提高。

**3. 陶瓷刀具**

按其主要成分大致可分为以下三类。

(1)氧化铝系陶瓷 此类陶瓷的突出优点是硬度及耐磨性高,缺点是脆性大,抗弯强度低,抗热冲击性能差,目前多数用于铸铁及调质钢的高速精加工。

(2)氮化硅系陶瓷　这种陶瓷的抗弯强度和断裂韧性比氧化铝系陶瓷有所提高,抗热冲击性能也较好,在加工淬硬钢、冷硬铸铁、石墨制品及玻璃钢等材料时有很好的效果。

(3)复合氮化硅-氧化铝$(Si_3N_4＋Al_2O_3)$系陶瓷　该材料具有极好的耐高温性能、抗热冲击和抗机械冲击性能,是加工铸铁材料的理想刀具。其特点之一是能采用大进给量,加之允许采用很高的切削速度,因此可以极大地提高生产率。

### 4. 立方氮化硼刀具(CBN)

立方氮化硼是靠超高压、高温技术人工合成的新型材料,其结构与金刚石相似。它的硬度略逊于金刚石,但热硬性远高于金刚石,且与铁族元素亲和力小,加工中不易产生切屑瘤。

### 5. 聚晶金刚石刀具(PCD)

聚晶金刚石是用人造金刚石颗粒,通过添加 Co,硬质合金,NiCr,Si-SiC 以及陶瓷结合剂,在高温(1200℃)、高压下烧结成形的刀具,在实际中得到了广泛应用。

上述几类刀具材料,从总体上来说,在材料的硬度、耐磨性方面,金刚石为最高,立方氮化硼、陶瓷、硬质合金到高速钢依次降低;而从材料的韧性来看,则高速钢最高、硬质合金、陶瓷、立方氮化硼、金刚石依次降低。涂层刀具材料具有较好的实用性能,也是将来实现刀具材料硬度和韧性并存的重要手段。在数控机床中,目前采用最为广泛的刀具材料是硬质合金。因为从经济性、适应性、多样性、工艺性等多方面,硬质合金的综合效果都优于陶瓷、立方氮化硼、聚晶金刚石。

## 三、数控铣削刀具的选择

应当根据数控铣床的加工能力、工件材料的性能、刀具材料性能、加工工序、切削用量以及其他相关因素正确选用刀具。刀具选择总的原则是:安装调整方便、刚性好、耐用度和精度高。在满足加工要求的前提下,尽量选择较短的刀柄,以提高刀具加工的刚性。选取刀具时,要使刀具的尺寸与被加工工件的表面尺寸相适应。

在经济型数控铣床的加工过程中,由于刀具的刃磨、测量和更换多为人工手动进行,占用辅助时间较长,因此,必须合理安排刀具的排列顺序。一般应遵循以下原则:

尽量减少刀具数量,即一把刀具装夹后,应完成其所能进行的所有加工步骤;

粗、精加工的刀具应分开使用,即使是相同尺寸规格的刀具,以保证加工精度;

在可能的情况下,应尽可能利用加工中心的自动换刀功能,以提高生产效率等;根据加工需要数控铣床加工刀具常用的有不重磨机夹可转位式刀具和整体式刀具。

### 1. 数控铣削不重磨机夹可转位式刀具刀片的选择

数控铣削刀具主要采用不重磨机夹可转位刀片的刀具。所以,铣削系统刀具和普通数控铣床刀具的选择主要是可转位刀片的选择。

根据被加工零件的材料,表面粗糙度要求和加工余量等条件,来决定刀片的类型。此处主要介绍铣削加工中刀片的选择方法,其他切削加工的刀片可供参考。

(1)数控刀具刀片材料的选择 主要依据被加工工件的材料、被加工表面的精度要求、表面质量要求、切削载荷的大小以及切削加工过程中有无冲击和震动等条件决定。

(2)刀片尺寸选择 刀片尺寸的大小取决于有效切削刃的长度 $L$,$L$ 与背吃刀量 $a_p$ 和主偏角 $\kappa_r$ 有关。

(3)刀片形状选择 刀片形状主要依据被加工工件的表面形状、切削方法、刀具寿命和刀片的转位次数等因素来选择。

(4)刀片的刀尖圆弧半径的选择 刀尖圆弧半径的大小直接影响刀尖的强度和被加工零件的表面粗糙度。刀尖圆弧半径越大,表面粗糙度值增大,切削力增大且易产生振动,切削性能下降,但刀刃强度增加,刀具前后刀面的磨损减少。选择原则为:在切削深度较小的精加工、薄型件加工或机床刚度较差的情况下,选取刀尖圆弧半径较小些;在需要刀刃强度高、余量较大的粗加工中,选用刀尖圆弧半径较大些。

## 2. 数控铣削常用刀具的种类及特点

数控铣削刀具必须适应数控铣床的高速、高效、多功能、自动化程度高、快换和经济等特点,目前已经逐渐标准化和系列化。数控铣刀具的分类可根据刀具结构分为:

(1)整体式 用整体材料加工而成。使用时根据不同用途将切削部分磨削成所需形状。优点是结构简单、使用方便、可靠、更换迅速等。

(2)不重磨机夹可转位式 采用机夹式连接,机夹式又可分为不转位和可转位两种。当刀具的工作长度与直径比大于 4 时,为了减少刀具的振动提高加工精度,应该采用特殊结构的刀具。主要应用在镗孔加工上。

(3)内冷式 刀具的切削、冷却液通过机床主轴或刀盘流到刀体内部,并从喷孔喷射到刀具切削刃部位。

(4)特殊式 包括强力夹紧、可逆攻丝、复合式刀具、减震式刀具等。数控铣削常用的刀具如图 2-20 所示。常用的有面铣刀、立铣刀、键槽铣刀、模具铣刀等。

无论选择何种铣刀,最基本的要求是刚性好,耐用度高。刚性好是为了提高切削率,适应切削余量的变化,避免切削振动;耐用度高是为了用一把铣刀加工较多内容时不会产生过度磨损或破损,避免换刀。

平面铣削应选用不重磨可转位硬质合金铣刀或立铣刀。一般采用 2 次走刀,第一次走刀最好用端铣刀粗铣,沿工件表面连续走刀。注意选好每次走刀宽度和铣刀直径,使接刀刀痕不影响精铣走刀精度。因此加工余量大又不均匀时,铣刀直径要选小些。精加工时,铣刀直径要选大些,最好能包容加工面的整个宽度。如图 2-21 所示,为一般加工首选。

90°面铣刀适用于薄壁零件、装夹较差的零件和要求准确 90°成形场合。使用中进

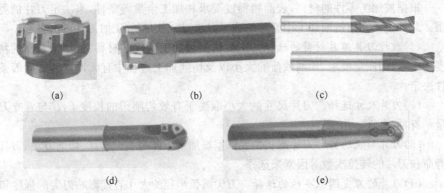

**图 2-20  铣刀种类**

(a)直角平面铣刀  (b)直角立铣刀  (c)整体式立铣刀  (d)球头粗铣刀  (e)球头精铣刀

给力等于切削力,进给抗力大,易振动,要求机床具有较大功率和刚性。如图 2-22 所示。

**图 2-21  45°面铣刀的平面铣削**　　　　　**图 2-22  90°面铣刀的平面铣削**

为了提高零件槽宽的加工精度,减少铣刀的种类,加工时可采用直径比槽宽小的铣刀,先铣槽的中间部分,然后用刀具半径补偿功能铣槽的两边。

铣削平面零件的周边轮廓一般采用立铣刀。

加工型面零件和变斜角轮廓外形时常采用球头刀、环形刀、鼓形刀和锥形刀等,对于一些成型面还常使用各种成型铣刀。

### 3. 数控铣削刀具系统组成

(1)数控刀柄　数控铣床使用的刀具通过刀柄与主轴相连,刀柄通过拉钉和主轴内的拉刀装置固定在主轴上,由刀柄夹持传递速度、扭矩。加工中心和数控镗铣床主要是 7:24 锥度的刀柄。采用 7:24 锥面与主轴锥孔配合定位,这种锥柄不自锁,换刀方便,与直柄相比有较高的定心精度和刚度。由于历史原因,各国在最初设计 7:24 圆锥柄时,在锥柄尾部的拉钉和锥柄前端凸缘结构(包括机械手夹持槽、键槽和方向识别槽的选择)上各不相同,并且形成了各自的标准,如:美国标准(ANSI CAT B5.50)、德国标准(DIN 69871)、日本标准(BT MAS 403)、国标标准(ISO)等多种形式。数控铣床的通用刀柄分为整体式和组合式两种。为了保证刀柄与主轴的配合与连接,刀柄与拉钉的结构和尺寸均已标准化和系列化,在我国应用最为广泛的是 BT40 和 BT50 系列刀柄和拉钉,如图 2-23 所示。

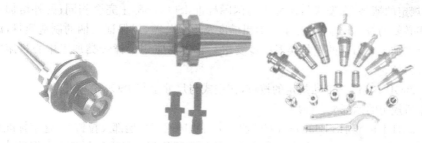

**图 2-23　数控铣床的通用刀柄和拉钉**

相同标准及规格的加工中心用刀柄也可以在数控铣床上使用,其主要区别是数控铣床所用的刀柄上没有供换刀机械手夹持的环形槽。

刀柄是一种非常精密的加工工具,在整个切削过程中承担着将主轴的旋转运动及转矩传递给切削刀具的重要责任,其质量要求是极其严格的。即使是很微小的误差,也将直接影响到被加工工件的最终质量。作为使用者,需要考虑的几项基本要素为:

1)同轴度。理论上讲,切削刀具的旋转轴线应与机床主轴线完全重合在同一直线上;除此之外,刀柄的夹持端,也就是装载切削刀具部位的几何形体中心线与锥柄圆锥体中心线的同轴度也必须控制在极严格的公差范围内。

2)夹紧力/夹持强度。如果按夹持刀具的方法区分,有这样几种:

①侧固式立铣刀柄。

②弹簧夹头刀柄。

③热收缩型刀柄。

④平面铣刀柄。

⑤强力刀柄。具有代表性的就是数控滚针铣夹头,此种刀柄的特点为:针状轴承设计,经特别排列,锁紧阻力小夹持力高,重切削也不会掉刀;内孔采用厚壁设计,吸震能力强,适合于重切削;可接 C16,C20,C25,C32,C42 直柄夹头。

⑥高速刀柄。在众多的刀具系统中德国研制的 HSK(德文空心短锥 Hole Schaft Kegel 的缩写)工具系统是相对比较成功的。HSK 的锥柄采用了端面和锥面同时定位和夹紧的工作方式,由于夹紧力的作用,HSK 刀柄法兰面与主轴端面紧密贴合,法兰面起到了支撑作用,它阻止了 HSK 刀柄的变形,提高了 HSK 工具系统的刚度。

3)动平衡性。根据动力学原理,由不平衡产生的离心力,与转速的平方成正比。也就是说,在 1000r/min 时所产生的微不足道的离心力,在转速达到 10000r/min 时,其离心力为原来的 100 倍,而当转速为 20000r/min 时,其产生的离心力是原来的 400 倍。因此,对于用于高速切削的刀柄和刀具总成,其动平衡性是很重要的。

（2）数控刀柄标准

1）国内应用的数控机床工具柄部及配用拉钉标准。

①GB 10944—89《自动换刀机床用 7：24 圆锥工具柄部 40、45 和 50 号圆锥柄》规定的柄部，在型式与尺寸上与国际标准 ISO 7388/Ⅰ完全相同；另外增加了一些必要的技术要求，标注了表面粗糙度及形位公差，以保证刀柄的制造质量，满足自动加工中刀具的重复换刀精度要求。它主要应用于镗铣类加工中心机床的各种刀柄。

②GB 10944—89 所规定的拉钉，在型式与尺寸上与 ISO 7388/Ⅱ相同，可与标准中所规定的柄部配合使用。

③日本标准 JIS B6339—1986《加工中心机床用工具柄部及拉钉》。这个标准只适用于日本进口的加工中心机床及过去几年我国的部分机床厂与日本合作设计和生产的加工中心机床。它是在日本机床工业协会标准 MAS 403—1982 的基础上制订出来的，在日本得到广泛的应用。我国 1985 年以后设计的加工中心机床已改用新的国家标准 GB 10994 和 GB 10945。

④国家标准 GB 3837—83《机床工具 7：24 圆锥联结》。这种锥柄主要用于手动换刀数控机床及重型镗铣床等。

2）整体式工具系统标准 JB/GQ 5010—1983《TSG 工具系统 型式与尺寸》。TSG 工具系统中的刀柄，其代号（按 1990 年国家标准报批稿）由四部分（JT-45-Q32-120）组成，各部分的含义如下：

JT——工具柄型代码；

45——对圆锥柄表示锥度规格；

Q32——工具的规格；

120——刀柄的工作长度。

它所表示的工具为：自动换刀机床用 7：24 圆锥工具柄（GB 10944），锥柄为 45 号，前部为弹簧夹，最大夹持直径 32mm，刀柄工作长度（锥柄大端直径 $\phi$57.15mm 处到弹簧夹头前端面的距离）为 120mm。表 2-4 为数控铣削刀具柄部型式代号和型式。表 2-5 为数控铣削刀具的用途代号及规格参数。

### 表 2-4 工具柄部型式代号

| 代 号 | 工具柄部型式 |
|---|---|
| JT | 加工中心机床用 7：24 圆锥刀柄 GB 10944—89 |
| BT | 自动换刀机床用 7：24 圆锥 BT 型刀柄 JIS B6339 |
| ST | 手动换刀机床用 7：24 圆锥刀柄 GB 3837.3—83 |
| MT | 带扁尾莫氏圆锥刀柄 GB 1443—85 |
| MW | 无扁尾莫氏圆锥刀柄 GB 1443—85 |
| ZB | 直柄刀柄 GB 6131—85 |

**表 2-5　工具的用途代号及规格参数**

| 用途代号 | 用途 | 规格参数表示的内容 |
|---|---|---|
| J | 装直柄接杆工具 | 装接杆直径——刀柄工作长度 |
| Q | 弹簧夹头 | 最大夹持直径——刀柄工作长度 |
| XP | 装削平型直柄工具 | 装刀孔直径——刀柄工作长度 |
| Z | 装莫氏短锥钻夹头 | 莫氏短锥号——刀柄工作长度 |
| ZJ | 装莫氏锥度钻夹头 | 贾氏锥柄号——刀柄工作长度 |
| M | 装带扁尾莫氏圆锥柄工具 | 莫氏锥柄号——刀柄工作长度 |
| MW | 装无扁尾莫氏圆锥柄工具 | 莫氏锥柄号——刀柄工作长度 |
| MD | 装短莫氏圆锥柄工具 | 莫氏锥柄号——刀柄工作长度 |
| JF | 装浮动绞刀 | 绞刀块宽度——刀柄工作长度 |
| G | 攻丝夹头 | 最大攻丝规格——刀柄工作长度 |
| TQW | 倾斜型微调镗刀 | 最小镗孔直径——刀柄工作长 |
| TS | 双刃镗刀 | 最小镗刀直径——刀柄工作长度 |
| TZC | 直角型粗镗刀 | 最小镗孔直径——刀柄工作长度 |
| TQC | 倾斜型粗镗刀 | 最小镗孔直径——刀柄工作长度 |
| TF | 复合镗刀 | 小孔直径/大孔直径——孔工作长度 |
| TK | 可调镗刀头 | 装刀孔直径——刀柄工作长度 |
| XS | 装三面刃铣刀 | 刀具内孔直径——刀柄工作长度 |
| XL | 装套式立铣刀 | 刀具内孔直径——刀柄工作长度 |
| XMA | 装 A 类面铣刀 | 刀具内孔直径——刀柄工作长度 |
| XMB | 装 B 类面铣刀 | 刀具内孔直径——刀柄工作长度 |
| XMC | 装 C 类面铣刀 | 刀具内孔直径——刀柄工作长度 |
| KJ | 装扩孔钻和铰刀 | 1：30 圆锥大端直径——刀柄工作长度 |

各类数控铣削刀柄如图 2-24 所示。

(3)拉钉　是带螺纹的零件,常固定在各种工具柄的尾端。如图 2-25 所示。机床主轴内的拉紧机构借助它把刀柄拉紧在主轴中。数控机床刀柄有不同的标准,机床刀柄拉紧机构也不统一,故拉钉有多种型号和规格。注意,如果拉钉选择不当,装在刀柄上使用可能会造成事故。

（a）　　　　　　　　　（b）　　　　　　　　　　　（c）

（d）　　　　　　　　　（e）　　　　　　　　　　（f）

（g）　　　　　　　　　（h）　　　　　　　　　　（i）

**图 2-24　常用数控铣削刀柄**

（a）面铣刀刀柄　（b）整体钻夹头刀柄　（c）常用镗削刀柄　（d）莫式锥度刀柄　（e）快换式丝锥刀柄　（f）热缩刀柄　（g）ER 弹簧夹头刀柄　（h）ER 弹簧夹头　（i）侧压式立铣刀柄

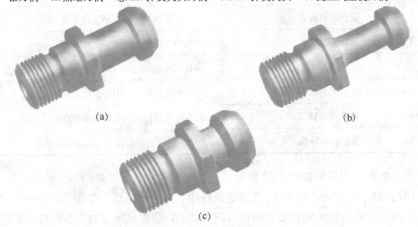

（a）　　　　　　　　　　　　　　　　（b）

（c）

**图 2-25　各种标准拉钉**

（a）ISO 7388 及 DIN 69871A 型拉钉　（b）ISO 7388 及 DIN 69871B 型拉钉　（c）MAS BT 拉钉

拉钉的选择：根据数控机床说明书选择，对数控机床自带的拉钉进行测量后来确定。

（4）数控铣削刀具 主要的数控铣削刀具种类如图 2-26 所示。

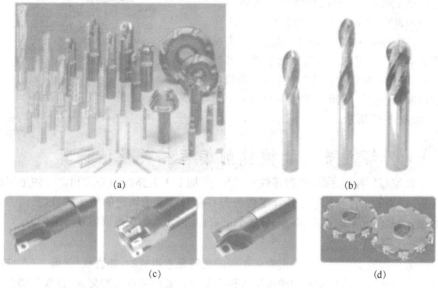

(a)

(b)

(c)

(d)

**图 2-26 数控铣削刀具**

(a)硬质合金涂层立铣刀和可转位球刀、面铣刀等 (b)整体硬质合金球头刀
(c)硬质合金可转位立铣刀 (d)硬质合金可转位三面刃铣刀

数控铣刀种类和尺寸一般根据加工表面的形状特点和尺寸选择，具体选择如表 2-6 所示。

**表 2-6 铣削加工部位及所使用铣刀的类型**

| 序号 | 加工部位 | 可使用铣刀类型 | 序号 | 加工部位 | 可使用铣刀类型 |
|---|---|---|---|---|---|
| 1 | 平面 | 可转位平面铣刀 | 8 | 曲面 | 单刀片可转位球头铣刀 |
| 2 | 带倒角的敞开槽 | 可转位倒角平面铣刀 | | | |
| 3 | T形槽 | 可转位T形槽铣刀 | 9 | 较大曲面 | 多刀片可转位球头铣刀 |
| 4 | 带圆角敞开深槽 | 加长柄可转位圆刀片铣刀 | 10 | 大曲面 | 可转位圆刀片面铣刀 |
| | | | 11 | 倒角 | 可转位倒角铣刀 |
| 5 | 一般曲面 | 整体硬质合金球头铣刀 | 12 | 型腔 | 可转位圆刀片立铣刀 |
| 6 | 较深曲面 | 加长整体硬质合金球头铣刀 | 13 | 外形粗加工 | 可转位立铣刀 |
| | | | 14 | 台阶平面 | 可转位直角平面铣刀 |
| 7 | 曲面 | 多刀片可转位球头铣刀 | 15 | 直角腔槽 | 可转位立铣刀 |

### 4. 刀具的装卸

数控铣床采用中、小尺寸的数控刀具进行加工时,经常采用整体式或可转位式立铣刀进行铣削加工,一般使用 7：24 莫氏转换变径夹头和弹簧夹头刀柄来装夹铣刀。不允许直接在数控机床的主轴上装卸刀具,以免损坏数控机床的主轴,影响机床的精度。铣刀的装卸应在专用卸刀座上进行,如图 2-27 所示。

图 2-27　装刀卸刀座

# 第八节　数控铣削编程相关数值计算

在编写数控程序时,根据零件形状尺寸、加工工艺路线的要求和定义的走刀路径,在适当的工件坐标系上计算零件与刀具相对运动的轨迹的坐标值,以获得刀位数据,如几何元素的起点、终点、圆弧的圆心、几何元素的交点或切点等坐标值。

## 一、基点

零件的轮廓曲线一般是由许多不同的几何元素组成的,如直线、圆弧、二次曲线等。通常将各个几何元素间的连接点称为基点。如两条直线的交点、直线与圆弧的交点或切点、圆弧与圆弧的交点或切点、圆弧与二次曲线的交点或切点等。

基点坐标计算的主要内容有:每条运动轨迹(线段)的起点或终点在选定坐标系中的坐标值和圆弧运动轨迹的圆心坐标值。

基点坐标计算的方法比较简单,一般可根据零件图纸所给已知条件用人工完成,即依据零件图纸给定的尺寸,运用代数、三角、几何或解析几何的有关知识,直接计算出数值。在计算时,要注意将小数点后边的位数留足,以保证足够的精度。

## 二、节点

一般数控系统都具有直线和圆弧插补功能,当零件的轮廓为非圆曲线时,常用连续的直线段或圆弧段逼近、拟合零件轮廓曲线,逼近直线或逼近圆弧与非圆曲线的交点或切点称为节点。

有些平面轮廓是非直线、非圆曲线方程组成的,如渐开线、阿基米德螺线、双曲线、抛物线等;还有一些平面轮廓是由一系列实验或经验数据点表示的、没有表达轮廓形状的曲线方程的曲线组成的,这类曲线实践中称为列表曲线。目前使用的数控机床绝大部分不具备这些曲线的插补功能,对于这类零件需采用数控系统所能加工的直线或圆弧去逼近完成,方法为:将这类轮廓曲线按编程允许误差分割成许多小段,再用直线或圆弧来代替(逼近)这些曲线小段,使这些直线或圆弧与被逼近的曲线每小段的误差都不大于编程误差。在这种数学处理的过程中,分段的实质就是求算节点的坐标。

### 1. 非圆曲线的节点计算

用直线或圆弧逼近非圆曲线,节点的数目及其坐标值主要取决于曲线的特性、逼近线段的形状及允许的逼近误差。根据这三个条件,可以用数学方法求出各节点的坐标。采用直线还是圆弧作为逼近线段,主要依据是在保证逼近精度的前提下,使节点数目尽量少,这样程序段数目少,计算简单。对于曲率半径大的曲线用直线逼近较为有利,若曲率半径较小则用圆弧逼近较为合理。

具有直线插补功能的数控机床,使用直线段逼近曲线时,常用的计算节点的方法有:等间距直线逼近法、等弦长直线逼近法、等误差直线逼近法。

具有圆弧插补功能的数控机床,可以使用圆弧段去逼近工件的轮廓曲线。这时,需求出每段圆弧的圆心、起点和终点的坐标,常用的计算节点的方法有:三点圆法、相切圆法和曲率圆法。

### 2. 列表曲线的数学处理

被加工零件的轮廓形状,除了可以用直线、圆弧或其他非圆曲线组成之外,还可以通过实验或测量的方法得到。这些通过实验或测量得到的数据,在图纸上以坐标点的表格给出。这种由列表点(又称之为型值点)给出的轮廓曲线称为列表曲线。这类列表轮廓零件在用传统的工艺方法加工时,其加工质量完全取决于操作人员的技术水平,生产效率极低。目前广泛采用数控加工,但在加工程序的编制方面遇到了较大困难,这主要是由于数学方程的描述与数控加工对列表曲线轮廓逼近的一般要求之间,往往存在矛盾。即要获得比较理想的拟合效果,其数学处理过程相应就会比较复杂。如果列表曲线给出的列表点密至足以满足曲线的精度要求时,可直接在相邻列表点间用直线段或圆弧编程。但往往给出的只是一部分点,只能描述曲线的大致走向,这时,就要增加新的节点,也称插值。

在数学处理方面,目前处理列表曲线的方法通常是采用二次拟合法,即在对列表曲线进行拟合时,第一次先选择直线方程或圆方程之外的其他数学方程式来拟合列表曲线,即为第一次拟合;然后根据编程允许的要求,在已给定的各相邻列表点之间,按照第一次拟合时的方程(称为插值方程)进行插点加密求得新的节点,也称第二次曲线拟合,从而编制逼近线段的程序。插值加密后相邻节点之间,采用直线段编程还是圆弧段编程,取决于第二次拟合时所选择的方法。第二次拟合的数学处理过程,与前面介绍的非圆曲线数学处理过程一致。

对列表曲线进行数学处理,传统的方法有牛顿插值法、三次样条曲线拟合、圆弧样条拟合与双圆弧样条拟合等。目前应用更多的是计算机辅助几何设计中的各种建模方法,如 Bezier 曲线、NURBS 曲线等,这些模型在许多 CAD/CAM 系统中都能实现。

### 3. 空间曲面的数学处理

有的空间曲面如球面、锥面、鞍形面等,这类曲面在数控机床上加工时,无论是行切法还是用多坐标加工,都可以根据曲面方程来计算其加工轨迹。但是还有大量的空间曲面,如飞机机体、汽车车身、模具的型腔等,只有模型、实物或实验数据,没有描述它们的解析方程,这类曲面要进行数控加工时,首先就是建立曲面的数学模型。

为了建立曲面的数学模型,首先在实物模型或实物的表面上划出横向和纵向两组参数线,这两组线在零件表面上构成网格,这些网格定义了许多小的曲面片,每一块曲面片都以四条光滑连续的曲线作为边界,然后相对于某一基准面测定这些网格顶点的坐标值。这样,就可以根据这些顶点的坐标,对两组曲线和被曲线划分的网格的每块曲面片进行数学描述,从而求出曲面的数学模型,这就是所谓的曲面拟合。

数控机床加工简单立体型面零件时,数控系统要有三个坐标控制功能,但加工平面曲线只要有两坐标就可以。刀具作 $Z$ 方向运动时,不要求 $X,Y$ 方向同时运动,这种三坐标运动、两坐标联动的加工编程方法称为两轴半联动加工。

对于自由曲面零件,如蜗轮叶片及各种其他叶片、机翼翼型、汽车覆盖件模具等,不管是通过计算机辅助设计还是通过实验手段测定,型面都是用一组列表数据表达的。因此,对这类零件进行数控加工编程时,常常都是以三维坐标点表示的。

组合曲面是指由多种曲面,包括解析曲面及自由曲面相贯而成的复杂的曲面,这种曲面在飞机、舰船、汽车、模具及其他制造业中有着广泛应用。组合曲面的处理是 CAD/CAM 中的一个较难解决的问题,可通过曲面求交等方法来处理,但都具有一定的局限性。

### 三、刀具中心轨迹的计算

对于不具有刀具补偿功能的数控机床,如某些经济型的数控机床,必须计算刀具中心轨迹。

### 四、辅助计算

辅助计算包括增量计算、脉冲数计算和辅助程序段的数值计算。不同的数控系统辅助计算的内容和步骤也不尽相同。值得说明的是随着计算机和 CAD/CAM 软件的普及和应用,图样中相关节点、基点坐标值的计算就变得简单了。

在数控铣削加工的相关数值计算中,主要是涉及基点计算,数控机床的手工编程中,在完成了工艺分析和确定了加工路线后,最关键的就是零件轮廓的基点了,基点坐标是编程中必需的重要数据。根据编程的要求,基点直接计算的内容有:每条运动轨迹的起点和终点在选定坐标系中的坐标,圆弧运动轨迹的圆心坐标值。

基点直接计算的方法比较简单,一般可根据零件图样所给的已知条件用人工计算完成。即依据零件图样上给定的尺寸,运用代数、三角函数、几何或解析几何的有关知识,直接计算出数值。在计算时,要注意小数点后的位数要留够,以保证足够的精度。

对于简单的零件,基点的计算有时很简单,但对于复杂的零件,其计算工作量往往会很大,为提高编程效率,必要时可应用 CAD/CAM 软件辅助编程。

# 第九节　数控铣床加工工艺文件

数控加工技术文件在生产中通常可指导操作工人正确的按程序加工,同时也可对产品的质量起保证作用,有的甚至是产品制造的依据。所以,在编写数控加工专用技术文件时,应像编写工艺规程一样准确、明了。数控加工专用技术文件编写基本要求有:

①字迹工整、文字言简意赅;

②草图清晰、尺寸标注准确无误;

③应该说明的问题要全部说得清楚、正确;

④文图相符、文实相符,不能互相矛盾;

⑤当程序更改时,相应文件要同时更改,须办理更改手续的要及时办理;

⑥准备长期使用的程序和文件要统一编号,办理存档手续,建立相应的管理制度。

数控加工专用技术文件是数控加工工艺设计的内容之一。这些技术文件既是数控加工的依据、产品验收的依据,也是操作者遵守、执行的规程。技术文件是对数控加工的具体说明,目的是让操作者更明确加工程序的内容、装夹方式、各个加工部位所选用的刀具及其他技术问题。

数控加工技术文件主要有:数控编程任务书、工件安装和原点设定卡片、数控加工工序卡片、数控加工走刀路线图、数控刀具卡片等。有的则是加工程序的具体说明或附加说明,目的是让操作者更加明确程序的内容、装夹方式、各个加工部位所选用的刀具及其他问题。

为加强技术文件管理,数控加工专用技术文件也应标准化、规范化,但目前国内尚无统一标准,文件格式可根据企业实际情况自行设计。

## 一、数控编程任务书

即工艺人员对数控加工工序的技术要求和工序说明,以及数控加工前应保证的加工余量,它是编程人员和工艺人员协调工作和编制数控程序的重要依据之一。根据应用实践,一般应对加工程序作出说明的主要内容如下:

①所用数控设备型号及数控系统型号;

②对刀点(编程原点)及允许的对刀误差;

③加工原点的位置及坐标方向;

④所用刀具的规格、图号及其在程序中对应的刀具号,必须按实际刀具半径或长度加大或缩小补偿值的特殊要求(如:用同一条程序、同一把刀具利用改变刀具半径补偿值作粗精加工时),更换该刀具的程序段号等;

⑤整个程序加工内容的安排(相当于工步内容说明与工步顺序),使操作者明白先干什么,后干什么;

⑥子程序的说明,对程序中编入的子程序应说明其内容,使操作者明白这一子程序是干什么的;

⑦其他需要作特殊说明的问题,如:需要在加工中更换夹紧点,计划停铣程序段号,中间测量用的计划停铣段号,允许的最大切削用量等,见表2-7。

**表 2-7　数控编程任务书**

| 任务书编号 | 共　　页　　第　　页 | | 产品零件图号 | 零件名称 | 使用数控设备 |
|---|---|---|---|---|---|
| | | | | | |
| 主要工序说明<br>及技术要求 | 说<br>明 | | | | |
| 编程收到日期 | 　　月　　日 | | 经手人 | | |
| 编制 | | 审核 | | 批准 | |

## 二、数控加工工件安装和原点设定卡片

简称装夹图和零件设定卡,即数控加工原点定位方法和夹紧方法,并应注明加工原点设置位置和坐标方向,使用的夹具名称和编号等,详见表2-8。

**表 2-8　工件安装和原点设定卡片**

| 零件图号 | 2-22 | 数控加工工件安装<br>和原点设定卡片 | | 工序号 | |
|---|---|---|---|---|---|
| 零件名称 | 凸轮板 | | | 装夹次数 | |

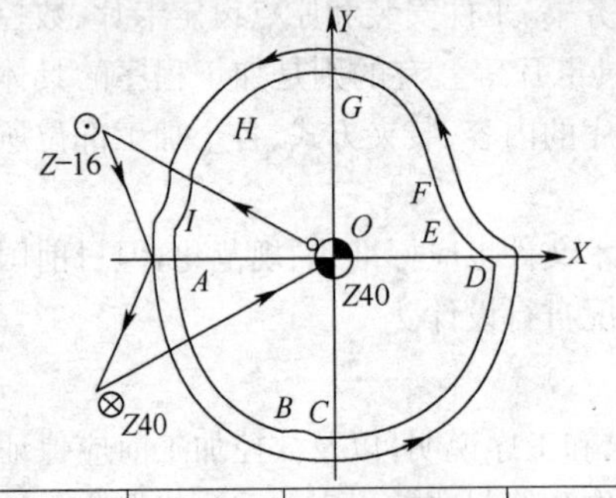

| 编制 | | 批准(日期) | 第　页 | 夹具名称 | 夹具图号 | 备注 |
|---|---|---|---|---|---|---|
| 审核 | | 签名 | 共　页 | | | |

## 三、数控加工工序卡片

数控加工工序卡与普通加工工序卡有许多相似之处,所不同的是:工序简图中应注明编程原点与对刀点,要进行简要编程说明(如:所用机床型号、程序介质、程序编号、刀具半径补偿方式、加工方式等)及切削参数(即程序编入的主轴转速、进给速度、最大背吃刀量等)的选择等,在工序加工内容不十分复杂的情况下,用数控加工工序卡的形式较好,可以把零件草图,尺寸、技术要求、工序内容及程序要说明的问题集中反映在一张卡片上,做到一目了然。工序卡可参考表2-9的格式。

**表 2-9　数控加工工序卡片**

| 单位 | 数控加工<br>工序卡片 | 产品名称或代号 | | 零件名称 | 零件图号 |
|---|---|---|---|---|---|
| | | ＊＊＊＊ | | ＊＊＊＊ | ＊＊＊＊ |
| 工序简图 | | 车　间 | | 使用设备 | |
| | | ＊＊＊＊ | | ＊＊＊＊ | |
| | | 工艺序号 | | 程序编号 | |
| | | ＊＊＊＊ | | O＊＊＊＊ | |
| | | 夹具名称 | | 夹具编号 | |
| | | 台　钳 | | ＊＊＊＊ | |
| 工步号 | 工步作业内容 | 加工面 | 刀具号 | 刀补量 | 主轴转速 | 进给速度 | 背吃刀量 | 备注 |
| | | | | | | | | |
| | | | | | | | | |
| | | | | | | | | |
| 编制 | | 审核 | 批准 | | 年月日 | 共　页 | 第　页 | |

## 四、数控加工走刀路线图

在数控加工中,要注意并防止刀具在运动过程中与夹具或工件发生意外碰撞,为此必须提示操作者关于编程中的刀具运动路线(如:从哪里进刀、在哪里退刀等),使操作者在加工前就有所了解并计划好夹紧位置及控制夹紧元件的尺寸,这样可以减少上述事故的发生。此外,对有些被加工零件,由于工艺性问题,必须在加工中移动夹紧位置,也需要事先告诉操作者,在哪个程序段前挪动,夹紧点在零件的什么地方,然后更换到什么地方,需要在什么地方事先备好夹紧工件等,以防出现安全问题。表 2-10 为一种常用格式。为简化走刀路线图,一般可采取统一约定的符号来表示。不同的机床可以采用不同图例与格式。

**表 2-10　数控加工走刀路线图**

| 数控加工走刀路线图 | | 零件图号 | NC01 | 工序号 | | 工步号 | | 程序号 | O123 |
|---|---|---|---|---|---|---|---|---|---|
| 机床型号 | XD714 | 程序段号 | N10～N320 | 加工内容 | | | | 共　页　第　页 | |

| 编程 | |
| 校对 | |
| 审批 | |

| 符号 | ⊗ | ⊙ | ◐ | ⟶ | | |
|---|---|---|---|---|---|---|
| 含义 | 进刀 | 退刀 | 编程原点 | 走刀方向 | | |

### 五、数控刀具卡片及刀具调整单

刀具卡反映了刀具编号、刀具结构、刀柄规格、组合件名称代号、刀片型号和材料等,它是组装刀具和调整刀具的依据。

实践证明,仅用加工程序单和工艺规程来进行实际加工还有许多不足之处。由于操作者对程序的内容不清楚,对编程人员的意图不够理解,经常需要编程人员在现场进行口头解释、说明与指导,这种做法在程序仅使用一两次就不再用了的场合还是可以的。但是,若程序是用于长期批量生产的,则编程人员很难都到达现场。再者,如程序编制人员临时不在现场或调离,已熟悉的操作工人不在场或调离,麻烦就更多了,可能会造成质量事故或临时停产。因此,对加工程序进行必要的详细说明是很有用的,特别是对于那些需要长时间保留和使用的程序尤其重要。

数控刀具卡片及刀具调整单要求对所用刀具的规格、图号及其在程序中对应的刀具号,必须按实际刀具圆弧半径或长度加大或缩小补偿值的特殊要求(如:用同一条程序、同一把刀具利用改变刀具补偿值作粗精加工时),更换该刀具的程序段号等作必要的说明。其他需要作特殊说明的问题,如:需要在加工中更换夹紧位置的计划停铣程序段号,中间测量用的计划停铣段号,允许的最大刀具半径和长度补偿值等。见表2-11。

**表 2-11  数控刀具卡片**

| 零件图号 | 1-1 | 数 控 刀 具 卡 片 | | | | 使用设备 | |
|---|---|---|---|---|---|---|---|
| 刀具名称 | 铣刀 | | | | | | |
| 刀具编号 | | 换刀方式 | 自动 | 程序编号 | | | |
| 刀具组成 | 序号 | 工步内容 | 刀具名称 | 规格 | 数量 | 备注 | |
| | 1 | 铣上表面 | T01 | φ50 盘刀 | 1 | | |
| | 2 | 铣键槽 | T02 | φ10 键槽刀 | 1 | | |
| | 3 | 钻孔 | T03 | φ10 钻头 | 1 | | |
| | | | | | | | |
| | | | | | | | |
| 备注 | | | | | | | |
| 编制 | | 审校 | | 批准 | | 共　页 | 第　页 |

不同的数控机床或不同的加工目的可能会需要不同形式的数控加工专用技术文件。在工作中,可根据具体情况自行设计文件格式以满足加工要求。

# 第十节  切削液的选择

在金属切削过程中,合理选择切削液,可以改善工件与刀具间的摩擦状况,降低切削力和切削温度,减轻刀具磨损,减小工件的热变形,从而可以提高刀具耐用度,提高加工效率和加工质量。

## 一、切削液的作用

### 1. 冷却作用

切削液可以将切削过程中产生的切削热迅速地从切削区域带走,使切削区温度降低。切削液的流动性越好,比热容、导热系数和汽化热等参数越高则其冷却性能越好。

### 2. 润滑作用

切削液能在刀具的前、后刀面与工件之间形成一层润滑薄膜,可减少或避免刀具与零件或切屑间的直接接触,减轻摩擦和黏结程度,因而可以减轻刀具的磨损,提高工件表面的加工质量。

为保证润滑作用的实现,要求切削液能够迅速渗入刀具与工件或切屑的接触界面,形成牢固的润滑油膜,使其不致在高温、高压及剧烈摩擦的条件下被破坏。

### 3. 清洗作用

在切削过程中,会产生大量切屑、金属碎片和粉末,特别是在磨削过程中,砂轮上的砂粒会随时脱落和破碎下来。使用切削液便可以及时地将它们从刀具(或砂轮)工件冲洗下去,从而避免切屑黏附刀具、堵塞排屑和划伤已加工表面。这一作用对于磨削、螺纹加工和深孔加工等工序尤为重要。为此,要求切削液具有良好的流动性,并且在使用时有足够大的压力和流量。

### 4. 防锈作用

为了减轻零件、夹具和机床受周围介质(如蒸汽、水分等)的腐蚀,要求切削液具有一定的防锈作用。防锈作用的好坏,取决于切削液本身的性能和添加的防锈添加剂品种和比例。

## 二、切削液的种类

常用的切削液分为三大类,即水溶液、乳化液和切削油。

### 1. 水溶液

水溶液是以水为主要成分的切削液。水的导热好,冷却效果好。但单纯的水容易使金属生锈,润滑效果差。因此,常在水溶液中加入一定量的添加剂,如防锈添加剂、表面活性物质和油性添加剂等,使其既具有良好的防锈性能,又具有一定的润滑性能。在配制水溶液时,要特别注意水质情况,如果是硬水,必须进行软化处理。

### 2. 乳化液

乳化液是将乳化油用 50%～98% 的水稀释而成,呈乳白色或半透明状的液体,具有良好的冷却作用,但润滑、防锈性能较差。常再加入一定量的极压添加剂和防锈添加剂,配制成极压乳化液或防锈乳化液。

### 3. 切削油

切削油的主要成分是矿物油,少数采用动植物油或复合油。纯矿物油能在摩擦界面形成坚固的润滑膜,润滑效果较差。实际使用中,常加入油性添加剂、极压添加剂和防锈添加剂,以提高其润滑和防锈作用。

### 三、切削液的选用

#### 1. 粗加工时切削液的选用

粗铣时,加工余量较大,所用切削用量大,产生大量的切削热。采用高速钢刀具切削时,使用切削油的主要目的是降低切削温度,减少刀具磨损。硬质合金刀具耐热性好,一般不用切削液;必要时可采用低浓度乳化液或水溶液,但必须连续、充分地浇注,以免处于高温状态的硬质合金产生巨大的内应力而出现裂纹。

#### 2. 精加工时切削液的选用

精铣时,要求表面粗糙度值较小,一般选用润滑性能较好的切削液,如高浓度的乳化液或含极压添加剂的切削油。

#### 3. 根据零件材料的性质选用

切削塑性材料时需用切削液。切削铸铁、黄铜等脆性材料时,一般不用切削液,以免崩碎切屑黏附在机床的运动部件上。

#### 4. 加工高强度钢、高温合金等难加工材料

由于切削加工处于极压润滑摩擦状态,选用含极压添加剂的切削液。

#### 5. 硬质分金和陶瓷刀具

一般不加切削液。

#### 6. 切削镁合金

不能用油溶液,以免燃烧,发生事故。

### 复习思考题

1. 数控加工工艺主要包括哪些内容?

2. 试述数控铣走刀路线确定。

3. 什么是对刀?

4. 试述数控铣切削用量的选择。

5. 常用刀具材料有哪些?

6. 切削温度对工件质量有哪些影响?

7. 数控铣削中切屑对加工有哪些影响?

8. 铣刀的失效形式有哪些?

9. 试述切削液的作用和切削液的选择方法。

10. 根据国际标准 ISO 分类的硬质合金牌号 P,M,K,分别相当于我国国家标准的哪一类硬质合金?

# 第三章　数控铣削编程

## 第一节　数控铣床坐标系

### 一、数控铣床坐标方向的规定

数控机床通过各个移动部件的运动产生刀具与工件之间的相对运动来实现切削加工。为了表示各移动部件的移动方位和方向(机床坐标轴),在国际标准化组织 ISO 标准中统一规定采用右手直角笛卡儿坐标系对机床的坐标系进行命名,如图 3-1 所示。右手笛卡尔直角坐标系使用方法:

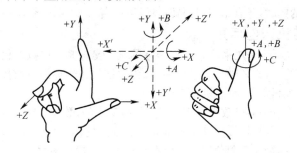

**图 3-1　右手直角笛卡儿坐标系**

①伸出右手的大拇指、食指和中指,并互为 90°;则大拇指代表 $X$ 坐标,食指代表 $Y$ 坐标,中指代表 $Z$ 坐标;

②大拇指的指向为 $X$ 坐标的正方向,食指的指向为 $Y$ 坐标的正方向,中指的指向为 $Z$ 坐标的正方向;

③围绕 $X,Y,Z$ 坐标旋转的旋转坐标分别用 $A,B,C$ 表示,根据右手螺旋定则,大拇指的指向为 $X,Y,Z$ 坐标中任意轴的正向,则其余四指的旋转方向即为旋转坐标 $A,B,C$ 的正向。

通常在坐标轴命名或编程时,不论在加工中是刀具移动,还是被加工工件移动,都一律假定工件相对静止不动而刀具在移动,并同时规定刀具远离工件的方向作为坐标轴的正方向。

### 二、确定数控铣床坐标轴

一般是先确定 $Z$ 轴,再确定 $X$ 轴。

#### 1. 确定 Z 轴

对于有主轴的机床,如铣床等以机床主轴轴线方向作为 $Z$ 轴方向。对于没有主轴的机床,如刨床,则以与装夹工件的工作台相垂直的直线作为 Z 轴方向。如果机床有几个主轴,则选择其中一个与机床工作台面相垂直的主轴作为主要主轴,并以它来确定 Z 轴方向。

### 2. 确定 X 轴

X 轴一般位于与工件安装面相平行的水平面内。对于机床主轴带动工件旋转的机床,如车床、磨床等,则在水平面内选定垂直于工件旋转轴线的方向为 X 轴,且刀具远离主轴轴线方向为 X 轴的正方向。对于机床主轴带动刀具旋转的机床,当主轴是水平的,如卧式铣床、卧式镗床等,则规定人面对主轴,选定主轴左侧方向为 X 轴正方向;当主轴是竖直时,如立式铣床、立式钻床等,则规定人面对主轴,选定主轴右侧方向为 X 轴正方向。对于无主轴的机床,如刨床,则选定切削方向为 X 轴正方向。

如果机床除有 X,Y,Z 主要直线运动之外,还有平行于它们的坐标运动,则应分别命名为 U,V,W;如果还有第三组运动,则应分别命名为 P,R。如在第一组回转运动 A,B 和 C 的同时,还有第二组回转运动,可命名为 D 或 E 等。

## 三、数控机床坐标系

数控机床坐标系是用来确定工件坐标的基本坐标系。以数控机床原点为坐标原点建立起来的 X,Y,Z 轴直角坐标系,称为数控机床坐标系。数控机床原点是数控机床上的一个固定点,也称机床零点。

数控机床零点是通过数控机床参考点间接确定的,数控机床参考点也是数控机床上的一个固定点,其与数控机床零点间有一确定的相对位置,一般设置在刀具运动的 X,Y,Z 正向最大极限位置。一般在数控机床每次通电之后,工作之前,进行返回机床零点操作,建立数控机床坐标系。目前,数控机床完成回归参考点运动的检测元件通常为增量式脉冲编码器,即通过检测转角来确定机床工作台移动的距离。使刀具运动到数控机床参考点,其位置由机械挡块、光电感应器及电动机零点位置来确定,当进行回参考点的操作时,装在各坐标轴上的行程开关,碰到挡块后,向数控系统发出信号,由系统控制拖板停止运动,完成回参考点的操作。这样,通过机床回零操作,确定了机床零点,从而准确地建立机床坐标系,即相当于数控系统内部建立一个以机床零点为坐标原点的数控机床坐标系。数控机床坐标系是数控机床固有的坐标系,一般情况下,数控机床坐标系在数控机床出厂前由制造商采用精密测量确定并已经调整好,不允许操作者随意变动。

数控铣床返回参考点的操作步骤:

选择手动回参考点操作方式 ◈ ,键内指示灯亮之后,一般按"＋Z","＋X","＋Y"键,回到机床参考点。为防止发生意外,通常先按"＋Z"键。刀具升起离开工件或夹具后,再按"＋X","＋Y"键。说明:

①在绝对式行程测量的控制系统中,可以不用返回参考点,就可以进行加工而不会出现报警和工件尺寸超差现象;

②不管数控铣床检测反馈元件是配用增量式脉冲编码器还是绝对式脉冲编码器,在某些情况下,铣床某一轴或全部轴都要先回参考原点,如执行换刀程序。是否返回参考原点请参照数控铣床操作说明书。

## 四、机床原点

机床原点是指在数控机床上设置的一个固定点,即机床坐标系的原点。它在机床装配、调试时就已确定下来,是数控机床进行加工运动的基准参考点。在数控铣床上,机床原点一般取在各轴正向极限位置处,即机床原点和机床参考点重合。

## 五、工件坐标系的设定

工件坐标系是编程人员在编程时使用的坐标系。编程人员以工件图样上的某一点为原点(称工件原点),而编程尺寸按工件坐标系中的尺寸确定。在加工时,工件安装在机床上,这时测量工件原点与机床原点间的距离,这个距离称作工件原点偏置,该偏置值需预存到数控系统中。加工时,工件原点偏置便能自动加到工件坐标系中,使数控系统可按机床坐标系确定加工时的坐标值。因此,编程人员可以不考虑工件在机床上的安装位置和安装精度,而利用数控系统的原点偏置功能,通过原点偏置值,补偿工件在工作台上的位置误差。现在大多数数控机床都有这种功能。

工件坐标系的设定是以工件原点为基准的,工件原点又称为程序原点、编程原点、工件零点。工件坐标系的零点是由操作者或编程者自由选择的,其选择的原则是:

①应使工件零点与工件的尺寸基准重合,力求设计基准、工艺基准与编程原点统一,以减少基准不重合误差和数控编程中的计算工作量;

②让零件图中的尺寸容易换算成坐标值,尽量直接用图纸尺寸作为坐标值,便于编程计算;

③工件零点应选在容易找正,在加工过程中便于检查、测量的位置;

④引起的加工误差小;

⑤工件原点尽量选在尺寸精度较高、表面粗糙度比较低的工件表面上,这样可以提供工件的加工精度和同一批零件的一致性。

根据上述的原则,对于有对称形状的几何零件,工件原点最好选在对称中心上或设在工件外轮廓的某一角上;进刀深度方向的零点,大多取在工件表面,如图 3-2 所示。

工件坐标系的原点位置是由操作者自己设定的,它在工件装夹完毕后,通过对刀进行确定,它反映的是工件与机床零点之间的距离位置关系。工件坐标系一旦固定,一般不作改变。工件坐标系与编程坐标系两者必须统一,即在加工时,工件坐标系和编程坐标系是一致的。

设定建立工件坐标系有两种方法,一种是以 G92 的方式,另一种是以 G54~G59 的方式。用 G54~G59 设定工件坐标系是数控铣削常用的方法。G92 是一个

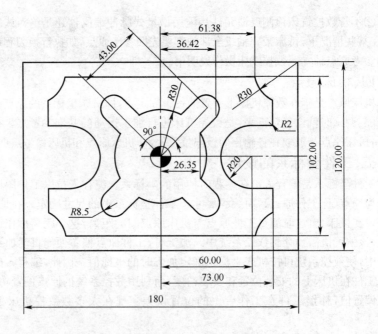

**图 3-2　工件零点设定位置**

非运动指令,只起预置寄存数据的作用,一般在我们对刀的过程是为了数值的便于计算而使用的一种格式,也可以在程序中使用。在程序中使用时放在零件加工程序的第一个程序段位置上,其指令格式为:G92 X ＿ Y ＿ Z ＿;

# 第二节　数控铣削编程

## 一、数控铣削的编程特点

### 1. 数控铣削加工特点

①零件加工的适应性强、灵活性好,能加工轮廓形状特别复杂或难以控制尺寸的零件,如模具类零件、壳类零件等;

②能加工普通机床无法加工或很难加工的零件,如用数学模型描述的复杂曲线零件以及三维空间曲面零件;

③能加工一次装夹定位后,须进行多道工序加工的零件;

④加工精度高、加工质量稳定可靠;

⑤生产自动化程度高,可以减轻劳动者的劳动强度,有利于生产管理自动化;

⑥生产效率高;

⑦从切削原理上讲,无论是端铣或是周铣都属于断续切削方式,而不像车削那样连续切削,因此对刀具的要求较高,同时还要求有良好的刚性。

## 2. 小数点编程

数控铣削系统可以输入带小数点的数值,对于表示尺寸、速度、时间等指令值可以使用小数点,小数点的位置是毫米、英寸、秒、度的位置,但是有一些地址是不能使用小数点的。

可以使用小数点编程的地址有:X、Y、Z、I、J、K、R、F、A、B、C。

有两种类型的小数点编程表示方法,即计算器型和常用型。当用计算器型小数点编程时,不带小数点的值的单位是 mm;当用常用型小数点编程时,则认为是最小输入单位,即 0.001mm,见表 3-1。可以通过数控系统参数来选择是否使用小数点编程,当使用小数点编程时,注意忽略了小数点,可能导致撞机床、工件的事故发生。

**表 3-1　两种类型的小数点编程**

| 程序指令 | 计算器型小数点编程 | 常用型小数点编程 |
| --- | --- | --- |
| X10 | 10mm | 0.01mm |
| X10. | 10mm | 10mm |

## 3. 具备固定循环加工功能

可以实现循环切削,减少编程的时间、输入程序的数量等。

## 4. 具备刀具半径补偿功能

## 二、数控编程方法

数控编程方法分为手工编程和自动编程。

### 1. 手工编程

手工编程是指编制零件数控加工程序的各个步骤,即从零件图纸分析、工艺决策、确定加工路线和工艺参数、计算刀位轨迹坐标数据、编写零件的数控加工程序单直至程序的检验,全部由人工来完成。对于点位加工或几何形状不太复杂的轮廓加工,几何计算较简单,程序段也不多,手工编程即可满足加工。如简单的铣削加工,一般不需要复杂的坐标计算,往往可以由操作人员根据工序图纸数据,直接在数控铣床面板上编写、输入数控加工程序。但对轮廓形状不是由简单的直线、圆弧组成的复杂零件,特别是空间复杂曲面零件,数值计算则相当繁琐,工作量大,容易出错,而且很难校对,采用手工编程是难以完成的,此时必须采用自动编程完成加工。

### 2. 自动编程

自动编程是采用计算机辅助数控编程技术实现的,它需要一套专门的数控编程软件。现代数控编程软件主要分为以批处理命令方式为主的各种类型的语言编程系统和交互式 CAD/CAM 集成化编程系统。在编程时编程人员首先利用计算机辅助设计(CAD)或自动编程软件本身的零件造型功能,构建出零件几何形状,然后对零件图样进行工艺分析,确定加工方案,其后还需利用软件的计算机辅助制造(CAM)功能,完成工艺方案的制订、切削用量的选择、刀具及其参数的设定,自动计算并生成刀位轨迹文件,最后利用后置处理功能生成指定数控系统用的加工程序。因此我们把这种自动编程方式称为图形交互式自动编程。这种自动编程系统是一种 CAD 与 CAM 高度结合的自动编程系统。对于几何形状复杂的零件,以及几何元素不复杂但需编制程序量很大的零件,用手工编程难以完成,就要采用自动编程。采用自动编程方式可最大限度地减少编程人员的工作量,大大提高编程效率,而且可以解决用手工编程无法解决的复杂零件的编程难题。

### 三、数控加工编程的内容与步骤

正确的加工程序不仅应保证加工出符合图纸要求的合格工件,同时应能使数控机床的功能得到合理的应用与充分的发挥,以使数控机床能安全、可靠、高效地工作。数控加工程序的编制过程是一个比较复杂的工艺决策过程。应做好充分的准备工作,如了解数控机床、工件装夹方式、工件毛坯形状、工件的材料、刀具等。

一般来说,数控编程过程主要包括:分析零件图样、工艺处理、数学处理、编写程序单、输入数控程序及程序检验、试切加工。

#### 1. 零件图样分析

零件图样是制订工艺规程最主要的原始资料,在制订工艺规程时,必须首先加以认真分析,了解零件的用途、性能及工作条件,熟悉零件在产品中的功能和零件上各表面的功用,主要技术要求制订的依据,以及材料的选择是否合理等。

#### 2. 工艺处理

在数控编程之前,编程人员应了解所使用数控铣床的规格、性能、数控系统所具备的功能及编程指令格式等。根据零件形状尺寸及其技术要求,分析零件的加工工艺,选定合适的机床、刀具与夹具,确定合理的零件加工工艺路线、工步顺序以及切削用量等工艺参数。

(1)工具、夹具的设计和选择　应特别注意要迅速完成工件的定位和夹紧过程,以减少辅助时间。使用组合夹具,生产准备周期短,夹具零件可以反复使用,经济效果好。此外,所用夹具应便于安装,便于协调工件和机床坐标系之间的尺寸关系。

(2)数控铣削加工阶段划分　当零件的加工质量要求较高时,往往不可能用一道工序来满足其要求,而要用几道工序逐步达到所要求的加工质量。为保证加工质量,合理地使用设备、人力,零件的加工过程通常按工序性质不同,可分为粗加工、半精加工、精加工和光整加工四个阶段。

(3)数控铣削加工工序的划分原则　有两种不同原则,即工序集中原则和工序分散原则。

1)工序集中的特点是:

①有利于采用高生产率的专用设备和数控机床,可大大提高劳动生产率;

②设备数量少,减少了操作工人和操作面积;

③工序数目少,工艺路线短,简化了生产计划和生产组织工作;

④工件安装次数少,缩短了辅助时间,容易保证加工表面的相互位置精度;

⑤数控机床、专用设备和工艺装备投资大,尤其是专用设备和工艺装备调整和维修比较麻烦,生产准备工作量大,新产品转换周期长。

2)工序分散的特点是:

①设备与工艺装备比较简单,调整方便,工人容易掌握,生产准备工作量少,容易适应产品的更换;

②便于采用最合理的切削用量,减少基本时间;

③设备数量多,操作人员多,生产面积大。

在数控铣床上加工零件,应按工序集中的原则划分工序,在一次安装下尽可能完成大部分甚至全部的表面加工,力求设计基准、工艺基准和编程原点的统一。

**3. 数学处理**(在前面章节内已有详细介绍)

**4. 编制程序**

根据制定的加工路线、刀具运动轨迹、切削用量、刀具号码、刀具补偿要求及辅助动作,按照数控系统使用的指令代码及程序格式要求,编写或生成零件加工程序清单,并需要进行初步的人工检查,必要时进行反复修改。

**5. 程序输入**

采用按键输入(简单程序)、磁盘输入、计算机通讯技术输入等实现加工程序的输入。

**6. 程序校验、试切削**

通常所编制的加工程序必须经过进一步的校验和试切削才能用于正式加工。因为数控铣床对刀时存在着一定的误差,对刀后不作调整加工出来的尺寸与程序里的名义尺寸总存在着一定误差。因此建议采用先试切,然后测量出误差,再把测量得到的误差输入到刀具磨损补偿里,这样才能保证最终尺寸精度。试切时的所有条件(如余量和切削参数等)都要与最后精加工时保持一致,以消除这些因素的影响。每一批的首件都应试切。对尺寸公差较小的关键尺寸,还应在最终精加工之前设置退刀和暂停指令以测量关键部位尺寸,按需要调整刀具磨损补偿。

当发现工件精度有问题时,应分析问题的性质及其产生的原因,或修改程序,或调整刀具补偿尺寸,直到符合图纸规定的精度要求为止。这一步是极其重要的。

常用的校验和试切方法有:对于平面轮廓零件可在机床上用笔代替刀具、坐标纸代替工件进行空运行绘图。对于空间曲面零件,可用蜡块、塑料或木料等价格低的材料作为工件毛坯,进行试切,以此检查程序的正确性。在具有模拟图形显示功能的机床上,用静态显示(机床不动)或动态显示(模拟工件的加工过程)的方法,则更为方便。

**7. 加工**

工件在找正、程序校验、试切削和程序调试完成之后,就可进入自动加工阶段。在自动加工过程中,操作者要对切削的整个过程进行全程监控,防止出现非正常切削造成工件质量问题及其他事故。对切削过程进行监控主要考虑以下几个方面：

（1）加工过程监控　粗加工主要考虑的是工件表面的多余余量的快速切除。在机床自动加工过程中，根据设定的切削用量，刀具按预定的切削轨迹自动切削。此时操作者应注意通过切削负荷指示数据，观察自动加工过程中的切削负荷变化情况，根据刀具的承受力状况，调整切削用量，发挥机床的最大效率。

（2）切削过程中切削声音的监控　在自动切削过程中，一般开始切削时，刀具切削工件的声音是稳定的、连续的、轻快的，此时机床的运动是平稳的。随着切削过程的进行，当工件上有硬质点或刀具磨损等原因后，切削过程出现不稳定的现象，不稳定的表现是切削声音发生变化，刀具与工件之间会出现相互撞击声，机床会出现震动等。此时应及时调整切削用量及切削条件，当调整效果不明显时，应暂停机床，检查刀具及工件状况。

（3）精加工过程监控　精加工时主要是保证工件的加工尺寸和加工表面质量，切削速度较高，进给量较大。此时应着重注意积屑瘤对加工表面的影响，对于型腔加工，还应注意拐角处加工的过切与让刀现象。对于上述问题的解决，一是要注意调整冷却液的喷嘴位置，让加工表面时刻处于最佳的冷却状态；二是要注意观察工件的已加工面质量，通过调整切削用量，尽可能避免质量的变化。如调整仍无明显效果，则应停机检察原程序编得是否合理。

特别注意的是，在暂停检查或停机检查时，要注意刀具的位置。如刀具在切削过程中停机，突然的主轴停转，在切削力的影响下会使工件表面产生刀痕。一般应在刀具离开切削状态时，才考虑停机。

（4）刀具监控　刀具的质量很大程度决定了工件的加工质量。在自动加工切削过程中，要通过声音监控、切削时间控制、切削过程中暂停检查、工件表面分析等方法判断刀具的正常磨损状况及非正常破损状况。要根据加工要求，对刀具及时进行处理，防止发生由刀具未及时处理而产生的加工质量问题。

## 四、数控铣削加工程序构成

数控铣削加工程序分为主程序和子程序。

### 1. 主程序

通常数控系统按主程序指令运行，但在主程序中遇有调用子程序的情形时，则数控系统将按子程序的指令运行，在子程序调用结束后返回主程序继续执行。数控铣 CNC 存储区内一般可存 256kb 的程序容量。FANUC 系统程序开始的程序号用 EIA 标准代码 O 地址指令，例如 O1234。华中数控系统的文件名一般以 O 开始，但是程序名的开始与结束一般使用％来引导。

### 2. 子程序

在加工程序中有一些固定的程序部分或反复出现的加工图形，就可以把这些作为子程序，预先储存到存储器中，随时调取，可大大简化程序编制。调出的子程序可以再调用另一个子程序，称为子程序嵌套或多重调用，将主程序调用子程序称为一级子程序调用。在 FANUC 系统上一个子程序调用可以嵌套 4 级。华中数控系统上可以嵌套 9 级。

使用调用指令可以重复地调用子程序，FANUC 数控系统最多可以达到 999 次。

华中数控系统的主程序与子程序要求在一个文件里面。

(1)子程序的编制　在子程序的开始为 O 地址指定的程序号，子程序中最后结束子程序指令为 M99，一般作为独立的程序段。例如：

O2234；（子程序号 O2234）

G91 G01 X-20 F100；（增量值编程，X 轴直线插补 20mm，进给量 100mm/min）

Y-50；（增量值编程，Y 轴直线插补 50mm）

G00 Z100；（快速退刀至安全位置）

M99；（子程序结束并返回主程序）

也可以不必作为独立的程序段指令，如下所示：

O2234；（子程序号 O2234）

G91 G01 X-20 F100；（增量值编程，X 轴直线插补 20mm，进给量 100mm/min）

Y-50；（增量值编程，Y 轴直线插补 50mm）

G00 Z100 M99；（快速退刀至安全位置，子程序结束并返回主程序）

(2)子程序的执行　子程序是由主程序或上层子程序调出并执行。

子程序调用指令如下：M98 P××××××；其中，地址 P 后面所跟的数字中，前面几位用于指定调用的重复次数，当不指定重复数据时，子程序只调用一次；后四位用于指定被调用的子程序的程序号。M98 指令可与移动指令放在同一程序段中。

[例 1]　M98 P61002；（调用 1002 号子程序，调用 6 次）

[例 2]　M98 P1005；[调用 1005 号子程序，调用（默认值为 1）1 次]

说明：

①子程序名和主程序名不得相同。

②当找不到地址 P 指定的子程序号时系统将报警。

③在 MDI 方式下使用 M98 P×××××调用指定的子程序是无效的。

### 3. 程序名

O ××××（地址 O 后面可以是 1～4 位数字），程序以程序号开始，以 M02 或 M30 的结束。

### 4. 顺序号和程序段

程序是由多条指令组成，每一条指令都称为程序段。

程序段的构成　N_　G_　X_　　Z_　　F_　M_　S_

　　　　　　　↓　　↓　　↓　　　↓　　　↓　　↓　　↓

　　　　　程序　准备　X 轴移　Z 轴移　进给　辅助　主轴

　　　　　段号　功能　动指令　动指令　功能　功能　功能

各程序字的排列顺序不严格，但为了书写、输入和校对的方便，在习惯上程序字按一定的顺序排列：N,G,X,Y,Z,M,F,S。

每个程序段的开头是程序段的序号,以字母 N 和 1～4 位数字表示,例如 N10 G00 X25 Z2;(程序段的序号 N10 可以省略)程序段的序号后面一般是准备功能 G 指令,再后是机床运动的目标坐标值,如用 X,Y,Z 等指定运动坐标值;在工艺性指令中,F 代码为进给速度指令,S 代码为主轴转速指令,M 代码为辅助机能指令。

程序段之间应用程序段结束符号隔开,ISO 代码中程序段结束符号为"EOB",在系统面板上显示的是";";EIA 代码中程序段结束符号为"LF",在操作面板的屏幕上均显示为"＊"。构成程序段的要素是程序字,程序字由地址及其后的数值构成。

### 5. 字和地址

程序段由字组成,而字由地址和地址后带符号的数字构成,如:X100 地址是大写字母,它规定了其后数字的意义。

这些字组合在一起就形成了一个程序段,如:N10 G00 X100 Y200;

一个完整的数控铣削加工程序如下：

O1234;

N10 G17 G54 G90 G40;

N20 M03 S1500;

N30 M08;

N40 G00 X70 Y-10 Z10;

N50 M98 P101235;

N60 G00 Z100;

N70 M05;

N80 M30;

说明:程序顺序号由 N 指明,范围为 1～9999,顺序号是任意给定的,可以不连续,可以在所有的程序段中都指定顺序号,也可以只在必要的程序段指明顺序号。例如：

O1234;

G17 G54 G90 G40 M03 S1500;

M08;

G00 X70 Y-10 Z10;

N50 M98 P101235;

G00 Z100;

M05;

M30;

说明:程序段中的程序字数目是可变的,程序段的长度也就是可变的,便于人工编辑修改。

# 第三节 FANUC 数控铣系统 G 代码简介

现在我国规定了数控加工程序指令的标准化,主要包括准备功能码(G 代码)、辅助功能码(M 代码)及其他指令代码。我国原机械工业部制定了有关 G 代码和 M 代码的 JB 3202—1983 标准,它与国际上使用的 ISO 1056－1975E 标准基本一致。

准备功能由地址 G 和两位数字组成,又称为 G 功能、G 指令或 G 代码。G 代码分为模态 G 代码和非模态 G 代码两种类型,从 00～99,共有 100 组,如表 3-2 所示。

**表 3-2 FANUC 系统数控铣、数控车常用 G 代码对比列表**

| G 代码 | 用于数控铣的功能 | 用于数控车的功能 | 附注 |
|---|---|---|---|
| G00 | 快速定位 | 相同 | 模态 |
| G01 | 直线插补 | 相同 | 模态 |
| G02 | 顺时针圆弧插补/螺旋线插补 CW | 相同 | 模态 |
| G03 | 逆时针圆弧插补/螺旋线插补 CCW | 相同 | 模态 |
| G04 | 暂停,准确停止 | 相同 | 非模态 |
| G10 | 可编程数据输入 | 可编程数据输入 | 模态 |
| G11 | 可编程数据输入取消 | 可编程数据输入方式取消 | 模态 |
| G15 | 极坐标指令取消 | × | |
| G16 | 极坐标指令 | × | |
| G17 | XY 平面选择 | 不指定 | 模态 |
| G18 | ZX 平面选择 | 不指定 | 模态 |
| G19 | YZ 平面选择 | 不指定 | 模态 |
| G20 | 英寸输入/英制 | 相同 | 模态 |
| G21 | 毫米输入/公制 | 相同 | 模态 |
| G22 | 存储行程检测功能有效 | × | 模态 |
| G23 | 存储行程检测功能无效 | × | 模态 |
| G25 | 主轴速度波动检测功能无效 | × | 模态 |
| G26 | 主轴速度波动检测功能有效 | × | 模态 |
| G27 | 参考点返回检查 | × | 非模态 |
| G28 | 返回参考点 | × | 非模态 |
| G29 | 从参考点返回 | × | 非模态 |

续表 3-2

| G 代码 | 用于数控铣的功能 | 用于数控车的功能 | 附注 |
|---|---|---|---|
| G30 | 返回第 2,3,4 参考点 | × | 非模态 |
| G31 | 跳转功能 | × | 非模态 |
| G33 | 螺纹切削 | G32 | 模态 |
| G36 | | × | 非模态 |
| G37 | 自动刀具长度测量 | × | 非模态 |
| G39 | 拐角偏置圆弧插补 | × | 非模态 |
| G40 | 刀具半径补偿取消 | 刀尖圆弧补偿取消 | 模态 |
| G41 | 刀具半径左补偿 | 刀尖圆弧左补偿 | 模态 |
| G42 | 刀具半径右补偿 | 刀尖圆弧右补偿 | 模态 |
| G43 | 刀具长度正补偿 | × | 模态 |
| G44 | 刀具长度负补偿 | × | 模态 |
| G49 | 刀具长度补偿取消 | × | 模态 |
| G50 | 比例缩放取消 | 工件坐标原点设置,最高主轴速度设置 | 非模态 |
| G51 | 比例缩放有效 | × | |
| G52 | 局部坐标系设定 | 相同 | 非模态 |
| G53 | 选择机床坐标系 | 相同 | 非模态 |
| G54 | 选择工件坐标系 1 | 相同 | 模态 |
| G55 | 选择工件坐标系 2 | 相同 | 模态 |
| G56 | 选择工件坐标系 3 | 相同 | 模态 |
| G57 | 选择工件坐标系 4 | 相同 | 模态 |
| G58 | 选择工件坐标系 5 | 相同 | 模态 |
| G59 | 选择工件坐标系 6 | 相同 | 模态 |
| G60 | 单方向定位 | × | 非模态 |
| G61 | 准确停止方式 | × | |
| G62 | 自动拐角计算 | × | |
| G63 | 攻螺纹方式 | × | |
| G64 | 切削方式 | × | |
| G65 | 宏程序调用 | 相同 | 非模态 |
| G66 | 宏程序模态调用 | 相同 | 模态 |
| G67 | 宏程序模态调用取消 | 相同 | 模态 |

**续表 3-2**

| G 代码 | 用于数控铣的功能 | 用于数控车的功能 | 附注 |
|---|---|---|---|
| G68 | 坐标旋转/三坐标转换 | × | 非模态 |
| G69 | 坐标旋转取消/三坐标转换取消 | × | 非模态 |
| G70 | × | 精车循环 | 非模态 |
| G71 | × | 外圆/内孔粗车循环 | 非模态 |
| G72 | × | 端面粗车循环 | 非模态 |
| G73 | 高速断屑钻孔循环 | 固定形状粗车循环 | 模态 |
| G74 | 左旋攻螺纹循环 | 端面深孔钻削循环 | 非模态 |
| G75 | × | 外径/内径切槽循环 | 非模态 |
| G76 | 精镗循环 | 螺纹车削多重循环 | 模态 |
| G80 | 固定循环注销 | × | 模态 |
| G81 | 钻孔循环 | × | 模态 |
| G82 | 钻孔循环或反镗循环 | × | 模态 |
| G83 | 排屑钻孔循环 | × | 模态 |
| G84 | 攻螺纹循环 | × | 模态 |
| G85 | 镗孔循环 | × | 模态 |
| G86 | 镗孔循环 | × | 模态 |
| G87 | 背镗孔循环 | × | 模态 |
| G88 | 镗孔循环 | × | 模态 |
| G89 | 镗孔循环 | × | 模态 |
| G90 | 绝对尺寸 | 外径/内径车削循环 | 模态 |
| G91 | 增量尺寸 | × | 模态 |
| G92 | 工件坐标原点设置 | 螺纹车削循环 | 非模态 |
| G94 | 每分钟进给量 | 端面车削循环 | 模态 |
| G95 | 每转进给量 | × | 模态 |
| G96 | 恒表面速度控制 | 恒表面速度设置 | 模态 |
| G97 | 恒表面速度设置取消 | 恒表面速度设置取消 | 模态 |
| G98 | 固定循环返回到初始点 | 每分钟进给 | 模态 |
| G99 | 固定循环返回到 R 点 | 每转进给 | 模态 |

说明：

①准备功能 G 指令按功能分成若干组。其中几组的指令称为非模态 G 指令，其只限定在被指定的程序段中有效。其余 01 组的 G 代码指令属于模态 G 指令具

有连续性,在后续程序中只要同组其他 G 指令未出现之前一直有效,不同组的 G 指令在同一个程序段中可以指令多个同组的 G 指令,在一个程序段中指令多个时以后指令者有效。如 G01 _ ; G00 _;F _都是模态代码,其中 G01,G00 同一组的。

例如:

G01 X30 F0.2;
Z-40;
X45;
G00 Z100;

⎫
⎬ G01 在这之间均有效
⎭

当程序段中出现 G00 时,G01 的模态改变了。

②当在程序段中使用了表中所没有的 G 代码,或在同一个程序内使用了两个或两个以上同一组的 G 代码时,数控系统将产生"程序段错误"的报警,或者是执行最后一个"G"指令。

③有的说明书 G 代码表中的"不指定"代码,为将来修订标准时供指定新功能用。"永不指定"代码,说明即使将来修订标准时,也不指定其用途。但这两类代码均可以由数控系统设计者根据需要,自行定义表中所列功能外的新功能,同时必须在机床使用说明书中予以说明,以便用户使用。

## 一、快速定位指令 G00

指令格式    G00 X _ Y _ Z _ ;

其中程序段中 X,Y,Z 为目标点在工件坐标系中的坐标。G00 指令刀具相对于工件以各轴预先设定的速度,从当前位置快速移动到程序段指令的定位目标点。G00 指令中的快移速度由机床参数"快移进给速度"对各轴分别设定,所以快速移动速度不能在地址 F 中规定,快移速度可由面板上的快速修调按钮修调。在执行 G00 指令时,由系统参数定义快速定位时移动的轨迹是直线插补定位还是非直线插补定位,如图 3-3 所示。

G00 为模态功能,可以由 G01,G02,G03 等其他功能代码注销。目标点位置坐标可以用绝对值 G90,按绝对值方式设定输入坐标,即移动指令终点的坐标值 X ,Y,Z 都是以工件坐标系原点为基准来计算,X,Y,Z 的数值是工件坐标系中的坐标值。也可以用相对值 G91(增量)

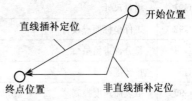

图 3-3    G00 快速定位轨迹图

值指定,按增量方式设定输入坐标,即移动指令终点的坐标值 X ,Y,Z 都是以起始点为基准来计算,根据终点相对于始点的方向判断正负,与坐标轴同向取正,反向则取负。

说明:

①G90,G91 为模态功能,可相互注销,G90 为缺省值。

②在使用某些 FANUC 数控铣系统时,有的系统默认为绝对值编程,有的系统默认为增量值编程。

③在一个零件加工程序中,只可以采用绝对值尺寸或者增量值尺寸。这主要是使编程员编程时能方便地计算出各程序段的尺寸数值。选用绝对坐标系还是相对坐标系编程,与零件图的尺寸标注方法有关。如某些零件尺寸为基准尺寸标注法,适宜用绝对值尺寸(G90);而某些零件尺寸为链接尺寸(相对尺寸)标注法,适宜用增量值尺寸(G91)。

④G90/G91 是一对模态指令,在同程序段中只能用一种,不能混用。

例如,需将刀具从起点 $S$ 快速定位到目标点 $P$,如图 3-4 所示,其编程方法见表 3-3。

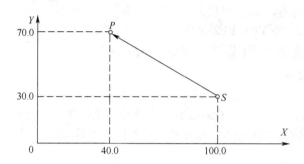

**图 3-4 绝对、相对值编程举例**

**表 3-3 G90 与 G91 的区别**

| 绝对值编程 | G90 | G00 | X40 | Y70 |
| --- | --- | --- | --- | --- |
| 相对值编程 | G91 | G00 | X-60 | Y40 |

[G00 实例应用]如图 3-5 所示,要求刀具从 $A$ 点快速移动至 $B$ 点。

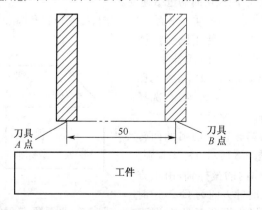

**图 3-5 G00 实例应用**

参考程序段为:G00 G91 X50.0;

## 二、直线插补指令 G01

指令格式　G01 X_Y_Z_F_;

其中　X,Y,Z——目标点坐标;

　　　　F——切削进给速度,单位为 mm / r 或

　　　　　　mm / min。

该指令命令刀具在两坐标点间以插补联动方式按指令的 F 进给速度作任意斜率的直线运动。

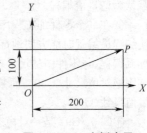

图3-6　G01实例应用

[G01 实例应用]用 G01 编制如图 3-6 所示的 O 点至 P 点的精加工程序段。

使用绝对编程时,其程序段为

G90 G01 X200 Y100 F100 ;

## 三、顺/逆时针圆弧插补指令 G02/G03

### 1. 圆弧插补

G02/G03 为圆弧插补指令,用来命令刀具在指定的平面内,以给定的 F 进给速度从当前点(起点)向终点进行圆弧加工,切削出圆弧轮廓。G02 用于顺时针圆弧插补,G03 用于逆时针圆弧插补。在开始圆弧加工前,刀具必须位于圆弧起点位置,其程序格式为

G17 G02(或 G03) X_Y_I_J_(或 R_)F_;

G18 G02(或 G03) X_Z_I_J_(或 R_)F_;

G19 G02(或 G03) Y_Z_I_J_(或 R_)F_;

其中　X,Y,Z——圆弧终点坐标值,可以用绝对坐标,也可以用相对坐标,由 G90 和 G91 决定;

　　　　I,J,K——圆弧圆心坐标;

　　　　F——沿圆弧切向的进给速度。

圆弧插补程序包括圆弧插补平面、回转方向、终点位置和圆心位置四个方面。

(1)圆弧插补平面　使用圆弧插补必须指定圆弧所在平面,即插补平面。插补平面由平面选择指令 G17,G18,G19 来指定。G17:选择 XY 平面;G18:选择 ZX 平面;G19:选择 YZ 平面。

(2)圆弧的回转方向　圆弧的回转方向可用图 3-7、图 3-8 所示方法来判别。沿着不在圆弧平面内的坐标轴,由正方向向负方向看,顺时针方向为 G02,逆时针方向为 G03,例如,沿圆弧所在平面

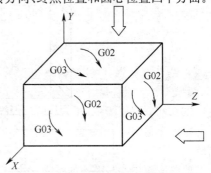

图3-7　圆弧顺、逆时针插补的判断

(如XY平面)的负方向(-Z)看去,从圆弧的起点到终点为顺时针方向的称作顺时针圆弧,用G02指令;逆时针方向的称作逆时针圆弧,用G03表示。

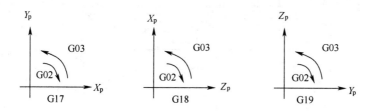

**图3-8　各个平面圆弧插补方向的选择**

（3）圆心位置　I,J,K表示圆弧圆心的位置。多数数控系统规定,I,J,K在任何情况下都是从圆弧的起点向圆弧中心方向的矢量分量;并且,无论指定G90还是指定G91总是增量值,如图3-9所示。

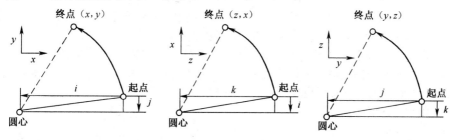

**图3-9　圆心位置**

I,J,K必须根据方向指定其符号(正或负)。I0,J0,K0可以省略。当终点与起点相同,并且中心用I,K指定时,是360°的圆弧(整圆)。

随着数控功能的扩大,现在的数控机床一般都有圆弧半径直接编程功能,即用圆弧半径R来表示圆心参数,而不用求出圆心的坐标值。由于零件图上都给出圆弧半径,所以,用圆弧半径R编程能减少计算工作量。

在同一半径R的情况下,从圆弧的起点到终点同时有两个圆弧走向存在。为区别起见,规定圆心角小于等于180°的小段圆弧,R取正值;圆心角大于180°的大段圆弧,R取负值。

说明:

①在G90状态时,圆弧终点坐标是相对于编程原点的绝对坐标;在G91状态时,圆弧终点坐标是相对于圆弧起点的增量坐标。

②在同一程序段中,如I,J,K与R同时出现,则R有效,而I,J,K被忽略。

③加工整圆时,由于终点和起点在同一位置,圆弧终点坐标值X_Y_Z_可以省略。

此时应该用I,J,K来编程,如G17 G02 I_J_F_。如果用圆弧半径R编程,则表示是圆心角为0°的圆弧,刀具不运动,因此,整圆不能用圆弧半径R编程。

[G02,G03 实例应用]如图 3-10 所示,当圆弧 $A$ 的起点为 $P_1$,终点为 $P_2$,圆弧插补程序段为

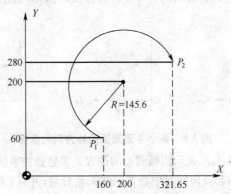

**图 3-10 G02,G03 实例应用**

G02 X321.65 Y280 I40 J140 F50;或:G02 X321.65 Y280 R-145.6 F50;

当圆弧 $A$ 的起点为 $P_2$,终点为 $P_1$ 时,圆弧插补程序段为

G03 X160 Y60 I-121.65 J-80 F50;或:G03 X160 Y60 R-145.6 F50;

[整圆加工实例]如图 3-11 所示,起刀点在坐标原点 $O$,从 $O$ 点快速移动至 $A$ 点,逆时针加工整圆,使用绝对坐标与增量坐标方式编程。

绝对坐标编程

G54 X0 Y0;

G90 G00 X30 Y0;

G03 I-30 J0 F100;

…;

增量坐标编程

G54 X0 Y0;

G91 G00 X30 Y0;

G03 I-30 J0 F100;

…;

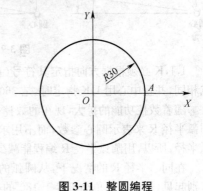

**图 3-11 整圆编程**

**2. 螺旋插补**

通过指定最多 2 个非圆弧插补轴与其他圆弧插补轴同步移动,形成螺旋移动轨迹。

(1)与 $X_P Y_P$ 平面圆弧同时移动

$$G17 \begin{Bmatrix} G02 \\ G03 \end{Bmatrix} \quad X_{P\_} \ Y_{P\_} \quad \begin{Bmatrix} I_\_ \ J_\_ \\ R_\_ \end{Bmatrix} \alpha_\_ \ (\beta_\_) F_\_ ;$$

(2)与 $Z_P X_P$ 平面圆弧同时移动

$$G18 \begin{Bmatrix} G02 \\ G03 \end{Bmatrix} \quad X_{P\_} \ Z_{P\_} \quad \begin{Bmatrix} I_\_ \ K_\_ \\ R_\_ \end{Bmatrix} \alpha_\_ \ (\beta_\_) F_\_ ;$$

(3)与 $Y_P Z_P$ 平面圆弧同时移动

$$G19 \begin{Bmatrix} G02 \\ G03 \end{Bmatrix} \quad Y_P \_ Z_P \_ \quad \begin{Bmatrix} J\_K\_ \\ R\_ \end{Bmatrix} \alpha\_ (\beta\_) F\_ ;$$

说明:

①α,β:非圆弧插补的任意一个轴。最多能指定两个其他轴。

②指令方法只是简单地加上一个或两个非圆弧插补轴的移动轴。例如

…;

G00 X50 Y0 Z50;

G02 X0 Y-50 Z40 F1200;

…;

## 四、暂停指令 G04

该指令使刀具做短时间的无进给运动,适用于钻孔、锪平面等加工,提高工件表面加工质量。G04 为非模态指令,仅在其被规定的程序段中有效。

指令格式　G04 X\_或 P\_;

其中　X\_或 P\_——刀具暂停时间(进给停止,主轴不停止),地址 X 或 P 后的
数值是暂停时间。

当 X 或 P 都不指定时,执行准确停止。

X 后面的数值要带小数点,以秒(s)为单位,否则以此数值的千分之一计算;P 后面数值不能带小数点(即整数表示),以毫秒(ms)为单位。

例如,G04 X2.0;或 G04 X2000;为暂停 2 秒。

[G04 实例应用]

G01 X0 Y0 Z-10 F100;

G04 X1.0;

G00 Z100;

…;

## 五、英制输入指令 G20(in 即英寸)和公制输入指令 G21(mm)

使用 G20/G21 指令可以选择是英制输入或者是公制输入,G20,G21 为模态功能,可相互注销,G21 为缺省值。出厂时一般设定为 G21 状态。

说明:有些数控系统要求这两个代码必须在程序的开头坐标系设定之前用单独的程序段指令,一经指定,不允许在程序的执行中途切换。我国实行公制标准,数控铣床在出厂时已经按公制设定好,操作者不要轻易变更,如果需要加工英制单位的工件,编程人员可以将英制数据转换成公制数据进行编程。

## 六、参考点相关的指令 G

### 1. 自动返回参考点指令 G28

指令格式　G28 IP\_;(返回参考点)

功能:各轴快速移动到指令值所指定的中间点位置或参考点。为了安全起见,

在执行该指令之前,应该清除刀具半径补偿和刀具长度补偿。

说明:

①IP 指在绝对值编程时,是中间点的坐标值;在增量值编程时,是中间点相对刀具当前点的移动距离。对各轴而言,移动到中间过渡点或移到参考点均是以快速移动的速度来完成的(非直线移动),这种定位完全等效于 G00 定位。例如

G90 G28 X0 Y0 Z0;

G91 G28 X0 Y0 Z0;

②在系统启动之后,当没有执行手动返回参考点功能时,指定 G28 指令无效,G28 指令仅在被规定的程序段有效,并且在执行该指令前,须预先取消刀补。

**2. 返回参考点检查指令 G27**

检查刀具是否已经正确的返回到程序中指定的参考点。

指令格式 G27 IP _;

**3. 从参考点返回指令 G29**

指令格式 G29X _ Y _ Z _;

功能:G29 指令各轴从参考点快速移动到前面 G28 所指定的中间点,然后移到 G29 所指定的返回点定位,这种定位完全等效于 G00 定位。

说明:X,Y,Z 值在 G90 时是返回点的坐标值,G91 时是返回点相对中间点的移动距离。G29 指令只在其被规定的程序段内有效。

[G28 和 G29 应用实例]如图 3-12 所示。

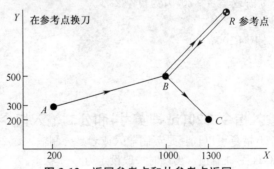

图 3-12 返回参考点和从参考点返回

G28 G90 X1000.0 Y500.0;(编程从 A 到 B 的移动)

M06 T01;(在参考点换刀)

G29 X1300.0 Y200.0;(编程从 B 到 C 的移动)

## 七、坐标系相关的指令 G

即零点偏置指令 G54～G59 和指令 G92。

零点偏置是数控系统的一种特性,即允许把数控测量系统的原点在相对机床基准的规定范围内移动,而永久原点的位置被存储在数控系统中。因此,当不用 G92

指令设定工件坐标系时，可以用 G54～G59 指令设定六个工件坐标系，即通过设定机床所特有的六个坐标系原点（即工件坐标系 1～6 的原点），在机床坐标系中的坐标（即工件零点偏移值）。该值可用 MDI 方式输入相应的数据中。

G92 与 G54～G59 之间的优缺点：

G54～G59 是在加工前设定好的坐标系，而 G92 是在程序中设定的坐标系，用了 G54～G59 就没有必要再使用 G92，否则 G54～G59 会被替换，应当避免。

说明：

①一旦使用了 G92 设定坐标系，再使用 G54～G59 不起任何作用，除非重新返回到机床参考点，断电重新启动数控系统，或接着用 G92 设定新的工件坐标系。

②使用 G92 的程序结束后，若机床没有回 G92 设定的原点，就再次启动此程序，机床当前所在位置就成为新的工件坐标原点，极易发生事故，应注意避免。

直接机床坐标系编程指令 G53，是机床坐标系编程在含有 G53 指令的程序段中。绝对值编程时的指令值是机床坐标系中的坐标值，其为非模态指令。

## 八、进给量的设定指令 G94 和 G95

每分钟进给（G94）指系统在执行了 G94 指令后再遇到 F 指令时，便认为 F 所指定的进给速度单位为 mm/min，并一直有效，直至数控系统又执行了含有 G95 的程序段，则 G94 被否定，而 G95 有效。

每转进给（G95）指若系统执行了含有 G95 的程序段，则再遇 F 指令所指定的进给速度单位为 mm/r。要取消 G95 状态，必须重新指定 G94。

说明：当使用每转进给量方式时，必须在主轴上安装有位置编码器。G94，G95 为模态功能，可相互注销，G94 为缺省值，即开机默认值。

# 第四节　FANUC 数控系统固定循环功能

用数控铣床加工零件，一些典型的加工工序，如钻孔、镗孔、攻螺纹等，所需完成的动作循环次数较多，十分典型，采用一般的 G 代码指令程序会烦琐得多，采用固定循环铣削指令 G73，G74，G76 和 G81～G89，将这些典型动作预先编好程序并存储在存储器中，用 G 代码进行指令。循环中的 G 代码指令的动作程序要比一般的 G 代码所指令的动作要多得多，只需给出加工位置的轨迹、指定加工的吃刀量，系统就会自动计算出加工路线和加工次数，自动决定中途进行加工的刀具轨迹，因此可大大简化编程。

一般数控铣床的固定循环有六个动作，分别是：X、Y 轴坐标定位（还可以包括另外一个轴），快速定位到 R 点参考平面，切削加工，孔底的动作，返回到 R 点参考平面，回到初始平面，如图 3-13 所示。

## 一、钻孔循环（点钻循环）指令 G81

该循环用作正常钻孔，切削进给执行到孔底；然后，刀具从孔底快速移动退回，如图 3-14 所示。

指令格式　G81 X_Y_Z_R_Z_F_K_;

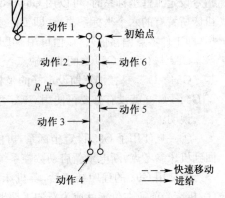

其中　X_Y_——孔的坐标位置；

　　　　Z_——从 $R$ 点到孔底的坐标；

　　　　R_——初始平面到 $R$ 点参考平面的距离；

　　　　F_——切削的进给速度；

　　　　K_——重复次数。

说明：G81 指令在沿着 $X,Y$ 轴定位以后，$Z$ 轴快速移动到 $R$ 点，再从 $R$ 点到 $Z$ 点执行钻孔切削加工，然后快速返回到指定的平面。在指定 G81 之前，用辅助功能(M 代码)旋转主轴。

**图 3-13　数控铣床的固定循环动作**

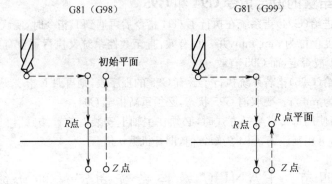

**图 3-14　G81 钻孔循环**

［编程举例］

O1234;

M03 S2000;(主轴开始旋转)

G90 G99 G81 X300. Y-250. Z-150. R-100. F120.;(定位,钻 1 孔,然后返回到 $R$ 点)

Y-550.;(定位,钻 2 孔,然后返回到 $R$ 点)

Y-750.;(定位,钻 3 孔,然后返回到 $R$ 点)

X1000.;(定位,钻孔 4,然后返回到 $R$ 点)

Y-550.;(定位,钻 5 孔,然后返回到 $R$ 点)

G98 Y-750.;(定位,钻 6 孔,然后返回初始位置平面)

G80 G28 G91 X0 Y0 Z0;(返回到参考点)

M05;(主轴停止旋转)

M30;（程序结束）

## 二、钻孔循环或逆镗孔循环指令 G82

G82 循环用作正常钻孔，切削进给执行到孔底，执行暂停；然后，刀具从孔底快速移动退回，如图 3-15 所示。

指令格式　G82 X_Y_Z_R_P_F_K_;

其中　X_Y_——孔的坐标位置；

　　　　Z_——从 R 点到孔底的坐标距离；

　　　　R_——初始平面到 R 点参考平面的距离；

　　　　P_——在孔底的暂停时间；

　　　　F_——切削进给速度；

　　　　K_——重复的次数。

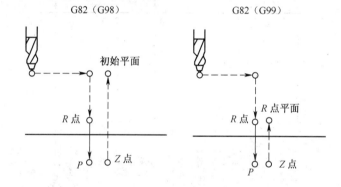

**图 3-15　钻孔循环或逆镗孔循环 G82**

说明：沿着 X 和 Y 轴定位以后，快速移动到 R 点；然后，从 R 点到 Z 点执行钻孔加工，当到孔底时，执行暂停；然后刀具快速移动退回。指定 G82 之前，用辅助功能（M 代码）旋转主轴。

［编程举例］

O1234;

M03 S2000 ;（主轴开始旋转）

G90 G99 G82 X300. Y-250. Z-150. R-100. P1000 F120. ;（定位，钻 1 孔，然后返回到 R 点）

Y-550. ;（定位，钻 2 孔，然后返回到 R 点）

Y-750. ;（定位，钻 3 孔，然后返回到 R 点）

X1000. ;（定位，钻 4 孔，然后返回到 R 点）

Y-550. ;（定位，钻 5 孔，然后返回到 R 点）

G98 Y-750. ;（定位，钻 6 孔，然后返回初始位置平面）

G80 G28 G91 X0 Y0 Z0;(返回到参考点)

M05;(主轴停止旋转)

## 三、高速断屑钻孔循环指令 G73

G73 循环执行高速断屑钻孔,它执行间歇切削进给直到孔的底部,同时从孔中排除切屑,如图 3-16 所示。

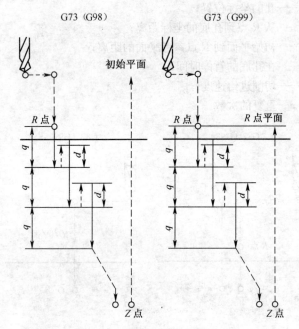

图 3-16　高速断屑钻孔循环 G73

指令格式　G73 X_ Y_ Z_ R_ Q_ F_ K_；

其中　X_ Y_——孔的坐标位置；

　　　　Z_——从 R 点到孔底的坐标距离；

　　　　R_——初始平面到 R 点参考平面的距离；

　　　　Q_——R 点参考平面的坐标；

　　　　F_——切削进给速度；

　　　　K_——重复的次数。

说明:

①高速排屑钻孔循环沿着 Z 轴执行间歇进给,循环时,切屑容易从孔中排出,并且能够设定较小的回退值。可有效地执行钻孔。

②在参数 No.5114 中设定退刀量 $d$,刀具快速移动退回。

③在指定 G73 之前,用辅助功能旋转主轴(M 代码)。

[编程举例]

O1234；

M03 S2000；（主轴开始旋转）

G90 G99 G73 X300. Y-250. Z-150. R-100. Q15. F120.；（定位，钻 1 孔，然后返回到 *R* 点）

Y-550.；（定位，钻 2 孔，然后返回到 *R* 点）

Y-750.；（定位，钻 3 孔，然后返回到 *R* 点）

X1000.；（定位，钻 4 孔，然后返回到 *R* 点）

Y-550.；（定位，钻 5 孔，然后返回到 *R* 点）

G98 Y-750.；（定位，钻 6 孔，然后返回初始位置平面）

G80 G28 G91 X0 Y0 Z0；（返回到参考点）

M05；（主轴停止旋转）

M30；（程序结束）

## 四、排屑钻孔循环指令 G83

G83 循环执行深孔钻削，执行间歇切削进给到孔的底部，钻孔过程中从孔中排除切屑，如图 3-17 所示。

指令格式　G83 X _ Y _ Z _ R _ Q _ F _ K _ ；

其中　X _ Y _——孔的坐标位置；

　　　Z _——从 *R* 点到孔底的坐标距离；

　　　R _——*R* 点参考平面的坐标；

　　　Q _——表示每次切削进给的切削深度；

　　　F _——切削进给速度；

　　　K _——重复次数。

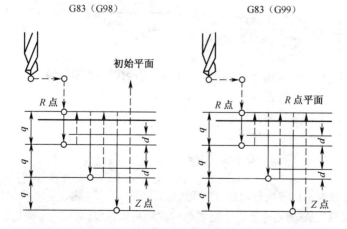

**图 3-17　排屑钻孔循环 G83**

说明：Q 表示每次切削进给的切削深度，它必须用增量值指定。在 Q 中必须指定正值，负值被忽略（无效）。在第二次和以后的切削进给中，执行快速移动到上次钻孔结束之前的 d 点，再次执行切削进给。d 在参数 No.5115 中设定（一般常设置为 500 或者 1000）。指定 G83 之前，指定辅助功能旋转主轴（M 代码）。

〔编程举例〕

O1234；

M03 S2000；（主轴开始旋转）

G90 G99 G83 X300. Y-250. Z-150. R-100. Q15. F120.；（定位，钻 1 孔，然后返回到 R 点）

Y-550.；（定位，钻 2 孔，然后返回到 R 点）

Y-750.；（定位，钻 3 孔，然后返回到 R 点）

X1000.；（定位，钻 4 孔，然后返回到 R 点）

Y-550.；（定位，钻 5 孔，然后返回到 R 点）

G98 Y-750.；（定位，钻 6 孔，然后返回初始位置平面）

G80 G28 G91 X0 Y0 Z0；（返回到参考点）

M05；（主轴停止旋转）

M30；（程序结束）

## 五、攻螺纹循环指令 G84

该循环执行攻螺纹。在这个攻螺纹循环中，当到达孔底时，主轴以反方向旋转。如图 3-18 所示。

指令格式　G84 X_ Y_ Z_ R_ P_ F_ K_；

其中　X_ Y_——孔位数据；

　　　　Z_——从 R 点到孔底的
　　　　　　　距离；

　　　　R_——从初始平面到 R
　　　　　　　点的距离；

　　　　P_——暂停时间；

　　　　F_——切削进给速度；

　　　　K_——重复次数（根据需要）。

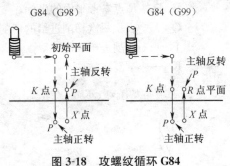

图 3-18　攻螺纹循环 G84

说明：

①主轴顺时针旋转执行攻螺纹，当到达孔底时，为了回退，主轴以相反方向旋转。这个过程生成螺纹。

②在攻丝期间进给倍率被忽略。进给暂停不停止机床，直到返回动作完成。在指定 G84 之前，用辅助功能（M 代码）使主轴旋转。

［编程举例］

O1234；

M03 S100 ；(主轴开始旋转)

G90 G99 G84 X300. Y-250. Z-150. R-120. P300 F120. ;(定位,攻螺纹1孔,然后返回到*R*点)

Y-550. ;(定位,攻螺纹2孔,然后返回到*R*点)

Y-750. ;(定位,攻螺纹3孔,然后返回到*R*点)

X1000. ;(定位,攻螺纹4孔,然后返回到*R*点)

Y-550. ;(定位,攻螺纹5孔,然后返回到*R*点)

G98 Y-750. ;(定位,攻螺纹6孔,然后返回初始位置平面)

G80 G28 G91 X0 Y0 Z0 ;(返回到参考点)

M05；(主轴停止旋转)

## 六、镗孔循环指令 G86

该循环用于镗孔,如图3-19所示。

指令格式　G86 X _ Y _ Z _ R _ F _ K _ ；

其中　X _ Y _——孔的位置坐标。

说明:

①沿着 *X* 和 *Y* 轴定位以后,快速移动到 *R* 点,然后,从 *R* 点到 *Z* 点执行镗孔。

②当主轴在孔底停止时,刀具以快速移动退回。在指定 G86 之前,用辅助功能(M代码)旋转主轴。

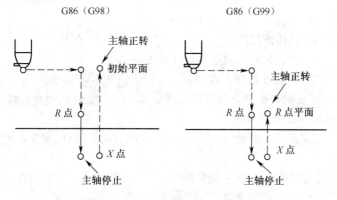

**图 3-19　镗孔循环 G86**

［编程举例］

O1234；

M03 S2000 ；(主轴开始旋转)

G90 G99 G86 X300. Y-250. Z-150. R-100. F120. ;(定位,镗1孔,然后返回到

R 点)

Y-550.;(定位,镗 2 孔,然后返回到 R 点)

Y-750.;(定位,镗 3 孔,然后返回到 R 点)

X1000.;(定位,镗 4 孔,然后返回到 R 点)

Y-550.;(定位,镗 5 孔,然后返回到 R 点)

G98 Y-750.;(定位,镗 6 孔,然后返回初始位置平面)

G80 G28 G91 X0 Y0 Z0;(返回到参考点)

M05;(主轴停止旋转)

## 七、背镗孔循环指令 G87

该循环执行精密镗孔,如图 3-20 所示。

指令格式　　G87 X_ Y_ Z_ R_ Q_ P_ F_ K_;

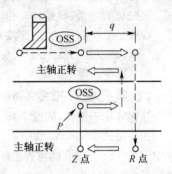

其中　X_ Y_——孔位数据;

　　　　Z_——从孔底到 Z 点的距离;

　　　　R_——从初始平面到 R 点的距离;

　　　　Q_——刀具偏移量;

　　　　P_——暂停时间;

　　　　F_——切削进给速度;

　　　　K_——重复次数。

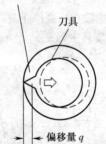

说明:

①沿着 X 和 Y 轴定位以后,主轴在固定的旋转位置上停止;刀具在刀尖的相反方向移动并在孔底(R 点)定位(快速移动)。

②然后,刀具在刀尖的方向上移动并且主轴正转,沿 Z 轴的正向镗孔直到 Z 点。

③在 Z 点,主轴再次停在固定的旋转位置,刀具在刀尖的相反方向移动。

图 3-20　背镗孔循环 G87

④然后,刀具返回到初始位置;刀具在刀尖的方向上偏移,主轴正转,执行下个程序段的加工。

⑤Q(在孔底的偏移量)是在固定循环中保持的模态值。指定时须小心,因为它也用作 G73 和 G83 的切削深度。

⑥在指定 G87 前,用辅助功能(M 代码)旋转主轴,Q 必须指定为正值。如果 Q 指定为负值,符号被忽略。在参数 No.5101 ♯4(RD1)和 ♯5(RD2)中设定偏置方向。在执行镗加工的程序段中指定 P 和 Q。

[编程举例]

O1234;

M03 S500 ;（主轴开始旋转）

G90 G87 X300. Y-250. Z-150. R-120. Q5. P1000 F120. ;（定位,镗1孔,在初始位置定向,然后偏移5mm,在Z点停止1秒）

Y-550. ;（定位,镗2孔,然后返回到R点）

Y-750. ;（定位,镗3孔,然后返回到R点）

X1000. ;（定位,镗4孔,然后返回到R点）

Y-550. ;（定位,镗5孔,然后返回到R点）

Y-750. ;（定位,镗6孔,然后返回初始位置平面）

G80 G28 G91 X0 Y0 Z0 ;（返回到参考点）

M05 ;（主轴停止旋转）

## 八、镗孔循环指令 G88

该循环用于镗孔,如图3-21所示。

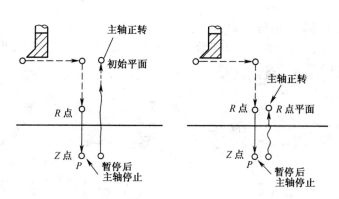

**图3-21 镗孔循环 G88**

指令格式　G88 X_Y_Z_R_P_F_K_ ;

其中　X_Y_——孔位数据;

　　　　Z_——从R点到孔底的距离;

　　　　R_——从初始位置到R点位置的距离;

　　　　P_——孔底的暂停时间;

　　　　F_——切削进给速度;

　　　　K_——重复次数（根据需要）。

说明:

①沿着X和Y轴定位以后,快速移动到R点,然后,从R点到Z点执行镗孔。

②当镗孔完成后,执行暂停,然后主轴停止。

③刀具从孔底（Z点）手动返回到R点。

④在 R 点,主轴正转,并且执行快速移动到初始位置。

⑤在指定 G88 之前,用辅助功能(M 代码)旋转主轴。

[编程举例]

O1234;

M03 S2000;(主轴开始旋转)

G90 G99 G88 X300. Y-250. Z-150. R-100. P1000 F120.;(定位,镗 1 孔,然后返回到 R 点)

Y-550.;(定位,镗 2 孔,然后返回到 R 点)

Y-750.;(定位,镗 3 孔,然后返回到 R 点)

X1000.;(定位,镗 4 孔,然后返回到 R 点)

Y-550.;(定位,镗 5 孔,然后返回到 R 点)

G98 Y-750.;(定位,镗 6 孔,然后返回初始位置平面)

G80 G28 G91 X0 Y0 Z0;(返回到参考点)

M05;(主轴停止旋转)

## 九、镗孔循环指令 G89

该循环用于镗孔,如图 3-22 所示。

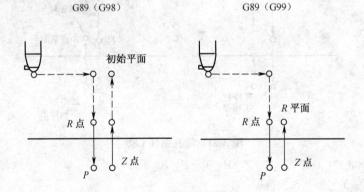

**图 3-22  镗孔循环 G89**

指令格式  G89X_Y_Z_R_P_F_K_;

其中  X_Y_——孔位坐标值;

Z_——从 R 点到孔底的距离;

R_——从初始平面到 R 平面的距离;

P_——孔底的停刀时间;

F_——切削进给速度;

K_——重复次数(根据需要)。

说明:该循环几乎与 G85 相同,不同的是该循环在孔底执行暂停。在指定 G89

之前,用辅助功能(M 代码)旋转主轴。

[编程举例]

O1234;

M03 S100 ;(主轴开始旋转)

G90 G99 G89 X300. Y-250. Z-150. R-120. P1000 F120. ;(定位,镗 1 孔,然后返回到 $R$ 点,在孔底停止 1 秒)

Y-550. ;(定位,镗 2 孔,然后返回到 $R$ 点)

Y-750. ;(定位,镗 3 孔,然后返回到 $R$ 点)

X1000. ;(定位,镗 4 孔,然后返回到 $R$ 点)

Y-550. ;(定位,镗 5 孔,然后返回到 $R$ 点)

G98 Y-750. ;(定位,镗 6 孔,然后返回初始位置平面)

G80 G28 G91 X0 Y0 Z0 ;(返回到参考点)

M05;(主轴停止旋转)

# 第五节　FANUC 数控系统辅助功能

　　辅助功能由地址 M 和其后两位数字组成,又称为 M 功能。在每个程序段内一般只允许指令一个 M 代码。

　　对于数控铣床、加工中心,M03 和 M04 所规定的主轴或旋转刀具的转向,主轴的判断方法等同于坐标平面内的圆弧判断方法,顺时针旋转为正转,用 M03 指令;逆时针旋转为反转,用 M04 指令。当需要改变主轴的转向时,必须用 M05 指令使主轴停转,再用 M03 或 M04 换向。

　　辅助功能从 M00～M99 共 100 个。辅助功能 M 代码主要控制机床主轴的启动、旋转、停止,冷却液启停等开关量。辅助功能也分为模态和非模态,并被定义该 M 代码在一个程序段中起作用的时间。有的是在程序段运动指令完成后开始起作用,例如与程序有关的指令 M00,M01,M02,M30 等;有的是与程序段运动指令同时开始起作用,例如主轴转向指令 M03,M04,冷却液开启指令 M07,M08 等。我国 JB 3208—83 标准中的辅助功能 M 代码及其含义如下:

　　M00——程序无条件暂停(程序停止)。

　　执行该程序段的指令后,用以停止主轴、冷却液,并停止进给,按 循环起动 按钮,则继续执行后续的程序段。是非模态作用 M 指令。常用于在加工过程中测量刀具和工件的尺寸、工件调头装夹、手动换刀、主轴手动变速、清理切屑等手动操作。

　　M01——计划停止。与程序停止相似,所不同的是只有在机床操作面板有 计划停止 按钮并在程序执行前被按下时才有效,常用于工件关键尺寸的停机抽样检查等情况。

M02——程序结束。表示工件加工已经完成,结束程序并使数控系统处于复位状态,停止主轴、冷却液和进给。M02 指令写在最后一个程序段中,是非模态 M 指令。

M03——主轴顺时针方向。启动主轴按右旋螺纹进入工件的方向旋转,是模态 M 指令。

M04——主轴逆时针方向。启动主轴按左旋螺纹进入工件的方向旋转,是模态 M 指令。

M05——主轴停止。是模态 M 指令。

M06——换刀。手动或自动换刀指令,包括刀具选择,也可以自动关闭冷却液和主轴。是非模态 M 指令。常见格式为 M06 T02;

M07——2♯冷却液(如雾状)开。是模态 M 指令。

M08——1♯冷却液(如液体)开。是模态 M 指令。

M09——冷却液关。注销 M07,M08,M50,M51。是模态 M 指令。

M30——程序结束。与 M02 相似,但 M30 表示工件加工已完成,结束程序执行并返回至程序头,并停止主轴、冷却液和进给。M30 指令写在最后一个程序段中,是非模态 M 指令。

# 第六节 数控铣刀具补偿功能

## 一、刀具长度偏置补偿 G43,G44,G49

它们的功能是将编程时的刀具长度和实际使用的刀具长度之差设定与刀具偏置存储器中。使用该功能补偿这个差值而不用修改程序。

G43:长度正补偿。指令格式 G43 H _ Z _ ;

G44:长度负补偿。指令格式 G44 H _ Z _ ;

G49:长度补偿取消。

说明:

①刀具长度补偿指刀具在 $Z$ 方向的实际位移比程序给定值增加或减少一个偏置值;

②格式中的 $Z$ 值是指程序中的指令值;

③H 为刀具长度补偿代码,后面两位数字是刀具长度补偿寄存器的地址符;

④H01 指 01 号寄存器,在该寄存器中存放对应刀具长度的补偿值;H00 寄存器必须设置刀具长度补偿值为 0,调用时起取消刀具长度补偿的作用;其余寄存器存放刀具长度补偿值;

⑤执行 G43 时,Z 实际值=Z 指令值+H _ 中的偏置值;

⑥执行 G44 时,Z 实际值=Z 指令值-H _ 中的偏置值;

[编程举例]如图 3-23 中所示,A 点为刀具起点,加工路线为 1→2→3→4→5→

6→7→8→9。要求刀具在工件坐标系零点 Z 轴方向向下偏移 3mm,按增量坐标值方式编程(提示把偏置量 3mm 存入地址为 H01 的寄存器中)。

程序如下

N01 G91 G00 X70 Y45 S800 M03;

N02 G43 Z-22 H01;

N03 G01 G01 Z-18 F100 M08;

N04 G04 X5;

N05 G00 Z18;

N06 X30 Y-20;

N07 G01 Z-33 F100;

N08 G00 G49 Z55 M09;

N09 X-100 Y-25;

N10 M30;

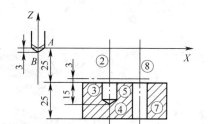
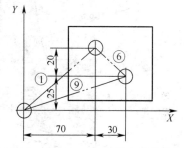

图 3-23 G43,G44 刀具长度补偿编程举例

## 二、刀具半径补偿指令 G41,G42 和 G40

指令格式 $\begin{Bmatrix} G41 \\ G42 \end{Bmatrix} \begin{Bmatrix} G00 \\ G01 \end{Bmatrix}$ X_ Y_ H(或 D)_ ;

功能:数控系统根据工件轮廓和刀具半径自动计算刀具中心轨迹,控制刀具沿刀具中心轨迹移动,加工出所需要的工件轮廓,编程时避免计算复杂的刀心轨迹。

说明:

①X_ Y_ 表示刀具移动至工件轮廓上点的坐标值;

②H(或 D)_为刀具半径补偿寄存器地址符,寄存器存储刀具半径补偿值;

③沿刀具进刀方向看,刀具中心在零件轮廓左侧,则为刀具半径左补偿,用 G41 指令;

④沿刀具进刀方向看,刀具中心在零件轮廓右侧,则为刀具半径右补偿,用 G42 指令;

⑤通过 G00 或 G01 运动指令建立、取消刀具半径补偿;如果是圆弧指令,产生报警并且刀具停止移动;

⑥如果在偏置方式中,处理两个或者两个以上刀具不移动的程序段(辅助功能、暂停等),刀具将产生过切或欠切现象。

[编程举例]如图 3-24 所示。

参考程序为

G92 X0 Y0 Z0;[指定绝对坐标值。刀具定位在开始位置(X0,Y0,Z0)]

N1 G90 G17 G00 G41 D07 X250.0 Y550.0;[开始刀具半径补偿(起刀)。刀具用 D07 指定的距离偏移到编程轨迹的右边。换句话说,刀具轨迹有刀具半径偏移

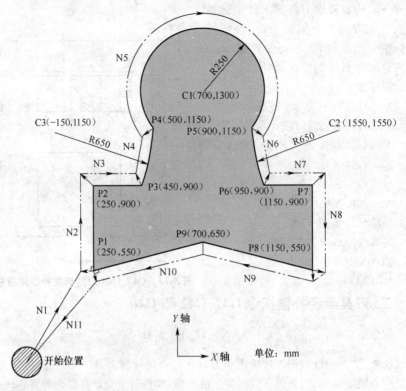

**图 3-24  刀具半径补偿编程举例**

（偏置方式），因为 D07 已预先设定为 15（刀具半径为 15mm）〕

　　N2 G01 Y900.0 F150;（从 P1 到 P2 加工）

　　N3 X450.0;（从 P2 到 P3 加工）

　　N4 G03 X500.0 Y1150.0 R650.0;（从 P3 到 P4 加工）

　　N5 G02 X900.0 R-250.0;（从 P4 到 P5 加工）

　　N6 G03 X950.0 Y900.0 R650.0;（从 P5 到 P6 加工）

　　N7 G01 X1150.0;（从 P6 到 P7 加工）

　　N8 Y550.0;（从 P7 到 P8 加工）

　　N9 X700.0 Y650.0;（从 P8 到 P9 加工）

　　N10 X250.0 Y550.0;（从 P9 到 P1 加工）

　　N11 G00 G40 X0 Y0;〔取消偏置方式。刀具返回到开始位置(X0,Y0,Z0)〕

# 第四章 数控铣床数控系统操作

## 第一节 FANUC 数控系统

FANUC(发那科)公司的数控系统具有高质量、高性能、全功能,适用于各种数控机床和生产机械的特点,在市场的占有率远远超过其他的数控系统,因此,本书主要介绍 FANUC 数控系统。FANUC 数控系统的优势主要体现在以下几个方面。

①系统在设计中大量采用模块化结构;这种结构易于拆装,各个控制模板高度集成,使可靠性有很大提高,便于维修、更换;

②具有很强的抵抗恶劣环境影响的能力;

③有比较完善的保护措施;FANUC 数控系统对自身的系统采用比较好的保护电路;

④FANUC 数控系统所配置的系统软件具有比较齐全的基本功能和选项功能;对于一般的数控机床来说,基本功能完全能满足使用要求;

⑤提供大量丰富的 PMC 信号和 PMC 功能指令;这些丰富的信号和编程指令便于用户编制机床内 PMC 控制程序,而且增加了编程的灵活性;

⑥具有很强的 DNC 功能;系统提供串行 RS232C 传输接口,使通用计算机 PC 和数控机床之间的数据传输能方便、可靠地进行,从而实现高速的 DNC 操作;

⑦提供丰富的维修报警和诊断功能;FANUC 数控系统为用户提供了大量的报警信息,并且以不同的类别进行分类。

国产的数控系统在稳定性方面较差,但简单数控系统例如经济型数控机床对稳定性要求不严格,而精密复杂的数控系统和国外的数控系统还是有差距的。据统计,在国内使用的数控机床中,国产数控系统约占 14%,SIEMENS 数控系统约占 20%,FANUC 数控系统约占 56%,国外其他数控系统约占 10%。国产的数控系统主要有:广州数控、北京凯恩帝数控、南京华兴数控、成都广泰数控、南京新方达数控、武汉华中数控等。

## 第二节 FANUC 系统数控铣床面板

### 一、FANUC 系统数控铣床面板

如图 4-1 所示,为 FANUC0i—MB 数控铣床系统面板。表 4-1 为 FANUC 数控系统键盘说明。

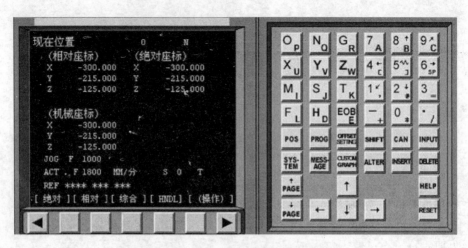

图 4-1 FANUC0i—MB 数控铣床系统面板

表 4-1 FANUC 数控系统键盘说明

| 名 称 | 功 能 说 明 |
|---|---|
| RESET 复位键 | 按此键使 CNC 复位或者取消报警等 |
| 帮助键 HELP | 如果对 CNC 操作系统不熟悉,可以按此键进入帮助画面 |
| 软键 | 根据不同画面,软键有不同功能,软键功能显示在屏幕的底端。要显示一个更详细的屏幕,可以在按下功能键后按软键。最左侧带有向左箭头的软键为菜单返回键,最右侧带有向右箭头的软键为菜单继续扩展键 |
| $O_P$ 地址和数字键 | 按下这些键可以输入字母,数字或者其他字符 |
| SHIFT 切换键 | 按下 SHIFT 键可以在两个功能之间进行切换 |
| POS 键 | 坐标位置显示键 |
| SYSTEM 键 | 系统参数设置键 |
| MESSAGE 键 | 报警信息显示键(显示发生警报内容或代码) |
| CUSTOM/GREPH 键 | 显示图形轨迹仿真键 |
| ✛ 光标移动键 | 有四种不同的光标移动键:分别将光标向上、下、右、左移动 |
| PAGE 翻页键 | 该键用于将屏幕显示的页面往前或后翻页 |
| ALTER 替换键 | 修改程序及代码(输入一段地址,如 X20 然后按此键,光标所在位置的地址将被 X20 替代) |
| INSERT 插入键 | 插入程序(把光标移到要插入地址的前面。如程序"G01 X30 Y50 F0.08;"要在"X30"前面插入"G99",先把光标移动到"G01"处,然后再输入"G99",再按此键) |

续表 4-1

| 名　称 | 功　能　说　明 |
| --- | --- |
| DELETE 删除键 | 删除程序(要删除一个地址,如"N1 G01 X30 Y50 F0.2;"中的"Y50",把光标移动到"Y50"处,按此键即可。要删除一段程序,如"N1 G01 X30.0 Y50.0 F0.08;",输入 N1,按此键即可) |
| EOB 结束符键 | 完成一句(END OF BLOCK)(此键即结束符";",表示段程序结束。每一段程序结束要按此键) |
| CAN 取消键 | EDIT 或 MDI MODE 情况下使用,用于删除最后一个进入输入缓存区的字符或符号 |
| INPUT 输入键 | 当按下一个字母键或者数字键时,再按该键数据被输入到缓冲区,并且显示在屏幕上。要将输入缓存区的数据拷贝到偏置寄存器中等,也按下该键。这个键与软键中的[INPUT]键是等效的 |
| OFFSET/SETTING 刀具偏置设置键 | 储存刀具长度、半径补当值 |
| PROG 程序键 | 显示程序内容 |

当按下一个地址或数字键时,与该键相应的字符就立即被送入输入缓冲区,输入缓冲区的内容显示在 CRT 屏幕的底部。为了标明这是键盘输入的数据,在该字符前面会立即显示一个符号">",在输入数据的末尾显示一个符号"_"标明下一个输入字符的位置,如图 4-2 所示。

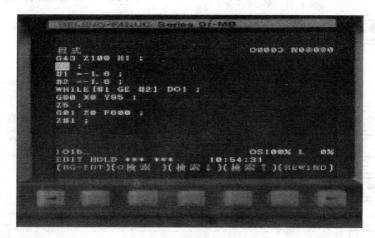

**图 4-2　字符的键入**

为了输入同一个键上的右下方的字符,首先按下 SHIFT 键,然后按下需要输入的键就可以了。例如要输入字母 P,首先按下 SHIFT 键,然后按下 Oₚ 键,缓冲区内就可显示字母 P。按下 ▢CAN▢ 键可取消缓冲区最后输入的字符或者符号。

## 二、机床操作面板

如图 4-3 所示,数控铣床操作面板说明见表 4-2。

**图 4-3　FANUC 数控铣系统操作面板**

**表 4-2　FANUC 数控铣系统操作面板按键说明**

| 方式键 | 功　能　说　明 |
|---|---|
| ▢➡▢ | 按下该键,进入自动运行方式:<br>1. 执行存储器的程序;<br>2. 编辑程序(后台操作);<br>3. 检索程序并执行程序;<br>4. 程序再启动;<br>5. 存储卡加工 |
| ▢◿▢ | 按下该键,进入编辑方式:<br>1. 编辑程序:插入,更正,删除;<br>2. 后台操作;<br>3. 数据的输入/输出 |
| ▢⊕▢ | 按下该键,进入 DNC 工作方式:<br>1. 经 RS-232 口实现加工;<br>2. 存储卡的加工 |
| ▢⊕▢ | 按下该键,进入手动返回参考点方式(返回参考点有手动和自动 G28 指令)。绝对编码器不用返回,增量编码要返回(增量编码机床上电执行一次手动返回参考点即可)。当按了急停以后,要执行手动返回参考点 |
| ▢⋀⋁⋀▢ | 按下该键,进入 JOG 运行方式(手动连续进给):<br>1. 参数设定 JOG 速度(可设成每分钟或每转进给);<br>2. 手动快速移动方式。参数 1424 设定速度 |

**续表 4-2**

| 方式键 | 功 能 说 明 |
|---|---|
|  | 按下该键,进入 MDI 运行方式(手动数据输入方式):<br>1. 程序画面:输入并执行程序;<br>2. 参数画面:可输入参数;<br>3. 补偿和设定画面:可输入刀具补偿,坐标系,宏变量 |
|  | 按下该键,进入步进方式(增量进给或定量进给) |
|  | 按下该键,进入手轮(手摇脉冲发生器)运行方式:<br>1. 手轮进给;<br>2. 手轮中断;<br>3. 手轮干预返回 |
|  | 手轮示教方式:在程序画面,可输入程序 |
|  | 单程序段:<br>1. 接通开关,执行程序,程序到位停止;<br>2. 在绝对方式执行 G28 返回参考点时,在中间点停止 |
|  | 按下该键,程序段内含有"/"符号的程序段将跳过 |
|  | 进给保持按钮:程序停止,<br>1. 程序中指定 M00;<br>2. 自动停止;<br>3. 用于工件的检测和清理铁屑,为后序做好准备;<br>4. 螺纹加工保持无效和回退 |
|  | 循环启动:<br>1. 执行存储器的程序;<br>2. DNC 加工;<br>3. MDI 方式 |
|  | 选择停机,程序中出现 M01,还必须使用此开关 |
|  | 程序再启动:程序必须执行过 |
|  | 空运行(试运行):参数可设置空运行速度,程序指令的 F 指令无效。<br>空运行还可通过参数对快速移动有效及对螺纹或攻螺纹无效 |

**续表 4-2**

| 方式键 | 功 能 说 明 |
|---|---|
| | 主轴正转:使主轴电动机正向旋转,手动/自动 |
| | 主轴反转:使主轴电动机反向旋转,手动/自动 |
| | 主轴停止:使主轴电动机停止,手动/自动 |
| | 机床锁住(机械闭锁),机械位置不显示,但工件坐标系显示 |
| ×1<br>×10<br>×100<br>×1000 | 用于选择手轮移动倍率。旋转到所选的倍率键后,机床根据选定的倍率和给出的脉冲移动相应的距离。×1 为 0.001mm、×10 为 0.01mm、×100 为 0.1mm,注意速度和方向 |
| X　Y　Z<br>4　5　6 | 手动坐标轴选择:手轮进给,JOG,快速移动,步进给。注意坐标轴的移动方向 |
| +　　— | 手动坐标轴方向选择:JOG,快速移动,步进给 |
| | 快速移动:执行手动进给。参数可设定手动快速 |
| | 主轴倍率键。在自动或 MDI 方式下,当 S 代码的主轴速度偏高或偏低时,可用来修调程序中编制的主轴速度。当手柄上的白色箭头指向 100 的时候指的是当前的主轴转速为给定的数值;指向 70 的时候表示当前的主轴转速是给定转速的 70% |
| | 超程解除,用来解除数控机床超硬限位警报。同时按下超程解除键和超程反方向进给键,移动一段距离即可解除机床硬限位超程 |
| | JOG 进给倍率旋钮,用来调节自动加工进给的倍率。倍率值从 0～120% |

续表 4-2

| 方式键 | 功 能 说 明 |
|--------|-----------|
|  | 系统启动/停止,用来开启和关闭数控系统 |
|  | 急停键,用于锁住机床。按下急停键时,机床主轴和进给立即停止运动,用于处理紧急情况 |
|  | 手轮(手摇脉冲发生器):手轮模式下用来使刀具移动。<br>在正常的情况下一般手摇轮逆时针方向旋转刀具向负方向移动;手轮顺时针旋转,刀具向正方向移动 |
|  | 手轮模式下用来选择要移动的轴。<br>OFF 为关闭手摇轮。当指示位置指到 X 的时候,表明选择的是 $X$ 轴;指向 Y,表明选择的是 $Y$ 轴;指向 Z,表明选择的是 $Z$ 轴 |

## 三、通电开机的操作

进入系统后首先是接通系统电源。

### 1. 操作步骤

①首先打开总电源,机床的总电源一般在数控机床的侧后面;

②按下机床面板上的系统启动键 ◉(一般为绿色按钮),接通电源,等待一段时间显示屏由原先的黑屏变为有文字显示;

③顺时针旋起急停按钮 ◉,使急停键抬起;按下复位键,等待片刻系统显示完成上电,可以进行后面各部分的操作;

④机床面板钥匙开关 ◉,钥匙开关可以设置程序保护,如钥匙开关未开启,编辑操作功能就不能执行;只有在钥匙开关开启时,编辑相关操作才能执行;但是,这时有关的数据仍可以显示在 CRT 上。

### 2. 注意事项

①在开机之前要先检查机床状况有无异常,润滑油是否足够等,如一切正常,方可开机;

②系统启动过程中,在位置画面或报警画面出现前,不要碰 MDI 面板上的任何键;MDI 面板上的有些键专门用于维护或特殊用途,按下这其中的任何键,可能使

CNC 处于非正常状态；

③原点复归前要确保各轴在回归时不与工作台上的夹具或工件发生干涉；

④原点复归时一定要注意各轴回归的先后顺序。

## 四、手动操作

手动操作主要包括手动返回机床参考点和手动移动刀具。电源接通后，首先要做的就是将刀具移回到机床参考点。然后可以使用按键或开关，使刀具沿各轴运动。手动移动刀具包括 JOG 进给、增量进给（步进）和手轮进给。

### 1. 手动返回参考点

手动返回参考点就是用数控机床操作面板上的按键或开关，将刀具移动到机床的参考点。操作步骤如下：

①在方式选择键中按下 JOG 按键，这时数控系统显示屏幕左下方显示状态为 JOG；

②选择 POS 界面显示，选择［综合］对应的软键，观察［机械坐标］，将其坐标移动到一定的回零安全距离，一般要求≈50mm；

③在操作选择键中按下回零键，这时该键上方或者是下方的小灯亮，CRT 的屏幕下面会显示为 REF 方式；

④在坐标轴选择键中按下＋Z 键，Z 轴返回参考点，同时键上方的指示灯闪烁，回到机床参考点后，指示灯停止闪烁或者是加快闪烁；

注：为了安全起见，数控铣床一般首先选择 Z 轴先回零；

⑤在坐标轴选择键中按下＋X 键，X 轴返回参考点，同时键上方指示灯闪烁，回到机床参考点后，指示灯停止闪烁或者加速闪烁；

⑥在坐标轴选择键中按下＋Y 键，Y 轴返回参考点，同时键上方指示灯闪烁，回到机床参考点后，指示灯停止闪烁或者加速闪烁。

### 2. JOG 手动进给

即手动连续进给。在 JOG 方式下，按数控机床操作面板上的进给轴和方向选择开关，数控机床沿选定轴的选定方向移动。手动连续进给速度可用 JOG 进给倍率旋钮调节。操作步骤如下：

①按下［JOG］按键，系统处于手动运行方式；

②按下进给轴方向选择开关，机床沿选定轴的选定方向移动；

③可在机床运行前或运行中使用 JOG 进给倍率旋钮，根据实际需要调节进给速度；

④如果在按下进给轴方向选择开关同时按下快速移动开关，则机床将按快速移动速度运行。

**3. 手轮进给**

在手轮方式下，可使用手轮使刀具发生移动。操作步骤如下：

①按手摇模式选择键![icon]，进入手轮方式；

②在手轮上使用进给轴选择开关![icon]，选择要移动的轴；

③在手轮上使用手轮进给倍率选择键![icon]，选择移动的倍率；

④根据需要移动的方向，顺时针或逆时针旋转手轮![icon]，则刀具发生移动。

手轮旋转则刀具运动，手轮转动停止则刀具停止移动。

# 五、自动运行

自动运行就是机床根据编制的零件加工程序来运行。自动运行包括存储器运行和 MDI 运行。

**1. 存储器运行**

是指将编制好的零件加工程序存储在数控系统的存储器中，调出要执行的程序来使数控机床自动运行。操作步骤如下：

①按编辑键![icon]，进入编辑运行方式；

②按数控系统面板上的[PROG]按键；

③此时，屏幕上显示已经存储在存储器里的加工程序列表或当前程序内容；

④按地址键 O；

⑤按数字键输入程序号；

⑥按数控屏幕下方的软键↓检索键，这时被选择的程序就被打开显示在屏幕上；

⑦按自动键![icon]，进入自动运行方式；

⑧按机床操作面板上的循环启动键![icon]，开始自动运行；

⑨运行中按下进给保持键（暂停键）![icon]，机床将减速停止运行；再按下循环启动键![icon]，机床恢复自动运行（注：有的数控机床需要再次按下![icon]，选择进给保持关闭）；

⑩如果按下数控系统面板上的 RESET 复位键，自动运行结束并进入复位状态：主轴停转，进给停止。

**2. MDI 运行**

即手动输入、自动加工，指用键盘输入一组加工命令后，数控机床根据这个命令执行输入指令的操作。操作步骤如下：

①按 MDI 键![icon]，进入 MDI 运行方式；

②按数控系统面板上的[PROG]键，系统屏幕上将显示如图 4-4 所示画面，程序号 O0000 是自动生成的；

③像编制普通零件加工程序那样编制一段程序,例如 G91 G00 X100 Z100;

④按软键[REWIND]键,使光标返回程序开头;

⑤按下数控机床操作面板上的循环键中的循环启动键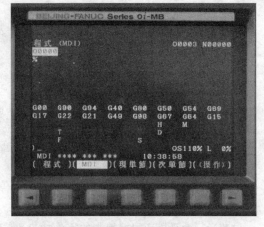,开始自动运行;当执行到完毕后,运行结束并且程序自动删除;

⑥运行中按下机床操作键中的暂停键,机床将减速停止运行;再按下循环启动键,数控机床恢复运行;

图 4-4 数控铣系统面板上的 MDI 界面

⑦如果按下数控系统面板上的 RESET 键,自动运行结束并进入复位状态。

## 六、程序再启动

该功能指定程序段的顺序号即程序段号,以便下次从指定的程序段开始重新启动加工。该功能有两种再启动方法:P 型和 Q 型。

P 型操作可在程序的任何地方开始重新启动。程序再起动的程序段不必是被中断的程序段。当执行 P 型再启动时,再启动程序段必须使用与被中断时相同的坐标系。

Q 型操作在重新启动前,机床必须移动到程序起点。

## 七、单段

单段方式通过一段一段地逐步执行程序的方法来运行程序。操作步骤如下:

①按操作选择键中的单段键,进入单段运行方式;

②按下循环启动按钮,执行程序的一个程序段,然后数控机床停止;

③再按下循环启动按钮,执行程序的下一个程序段,然后数控机床停止;

④如此反复,直到执行完所有程序段。

## 八、创建和编辑程序

下列各项操作均是在编辑状态下、程序被打开的情况下进行的。

### 1. 创建程序

①在机床操作面板的方式选择键中按编辑键,进入编辑运行方式;

②按系统面板上的[PROG]按键,数控屏幕上显示程式画面,如图 4-5 所示。

③使用字母和数字键,输入程序号(注:在这里是新建程序,不允许输入结束符);

**图 4-5 程式画面**

④按插入键 ；

⑤这时程序屏幕上显示新建立的程序名,接下来可以输入结束符及程序内容;

⑥新建的程序会自动保存到 CRT 画面中的零件程序列表里及系统内存中。

**2. 字的检索**

①按[操作]软键;

②按最右侧带有向右箭头的菜单继续键,直到软键中出现[检索]软键;

③输入需要检索的字;例如,要检索 M03,则输入 M03;

④按检索键;带向下箭头的检索键为从光标所在位置开始向程序后面检索,带向上箭头的检索键为从光标所在位置开始向程序前面进行检索,可以根据需要选择一个检索键;

⑤光标找到目标字后,定位在该字上。

**3. 跳到程序头**

当光标处于程序中间,而需要将其快速返回到程序头,可使用下列两种方法。

①编辑方式下按下复位键 ,光标即可返回到程序头。

②连续按软键最右侧带向右箭头的菜单继续键,直到软键中出现[REWIND]键。按下该键,光标即可返回到程序头。

**4. 字的插入**

例如,我们要在第一行的最后插入"X20.",操作步骤如下:

①使用光标移动键,将光标移到需要插入的后一位字符上,在这里我们将光标移到";"上;

②键入要插入的字和数据:X20.,按下插入键 ;

③"X20."被插入。

### 5. 字的替换

①使用光标移动键,将光标移到需要替换的字符上;

②键入要替换的字和数据;

③按下替换键 ALTER;

④光标所在的字符被替换,同时光标移到下一个字符上。

### 6. 字的删除

①使用光标移动键,将光标移到需要删除的字符上;

②按下删除键 DELETE;

③光标所在的字符被删除,同时光标移到被删除字符的下一个字符上。

### 7. 输入过程中的删除

在输入过程中,即字母或数字还在输入缓存区,没有按插入键 INSERT 的时候,可以使用取消键 CAN 来进行删除。

每按一下,则删除一个字母或数字,连续按下则连续删除。

### 8. 程序号检索

①在机床操作面板的方式选择键中按编辑键 ,进入编辑运行方式;

②按 PROG 键,数控屏幕上显示程式画面,屏幕下方出现软键[程式]、[DIR],默认进入的是程式画面;也可以按[DIR]键进入 DIR 画面即加工程序列表页,如图4-6 所示;

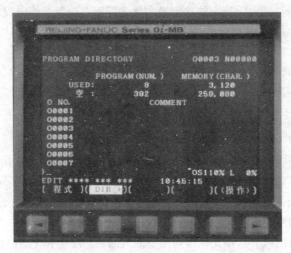

**图 4-6 程式目录画面**

③输入地址键 O;

④按数控系统面板上的数字键,键入要检索的程序号;

⑤按软键[O检索];

⑥被检索到的程序被打开显示在程式画面里;如果第二步中按[DIR]键进入DIR画面,那么这时屏幕画面会自动切换到程式画面,并显示所检索的程序内容。

**9. 删除程序**

①在机床操作面板的方式选择键中按编辑键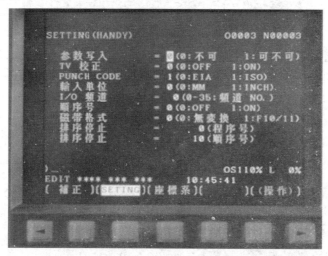,进入编辑运行方式;

②按 PROG 键,数控屏幕上显示程式画面;

③按软键[DIR]键进入 DIR 画面即加工程序列表页;

④输入地址键O;

⑤按数控系统面板上的数字键,键入要检索的程序号;

⑥按数控系统面板上的[DELETE]键,键入程序号的程序被删除。

# 九、设定和显示数据

## 1. 设定和显示刀具补偿值

①按下偏置/设置键,屏幕上显示如图 4-7 所示的界面;

②按软键[補正];选择 CRT 屏幕下方与补正相对应的软键,屏幕则变为如图4-8所示的界面;

**图 4-7　偏置/设置界面**

③例如,我们要设定 001 号刀具的形状 H 值为-147.78,先用光标键中的将光标移到001,如图 4-9 所示;

④输入数值-147.78;

⑤按软键[输入]键,这时该值显示为新输入的数值。

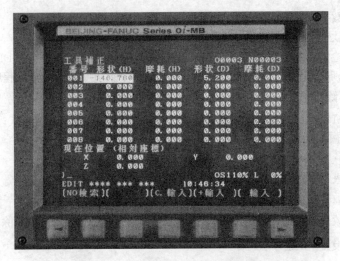

**图 4-8　刀具长度和半径补偿界面**

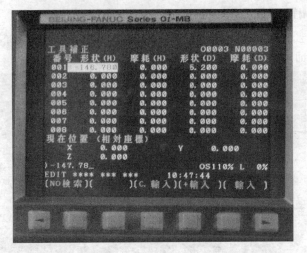

**图 4-9　刀具补偿值的输入**

## 2. 设定和显示工件原点偏移值

①按偏置/设置键 OFFSET SETTING，屏幕上显示如图 4-10 所示的界面；

②按下"坐标系"软键 坐标系，屏幕上显示工件坐标系设定界面；该屏幕包含两页，可使用翻页键翻到所需要的页面，如图 4-11 所示；

③使用光标键将光标移动到想要改变的工件原点偏移值上；例如，要设定 G54 Z-146.768，首先将光标移到 G54 的 Z 值上；

④使用数字键输入数值"Z-146.768",然后按输入键 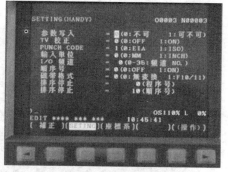 或者按软键[输入]键完成。

如果要修改输入的值,可以直接输入新值,然后按输入键 INPUT 或者按软键[输入]。也可以键入一个数值后按软键[+输入]或[-输入],那么光标在原数值基础上,系统会将和当前值相加或相减。

**图4-10 偏置/设置界面**

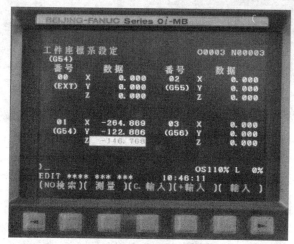

**图4-11 数控铣工件坐标系设定界面**

# 第三节 华中"世纪星"HNC—21M 数控铣床的操作

华中"世纪星"HNC—21M是一基于嵌入式工业PC的开放式数控系统,配备高性能32位微处理器、内装式PLC及彩色LCD显示器。采用国际标准G代码编程,与各种流行的CAD/CAM自动编程系统兼容。

## 一、操作装置

### 1. 操作台结构

HNC—21M铣床数控装置操作台为标准固定结构,外形尺寸为 420mm×310mm×110mm(W×H×D),如图4-12所示。

### 2. 显示器

操作台的左上部为7.5in彩色液晶显示器,分辨率为 640×480。

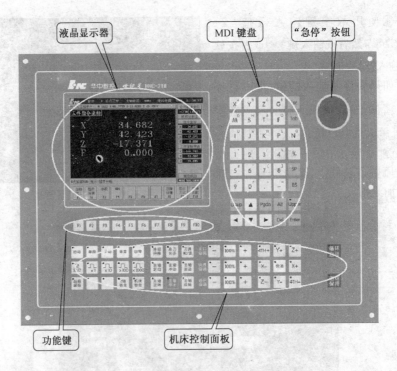

图 4-12 HNC—21M 数控铣床操作台结构

### 3. NC 键盘

包括精简型 MDI 键盘和 F1～F10 十个功能键。标准化的字母数字式键盘的大部分键具有上档键功能，当"UPPER"键有效时，指示灯亮，输入的是上档键。NC 键盘用于零件程序的编制、参数输入、MDI 及系统管理操作等。

### 4. 机床控制面板

标准机床控制面板的大部分按键（除"急停"按钮外）位于操作台的下部。机床控制面板用于直接控制机床的动作或加工过程。

## 二、HNC—21M 数控铣床的操作

HNC—21M 数控铣床的操作是通过操作面板和控制面板来完成。由于生产厂家或者数控系统选配上的不同，面板功能和布局可能存在差异。读者在操作前应结合具体设备情况，仔细阅读操作说明书。

### 1. 上电

①检查机床状态是否正常；

②检查电源电压是否符合要求，接线是否正确；

③按下急停按钮；

④机床上电，合上机床后面的空气开关电源，手柄的指示标志到"ON"的位置；

⑤检查风扇电动机运转是否正常；

⑥检查面板上的指示灯是否正常。

## 2. 复位

系统上电进入操作界面时系统的工作方式一般为急停状态，右旋操作面板上的"急停"按钮使系统复位并接通伺服电源，系统默认进入回参考点方式操作界面，此时工作方式变为"回零"。

## 3. 返回机床参考点

控制数控机床运动的前提是建立机床坐标系。为此，系统接通电源复位后，首先应进行机床各轴回参考点。

（1）操作方法

①如果系统显示的当前工作方式不是回零方式，则需要按一下控制面板上面的"回零"按键，确保系统处于回零方式；

②根据 $Z$ 轴机床参数回参考点方向按一下＋$Z$，返回参考点后 $Z$ 向指示灯亮；

③用同样的方法使用＋$X$，＋$Y$ 按键使 $X$ 轴、$Y$ 轴回参考点。所有轴回参考点后即建立了机床坐标系。

（2）操作注意

①回参考点时应确保安全，在机床运行方向上不会发生碰撞；一般应选择 $Z$ 轴先回参考点，将刀具抬起，防止刀具和工件、夹具相撞。

②在每次电源接通后必须先完成各轴的返回参考点操作，然后再进入其他运行方式，以确保各轴坐标的正确性。

③可以同时使用多个坐标轴返回参考点。

④在回参考点过程中若出现超程，请按住控制面板上的"超程解除"按键，向相反方向手动移动该轴，使其退出超程状态。

## 4. 急停

数控机床运行过程中，在危险或紧急情况下，按下"急停"按钮，CNC 即进入急停状态，伺服进给及主轴运转立即停止，工作控制柜内的进给驱动电源被切断；松开"急停"按钮（右旋此按钮，自动跳起），CNC 进入复位状态。

解除紧急停止前，先确认故障原因是否排除，且紧急停止解除后应重新执行回参考点操作，以确保坐标位置的正确性。

## 5. 超程解除

在伺服轴行程的两端各有一个极限开关，作用是防止伺服机构碰撞而损坏。每当伺服机构碰到行程极限开关时，就会出现超程。当某轴出现超程（"超程解除"按键内指示灯亮）时，系统视其状况为紧急停止。要退出超程状态时，必须：

①松开"急停"按钮，置工作方式为"手动"或"手摇"方式；

②一直按压着"超程解除"按键（控制器会暂时忽略超程的紧急情况）；

③在手动或手摇方式下，使该轴向相反方向退出超程状态；假设目前是＋$X$ 方

向超程,则选择相反的方向按"-X"键移动工作台,直到"超程解除"指示灯灭,显示"运行正常";

④松开"超程解除"按键。

若显示屏上运行状态栏"运行正常"取代了"出错",表示恢复正常可以继续操作。

注意:在操作数控机床退出超程状态时务必注意移动方向及移动速率,以免发生撞机事故。

**6. 关机**

①按下控制面板上的"急停"按钮断开伺服电源;

②断开数控电源;

③断开机床电源。

注意:在上电和关机操作之前都要求先按下"急停"按钮,目的是减少对设备的电冲击。

**7. 手动操作**

主要包括手动移动机床坐标轴(点动、增量、手摇)、手动控制主轴(制动、启动停止、冲动、定向)、机床锁住、Z 轴锁住、刀具松紧、冷却液启动停止、手动数据输入(MDI)运行,如图 4-13 所示。

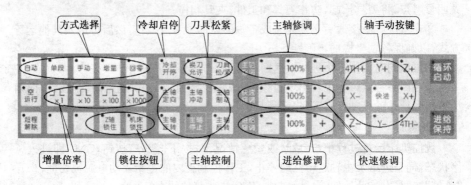

**图 4-13　机床控制面板**

手动移动数控机床坐标轴的操作由手持单元和机床控制面板上的方式选择、轴手动、增量倍率、进给修调、快速修调等按键共同完成。

(1)点动进给操作　按"手动"键(指示灯亮),系统处于点动运行方式,可点动移动机床坐标轴,下面以点动移动 X 轴为例:

①按压"+X"或"-X" 按键(指示灯亮),X 轴将产生正向或负向连续移动;

②松开"+X"或"-X" 按键(指示灯灭),X 轴即减速停止。

用同样的操作方法使用"+Y","-Y","+Z","-Z"按键可以使 Y 轴、Z 轴产生正向或负向连续移动。同时按压多个方向的轴手动按键,每次能手动连续移动多个坐标轴。

(2)点动快速移动 在点动进给时,若同时按压"快进"按键,则产生相应轴的正向或负向快速运动。

(3)点动进给速度的选择 在点动进给时,进给速率为系统参数"最高快移速度"的 1/3 乘以进给修调选择的进给倍率;点动快速移动的速率为系统参数"最高快移速度"乘以快速修调选择的快移倍率。按压进给修调或快速修调右侧的"100%"按键(指示灯亮),进给或快速修调倍率被置为 100%;按一下"+"按键,修调倍率递增 5%,按一下"−"按键,修调倍率递减 5%。

(4)增量进给 按下控制面板上的"增量"按键(指示灯亮),按一下"+Z"或者"−Z","+X","−X",则沿选定的方向移动一个增量值。请注意与"点动"的区别,此时按住"+Z"或者"−Z","+X","−X"不放开,也只能移动一个增量值,不能连续移动。

增量进给的增量值由"×1","×10","×100","×1000"四个增量倍率按键控制。增量倍率按键和增量值的对应关系见表 4-3。

表 4-3 增量倍率按键和增量值的对应关系

| 增量倍率按键 | ×1 | ×10 | ×100 | ×1000 |
|---|---|---|---|---|
| 增量值/mm | 0.001 | 0.01 | 0.1 | 1 |

(5)手摇进给 以 X 轴为例,说明手摇进给操作方法。将坐标轴选择开关置于"X"挡,顺时针/逆时针旋转手摇脉冲发生器一格,可控制 X 轴向正向或负向移动一个增量值;连续发生脉冲,则连续移动机床坐标轴。

手摇进给的增量值由"×1","×10","×100"三个增量倍率按键控制。增量倍率按键和增量值的对应关系见表 4-4。

表 4-4 增量倍率按键和增量值的对应关系

| 增量倍率按键 | ×1 | ×10 | ×100 |
|---|---|---|---|
| 增量值/mm | 0.001 | 0.01 | 0.1 |

(6)手动换刀 在手动方式下,按"换刀允许"键,使得允许刀具松/紧操作有效(指示灯亮)。用手抓紧刀具、柄,防止刀柄因自重坠落而损坏,按一下"刀具松/紧"键,在气动或者是液压的作用下松开刀具(默认值为夹紧),再按一下又为夹紧刀具,如此循环。

(7)手动数据输入(MDI)操作 如图 4-14 所示,在主操作界面下,按 F4 键进入MDI 功能子菜单。命令行与菜单条的显示如图 4-15 所示。

**图 4-14 主操作界面**

图 4-15 手动数据输入(MDI)操作

在 MDI 功能子菜单下按 F6,进入 MDI 运行方式,如图 4-16 所示。命令行的底色变成了白色,并且有光标在闪烁,这时可以通过 NC 键盘输入指令段,例如"M03 S600",即"MDI"运行。如发现输入错误,可以用编辑键进行修改;确定无误后,按回车键。加工方式按"自动"或者"单段",然后按"循环启动"键,则主轴以 600r/min 的转速正转。注意:在自动运行过程中,不能进入 MDI 运行模式,可在进给保持后进入。

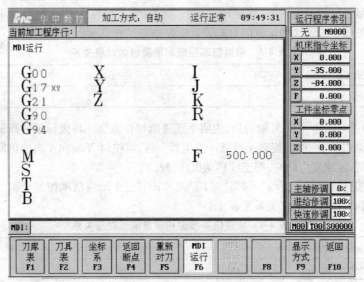

图 4-16 MDI 运行方式界面

## 8. 程序输入及文件管理

在图 4-14 所示的主操作界面下,按"F2",进入如图 4-17 所示的编辑功能子菜单。在编辑功能子菜单下,可以对零件程序进行编辑、存储、传递以及对文件进行管理。

图 4-17 编辑功能子菜单

(1)程序输入 在编辑功能子菜单下按"F1"键,弹出"文件管理"菜单,用光标移动键选中"新建文件",然后按"回车键",也可以直接按快捷键"F2"。系统提示输入新键文件名,比如输入文件名"O1008",再按"回车"键后,则进入编辑缓冲区,可以用NC键盘直接输入和编辑加工程序。

(2)选择已编辑程序 在编辑功能子菜单下按F2键,弹出"选择编辑程序"菜单。其中:磁盘程序——保存在电子盘、硬盘、软盘或网络路径上的文件;正在加工的程序——当前已经选择存放在加工缓冲区的一个加工程序;串口程序——通过串口读入的程序。

在"选择编辑程序"菜单中,可以用光标移动键选择其中一项,按"回车键",进入程序目录。再用光标移动键选择已编辑的程序文件名后,按"回车键",将文件调入到编辑缓冲区(图形显示窗口)进行编辑。

(3)保存程序 在编辑状态下,按"F4"键可对当前编辑程序进行存盘。面板显示器提示"是否保存当前程序",按"Y"则保存当前程序。

(4)文件管理 华中"世纪星"HNC—21M数控系统文件管理的操作方法类似于普通的个人计算机,请按照系统提示进行操作,必要时请参考帮助命令。

**9. 华中数控系统数据设置操作**

数据设置操作主要介绍机床的手动数据输入操作,主要包括:坐标系数据设置;刀库表数据设置;刀具表数据设置。在图4-14所示的软件操作界面下,可以输入刀具、坐标系等数据。

(1)坐标系数据设置 在图4-15所示的软件操作界面下按F3键,进入坐标系手动数据输入方式,图形显示窗口首先显示G54坐标系数据,如图4-18所示;按PgDn或PgUp键,可以对G55~G59坐标系、当前工件坐标系的偏置值或当前相对值零点进行切换。

在命令行输入所需的数据,如在图4-18所示情况下输入X200,Y150,并按回车

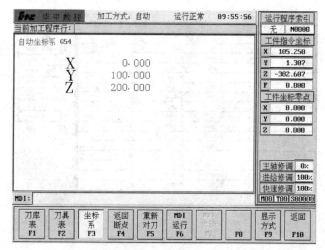

**图 4-18 坐标系数据设置**

键(Enter),则将 G54 坐标系的 X 及 Y 偏置分别改为 200,150;输入正确,图形显示窗口将显示修改后的值,否则原值不会改变。

(2)**刀库表数据设置** 在图 4-15 所示的操作界面下按 F1 键,进入刀库表数据设置,图形显示将出现刀库数据,如图 4-19 所示。

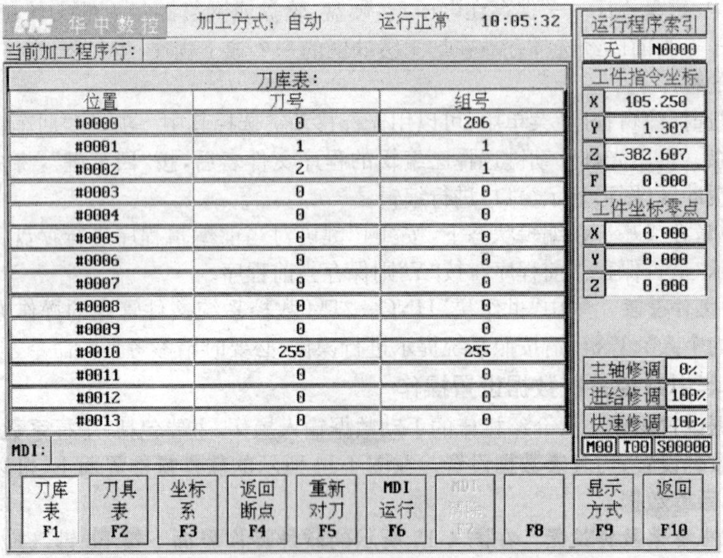

| 华中数控 | 加工方式:自动 | 运行正常 | 10:05:32 | 运行程序索引 |
| --- | --- | --- | --- | --- |

当前加工程序行:

| 刀库表: | | |
| --- | --- | --- |
| 位置 | 刀号 | 组号 |
| #0000 | 0 | 206 |
| #0001 | 1 | 1 |
| #0002 | 2 | 1 |
| #0003 | 0 | 0 |
| #0004 | 0 | 0 |
| #0005 | 0 | 0 |
| #0006 | 0 | 0 |
| #0007 | 0 | 0 |
| #0008 | 0 | 0 |
| #0009 | 0 | 0 |
| #0010 | 255 | 255 |
| #0011 | 0 | 0 |
| #0012 | 0 | 0 |
| #0013 | 0 | 0 |

无 N0000

工件指令坐标
X 105.250
Y 1.307
Z -382.607
F 0.000

工件坐标零点
X 0.000
Y 0.000
Z 0.000

主轴修调 0%
进给修调 100%
快速修调 100%

MDI:

M00 T00 S00000

| 刀库表 F1 | 刀具表 F2 | 坐标系 F3 | 返回断点 F4 | 重新对刀 F5 | MDI运行 F6 | F7 | F8 | 显示方式 F9 | 返回 F10 |

**图 4-19 刀库表数据设置**

(3)**刀具表数据设置** 在图 4-15 所示的操作界面下按 F2 键,进入刀具表数据设置,图形显示将出现刀具数据,如图 4-20 所示。在刀具表数据设置界面可以设置

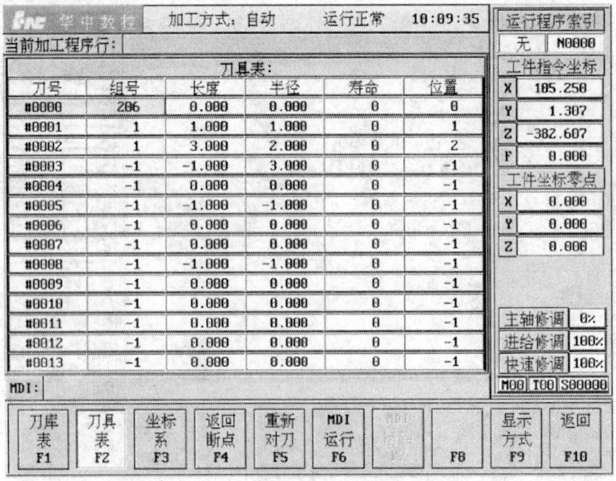

| 华中数控 | 加工方式:自动 | 运行正常 | 10:09:35 | 运行程序索引 |
| --- | --- | --- | --- | --- |

当前加工程序行:

| 刀具表: | | | | |
| --- | --- | --- | --- | --- |
| 刀号 | 组号 | 长度 | 半径 | 寿命 | 位置 |
| #0000 | 206 | 0.000 | 0.000 | 0 | 0 |
| #0001 | 1 | 1.000 | 1.000 | 0 | 1 |
| #0002 | 1 | 3.000 | 2.000 | 0 | 2 |
| #0003 | -1 | -1.000 | 3.000 | 0 | -1 |
| #0004 | -1 | 0.000 | 0.000 | 0 | -1 |
| #0005 | -1 | -1.000 | -1.000 | 0 | -1 |
| #0006 | -1 | 0.000 | 0.000 | 0 | -1 |
| #0007 | -1 | 0.000 | 0.000 | 0 | -1 |
| #0008 | -1 | -1.000 | -1.000 | 0 | -1 |
| #0009 | -1 | 0.000 | 0.000 | 0 | -1 |
| #0010 | -1 | 0.000 | 0.000 | 0 | -1 |
| #0011 | -1 | 0.000 | 0.000 | 0 | -1 |
| #0012 | -1 | 0.000 | 0.000 | 0 | -1 |
| #0013 | -1 | 0.000 | 0.000 | 0 | -1 |

无 N0000

工件指令坐标
X 105.250
Y 1.307
Z -382.607
F 0.000

工件坐标零点
X 0.000
Y 0.000
Z 0.000

主轴修调 0%
进给修调 100%
快速修调 100%

MDI:

M00 T00 S00000

| 刀库表 F1 | 刀具表 F2 | 坐标系 F3 | 返回断点 F4 | 重新对刀 F5 | MDI运行 F6 | F7 | F8 | 显示方式 F9 | 返回 F10 |

**图 4-20 刀具表数据设置**

刀具长度、刀具半径的补偿值。

### 10. 程序运行

在主操作界面下,按 F1 键进入程序运行子菜单,命令行与菜单条的显示如图 4-21所示。在程序运行子菜单下,可以装入、检验并自动运行一个零件程序。

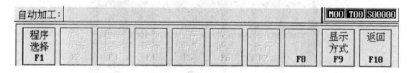

**图 4-21　程序运行子菜单**

(1)程序模拟运行

①程序校验。加工方式按"自动",在程序运行子菜单下按"F1",选"程序选择",选"磁盘程序"(按"F1"),用光标移动键选程序文件名后,按"回车"〔或者程序选择时直接选"正在编辑的程序"(按"F2")〕。将程序文件调入到运行缓冲区后,选"程序校验"(按"F3"),此时软件操作界面的工作方式显示改为"校验运行"。按"循环启动",系统开始模拟运行,校验程序。在校验运行时,机床不动作。若程序正确,检验完后,光标将返回到程序头,且软件操作界面的工作方式显示改回为"自动";若程序有错,命令行将提示程序的那一行有错。

②图形校验。选"显示方式"(按"F9"),选"显示模式"(按"F2"),选"XY 平面图形"。

加工方式按"自动",在主操作界面下,选"自动加工"(按"F1"),选"程序选择"(按"F1"),选"磁盘程序"(按"F1"),用光标移动键选程序文件名后,按"回车键";选"程序校验"(按"F3"),按"循环启动",系统开始模拟运行,进行三维图形校验。

注意:仿真效验的大小对真实加工的结果和精度没有影响。

(2)程序自动运行　系统调入零件加工程序,经校验无误后,可正式启动运行。程序自动运行与程序模拟运行的操作步骤大致相同,只是少一个环节,即"程序校验"。操作步骤:

加工方式按"自动",在主操作界面下,选"自动加工"(按"F1"),选"程序选择"(按"F1"),选"磁盘程序"(按"F1"),用光标移动键选程序文件名后,按"回车键",将程序文件调入到加工缓冲区,按"循环启动",程序开始自动运行。

## 第四节　SIEMENS(西门子)数控铣系统简介

SIEMENS 数控铣系统的操作是通过控制面板实现的,数控机床控制面板由数控系统操作面板和外部机床控制面板组成。SIEMENS802D 数控铣系统的操作面板如图 4-22 所示。

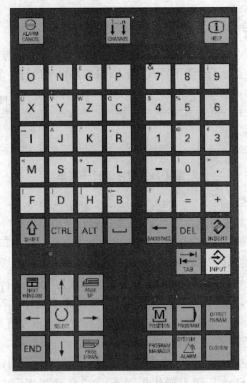

**图 4-22 SIEMENS 数控铣系统的操作面板**

SIEMENS 数控铣系统的操作面板上键盘区各键标识符号及功能用途见表 4-5。

**表 4-5 SIEMENS 数控铣系统的操作面板上键盘区各键标识符号及功能用途**

| 键标识符号 | 功 能 用 途 | 键标识符号 | 功 能 用 途 |
|---|---|---|---|
| ∧ | 返回键 | HELP | 信息键 |
| > | 菜单扩展键 | SHIFT | 上挡键 |
| ALARM CANCEL | 报警应答键 | CTRL | 控制键 |
| 1...n CHANNEL | 通道转换键 | ALT | ALT 键 |

**续表 4-5**

| 键标识符号 | 功能用途 | 键标识符号 | 功能用途 |
|---|---|---|---|
|  | 空格键 | SYSTEM ALARM | 报警/系统操作区域键 |
| BACKSPACE | 删除键(退格键) | CUSTOM |  |
| DEL | 删除键 | NEXT WINDOW | 未使用 |
| INSERT | 插入键 | PAGE UP　PAGE DOWN | 翻页键 |
| TAB | 制表键 | ←　→ | 左右光标键 |
| INPUT | 回车/输入键 | ↑　↓ | 上下光标键 |
| POSITION | 加工操作区域键 | SELECT | 选择/转换键 |
| PROGRAM | 程序操作区域键 | END |  |
| OFFSET PARAM | 参数操作区域键 | J　Z | 字母键,上挡键转换对应字符 |
| PROGRAM MANAGER | 程序管理操作区域键 | 0　9 | 数字键,上挡键转换对应字符 |

SIEMENS 外部机床控制面板如图 4-23 所示,外部机床控制面板区域上各键标识符号及用途见表 4-6。

**图 4-23 SIEMENS 外部机床控制面板**

表 4-6 SIEMENS 外部机床控制面板区域上各键标识符号及用途

| 键标识符号 | 功能用途 | 键标识符号 | 功能用途 |
|---|---|---|---|
|  | 复位 |  | 无发光二极管的用户定义键 |
|  | 数控停止、暂停 |  | 增量选择 |
|  | 数控启动、循环启动 |  | % 点动 |
|  | 主轴速度修调 |  | 参考点 |
|  |  |  | 自动方式 |
|  | 带发光二极管的用户定义键 |  | 单段 |

**续表 4-6**

| 键标识符号 | 功能用途 | 键标识符号 | 功能用途 |
|---|---|---|---|
| | 手动数据输入 | | 主轴停 |
| | 进给速度修调 | | 快速运行叠加 |
| | 主轴正转 | +X -X | X轴点动 |
| | 主轴反转 | +Z -Z | Z轴点动 |

# 第五章 FANUC 系统数控铣床加工实例

## 第一节 编程加工举例

[例1] 平面轮廓加工:在数控铣床上加工如图5-1所示的平面简单零件。

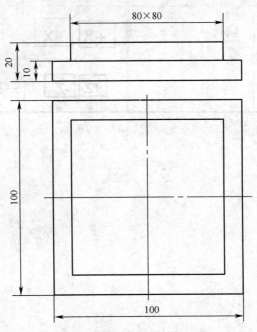

**图 5-1 平面简单零件加工图**

### 1. 技术要求

①按单件、小批量生产条件编程;

②尺寸公差按未注公差;

③材料为2A12,毛坯为加工过的 100mm×100mm×20mm 铝板。

### 2. 加工准备工作

根据图样要求、毛坯及技术要求情况,确定工艺方案及加工路线。

(1)工件装夹 采用平口钳装夹工件,平口钳固定在数控铣床工作台上并要求固定钳口与 X 轴平行,工件伸出钳口的高度要大于10mm。

(2)工序步骤 利用刀具半径左补偿加工 80mm×80mm 的正方形,切削深度分两次进给切削完成,第一次深度为 6mm,第二次为 4mm。

(3)选取工件坐标系　工件坐标系原点(X0,Y0)设在工件前后左右两边对称的中心线上,Z0 表面在工件表面上。

(4)加工刀具　为 φ12mm 高速钢三刃铣刀,将刀具半径值输入到刀具补偿值里面,主轴转速为 1500r/min、进给速度 F100mm/min。使用切削液进行冷却。

(5)进刀点及进刀方法　设置进刀线长 20mm,退刀线长 20mm;下刀点坐标 X60,Y60;左刀偏,深度进刀时采用 G01 指令。

(6)对刀点的选择　考虑便于在机床上装夹、加工,选择工件两边对称中间点为工件坐标系原点,如上第(3)条,将此处相对于机床坐标系的偏置值输入到坐标系偏置 G54 里面。可以将刀具到工件上表面的偏置数值输入到 G54 坐标系里面,也可以将偏置的数值输入到刀具补偿值里面(假如在程序中我们既调用了 G54 同时又使用了刀具长度补偿,这时候要注意 G54 与刀具长度补偿里面的数是相加的,不要超过实际的偏置值,否则会发生安全问题)。

**3. 参考程序**

O0001;

N02 G00 G90 G40 G80 G54 G17 G64;(对机床的状态进行操作性的恢复)

N04 G00 G90 G54 M03 S1500;(调用 G54 坐标系偏置,主轴顺时针旋转,1500r/min)

N06 G00 G43 H01 Z100.0;(调用刀具长度补偿,快速移动到离工件上表面100mm 的位置)

N08 G00 X60.0 Y60.0;(快速移动到 X 轴 60.0mm、Y 轴 60.0mm 处)

N10 Z5.0 M08;(刀具快速到达工件上表面 5mm 的位置,切削液打开)

N12 G01 Z-6.0 F200;(切削下刀进给为 200mm/min,切削深度 Z 轴为-6mm)

N14 G41 D01 X40.0;(调用刀具半径左补偿移动到 X40.0mm 位置处)

N16 G01 X40.0 Y-40.0 F100;(切削到 X40.0mm,Y-40.0mm 的位置)

N18 G01 X-40.0 Y-40.0;(切削到 X-40.0mm,Y-40.0mm 的位置)

N20 G01 X-40.0 Y40.0;(切削到 X-40.0mm,Y40.0mm 的位置)

N22 G01 X60.0;(切削到 X60.0mm,Y40.0mm 的位置)

N24 G01 G40 Y60.0;(取消刀具半径补偿到 X60.0mm,Y60.0mm 的位置)

N26 G01 Z-10.0 F200;(切削下刀进给为 200mm/min,切削深度 Z 轴为 10mm)

N28 G41 D01 X40.0;(调用刀具半径左补偿移动到 X40.0mm 位置处)

N30 G01 X40.0 Y-40.0 F100;(切削到 X40.0mm,Y-40.0mm 的位置)

N32 G01 X-40.0 Y-40.0;(切削到 X-40.0mm,Y-40.0mm 的位置)

N34 G01 X-40.0 Y40.0;(切削到 X-40.0mm,Y40.0mm 的位置)

N36 G01 X60.0;(切削到 X60.0mm,Y40.0mm 的位置)

N38 G01 G40 Y60.0;(取消刀具半径补偿到 X60.0mm,Y60.0mm 的位置)

N40 G00 Z100.0;（Z轴快速提刀到 Z100mm 的位置）

N42 M09;（切削液关闭）

N36 M05;（主轴停止旋转）

N38 M30;（程序结束，并返回）

### 4. 操作步骤

（1）依次打开各电源开关　机床主电源开→显示器电源开→松开急停按钮→按下复位键，进入 FANUC 系统数控铣加工界面。

（2）加工前调整数控铣床

①检查数控铣床润滑油是否良好；

②铣床 Z, X, Y 轴回参考点；

③确定工件在铣床工作台上的位置，夹紧工件毛坯；

④装夹刀具：$\phi$12 三刃立铣刀；

⑤调整铣床主轴转速：S1500r/min。

（3）对刀　采用手动或步进操作方式，对刀点为刀具相对于工件运动的起点，用来确定机床坐标系和工件坐标系（一般为编程坐标系）之间的关系。

（4）输入程序

（5）加工程序轨迹校验

（6）自动加工　操作面板上工作方式设为自动，进给修调选用最小挡→显示位置模式→选择合适显示模式→按下操作面板上的"循环启动"，程序开始自动运行，铣床开始加工零件。

（7）检测　用 0~150mm 游标卡尺检测零件。

（8）加工后　打扫数控铣床及周围环境卫生。

（9）关闭电源顺序　按下急停按钮→关闭数控系统显示器→关闭电气柜侧开关。

### 5. 自动加工中的注意事项

①只有通过校验后无误的程序才能进行自动加工；

②根据工件和刀具的加工位置，及时调整冷却液流量、位置；

③快要切入工件前，将进给修调值设置为最低，视加工余量逐步提高；

④遇紧急情况，立即按急停按钮；

⑤操作人员不准擅离操作岗位，必须穿戴好各项劳保用品，遵守安全操作规程，不允许戴手套操作铣床。

［例 2］　平面凸轮加工：在数控铣床上加工如图 5-2 所示的平面简单凸轮。

### 1. 技术要求

①按单件、小批量生产条件编程（注：只编制精加工程序）；

②尺寸公差按未注公差；

③材料为铝合金板，中间 $\phi$20 孔已加工到尺寸，毛坯尺寸为 102mm×

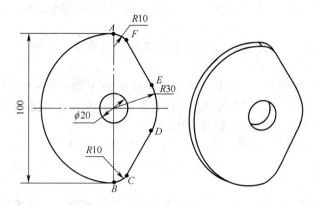

图 5-2 平面简单凸轮加工图

102mm×10mm。

**2. 加工准备工作**

根据图样要求、毛坯及技术要求情况,确定工艺方案及加工路线。

(1)定位装夹 采用 φ20 孔中心作为定位基准(已经预加工至尺寸),通过螺栓螺母装夹。

(2)零件加工处几何要素 该零件由 ED,CB,BA,AF 四圆弧及线段 DC,FE 构成。

(3)选取工件坐标系 其原点选择在 φ20 孔中心线与凸轮顶平面交点处。A,B,C,D,E,F 各点的坐标计算如下,A 点:X0,Y50;B 点:X0,Y-50;C 点:X8.6603,Y-45;D 点:X25.9808,Y-15;E 点:X25.9808,Y15;F 点:X8.6603,Y45。

(4)进刀点及进刀方法 设置进刀线长 20mm,进刀圆弧 R20;退刀线长 20mm,退刀圆弧 R20;下刀点坐标 X0,Y-70;左刀偏补偿,深度进刀时采用 G01 指令。

(5)对刀点的选择 考虑便于在铣床上装夹、加工,选择工件上 φ20 孔的中心点为工件坐标系原点,将此处相对于机床坐标系的偏置值输入到坐标系偏置 G54 里面。设此点为工件坐标系的 X0,Y0。将工件的上表面作为工件坐标系的 Z0。可以将刀具到工件上表面的偏置数值输入到 G54 坐标系里面,也可以将偏置的数值输入到刀具补偿值里面(注:假如在程序中我们既调用了 G54 同时使用了刀具长度补偿,这时候要注意 G54 与刀具长度补偿里面的数是相加的,不要超过实际的偏置值,否则会发生安全问题)。

(6)加工刀具 为 φ10mm 高速钢螺旋铣刀,将刀具半径值输入到刀具补偿值里面,主轴转速为 1500r/min,进给速度 F100mm/min,加工时使用切削液。

**3. 参考程序**

O1234;

N02 G00 G90 G40 G80 G54 G17 G64;(对铣床的状态进行操作性的恢复)

N04 G00 G90 G54 M03 S1500；(调用 G54 坐标系偏置，主轴顺时针旋转，1500r/min)

N06 G00 G43 H01 Z100.0；(调用刀具长度补偿快速移动到离工件上表面100mm 的位置)

N08 G00 X0.0 Y-70.0；(快速移动到 X 轴 0mm、Y 轴-70mm 处)

N10 Z5.0 M08；(刀具快速到达工件上表面5mm 的位置，切削液打开)

N12 G01 Z-10.0 F200；(切削下刀进给为 200mm/min)

N14 G41 D01 X20.0；(调用刀具半径左补偿移动到 X20.0mm 位置处)

N16 G03 X0.0 Y-50.0 R20.0 F100；(圆弧切入工件至 B 点，R 可用"I20 J0"代替)

N18 G02 X0.0 Y50.0 R50.0；(切削 *BA* 弧，R 可用"I0 J50"代替)

N20 X8.6603 Y45.0 R10.0；(切削 *AF* 弧，R 可用"I0 J-10"代替)

N22 G01 X25.9808 Y15.0；(切削 *FE* 直线)

N24 G02 X25.9808 Y-15.0 R30；(切削 *ED* 弧，R 可用"I-25.9808 J15"代替)

N26 G01 X8.6603 Y-45.0；(切削 *DC* 直线)

N28 G02 X0.0 Y-50.0 R10.0；(切削 *CB* 弧，R 可用"I-8.6603 J5"代替)

N30 G03 X-20.0 Y-70 R20.0 F200；(退刀，R 可用"I0 J-20"代替)

N32 G40 G01 X0.0 M09；(取消刀具半径补偿，切削液关闭)

N34 G00 Z100.0；(Z 轴快速提刀到 Z100mm 的位置)

N36 M05；(主轴停止旋转)

N38 M30；(程序结束，并返回)

**4. 操作步骤**

(1)依次打开各电源开关 机床主电源开→显示器电源开→松开急停按钮→按下复位键，进入 FANUC 系统数控铣加工界面。

(2)加工前调整铣床

①检查数控铣床润滑油是否良好；

②铣床 Z，X，Y 轴回参考点；

③确定工件在铣床工作台上的位置，夹紧工件毛坯；

④装夹刀具；$\phi$10 三刃立铣刀；

⑤调整铣床主轴转速：S1500r/min。

(3)对刀 采用手动或步进操作方式，对刀点为刀具相对于工件运动的起点，用来确定机床坐标系和工件坐标系(一般为编程坐标系)之间的关系。

(4)输入程序

(5)加工程序轨迹校验

(6)自动加工 操作面板上工作方式设为自动，进给修调选用最小挡→显示位置模式→选择合适显示模式→按下操作面板上的"循环启动"，程序开始自动运行，机床开始加工零件。

(7)检测 用 0～150mm 游标卡尺检测零件。

(8)加工后 打扫数控铣床及周围环境卫生。

(9)关闭电源顺序 按下急停按钮→关闭数控系统显示器→关闭电气柜侧开关。

### 5. 自动加工中的注意事项

①只有通过校验后无误的程序才能进行自动加工;

②根据工件和刀具的加工位置,及时调整冷却液流量、位置;

③快要切入工件前,将进给修调值设置为最低,视加工余量逐步提高;

④遇紧急情况,立即按急停按钮;

⑤操作人员不准擅离操作岗位,必须穿戴好各项劳保用品,遵守安全操作规程,不允许戴手套操作铣床。

[例3] 轮廓沟槽零件加工:如图 5-3 所示,在数控铣床上加工。

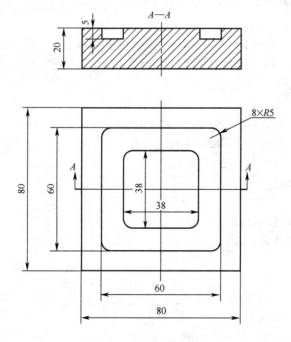

图 5-3 轮廓沟槽加工图

### 1. 技术要求

①按单件、小批量生产条件编程;

②尺寸公差按未注公差;

③材料为 45 钢,毛坯六面已经加工到尺寸。

## 2. 加工准备工作

根据图样要求、毛坯及技术要求情况,确定工艺方案及加工路线。

(1)定位、装夹　以已加工过的底面为定位基准,用通用台虎钳夹紧工件前后两侧面,台虎钳固定于铣床工作台上。

(2)工步顺序

①先铣削左侧槽的中心轨迹,再用左刀具半径补偿加工 60mm×60mm 四角倒圆的正方形和 38mm×38mm 的正方形凸台。

②铣削左侧槽的中心轨迹,使用斜线进刀的方法,每次切深 1mm,长度为40mm,分多次加工到深度尺寸后再进行轮廓铣削。

(3)选择机床设备　根据零件图样要求,选用经济型数控铣床即可达到要求,故选用 XKD714 数控立式铣床。

(4)选择刀具　现采用 $\phi$8mm 的平底立铣刀,刀具半径补偿定义为 01,并把该刀具的半径输入 01 号刀具补偿参数表中。

(5)确定切削用量　切削用量的具体数值应根据该机床性能、相关的手册并结合实际经验确定。

(6)确定工件坐标系和对刀点　在主视图平面内确定以工件中心为工件原点,Z方向以工件表面为工件原点,建立工件坐标系。

## 3. 参考程序

O0002;

N0010 G00 G90 G40 G64 G54 G80 G17;

N0020 G00 G90 G54 M03 S560;

N0030 G00 G43 H01 Z50;

N0040 X-24.5 Y-20;

N0050 Z5.0;

N0060 G01 Z0.0 F180;

N0070 Y20.0 Z-1.0;

N0080 Y-20.0 Z-2.0;

N0090 Y20.0 Z-3.0;

N0100 Y-20.0 Z-4.0;

N0110 Y20.0 Z-5.0;

N0120 Y0.0;

N0130 G41 Y5.5 D01;

N0140 G03 X-30.0 Y0.0 R5.5;

N0150 G01 Y-25.0;

N0160 G03 X-25.0 Y-30.0 R5.0;

N0170 G01 X25.0;

N0180 G03 X30.0 Y-25.0 R5.0；
N0190 G01 Y25.0；
N0200 G03 X25.0 Y30.0 R5.0；
N0210 G01 X-25.0；
N0220 G03 X-30.0 Y25.0 R5.0；
N0230 G01 Y0.0；
N0240 G03 X-19.0 Y0.0 R5.5；
N0250 G01 Y14.0；
N0260 G02 X-14.0 Y19.0 R5.0；
N0270 G01 X14.0
N0280 G02 X19.0 Y14.0 R5.0；
N0290 G01 Y-14.0；
N0300 G02 X14.0 Y-19.0 R5.0；
N0310 G01 X-14.0；
N0320 G02 X-19.0 Y-14.0 R5.0；
N0330 G01 Y0.0；
N0340 G03 X-24.5 Y5.5 R5.5；
N0350 G01 G40 Y0.0；
N0360 G00 Z100.0；
N0370 M05；
N0380 M30；

**4. 操作步骤**

(1)依次打开各电源开关　机床主电源开→显示器电源开→松开急停按钮→按下复位键,进入 FANUC 系统数控铣加工界面。

(2)加工前调整铣床

①检查数控铣床润滑油是否良好；

②铣床 $Z,X,Y$ 轴回参考点；

③确定工件在铣床工作台上的位置,夹紧工件毛坯；

④装夹刀具:$\phi8$ 螺旋立铣刀；

⑤调整铣床主轴转速:S1500r/min；

(3)对刀　采用手动或步进操作方式,对刀点为刀具相对于工件运动的起点,用来确定机床坐标系和工件坐标系(一般为编程坐标系)之间的关系。

(4)输入程序

(5)加工程序轨迹校验

(6)自动加工　操作面板上工作方式设为自动,进给修调选用最小挡→显示位置模式→选择合适显示模式→按下操作面板上的"循环启动",程序开始自动运行,机床开始加工零件。

(7)检测 用0～150mm游标卡尺检测零件。

(8)加工后 打扫数控铣床及周围环境卫生。

(9)关闭电源顺序 按下急停按钮→关闭数控系统显示器→关闭电气柜侧开关。

### 5. 自动加工中的注意事项

①只有通过校验后无误的程序才能进行自动加工；

②根据工件和刀具的加工位置，及时调整冷却液流量、位置；

③快要切入工件前，将进给修调值设置为最低，视加工余量逐步提高；

④遇紧急情况，立即按急停按钮；

⑤操作人员不准擅离操作岗位，必须穿戴好各项劳保用品，遵守安全操作规程，不允许戴手套操作铣床。

[例4] 封闭内轮廓零件加工：如图5-4所示，在数控铣床上加工。

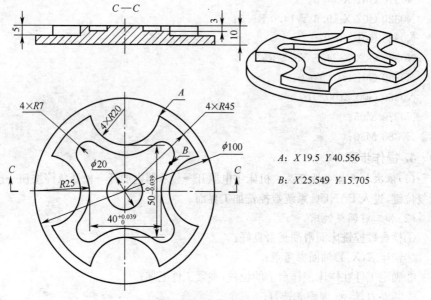

A: X 19.5 Y 40.556

B: X 25.549 Y 15.705

**图 5-4 封闭内轮廓零件加工图**

### 1. 技术要求

材料为45钢，毛坯为已加工好的φ100mm×10mm的毛坯料，毛坯的两个平面已经经过磨削加工。

### 2. 加工准备工作

根据图样要求、毛坯及前道工序加工情况，确定加工工艺方案及加工路线。

(1)图样分析 该零件主要由内外轮廓组成，而内外轮廓又由一个或几个圆弧连接在一起组成。从零件图上看选择零件编程基准为工件的回转圆心。

（2）装夹 选择三爪卡盘来装夹，三爪卡盘使用压板固定在铣床的工作台上。

（3）工序顺序 铣刀先铣削外轮廓，铣削外轮廓时为提高效率可以使用直径大一些的刀具，内轮廓加工时因为刀具干涉需要调整刀具。

（4）铣刀和切削参数 粗精加工外轮廓时，选用 $\phi20\text{mm}$ 的高速钢锥柄立铣刀进行加工，把刀具定义为 1 号刀具，设定主轴转速为 420r/min，进给速度为 90mm/min。

粗精加工内封闭的轮廓选用 $\phi8$ 的高速钢直柄立铣刀进行加工。把刀具定义为 2 号刀具，设定主轴转速 720r/min，进给速度为 120mm/min。

（5）数学处理 图纸上我们看到已经给定了两个坐标点，是以 $\phi100$ 的圆心为坐标原点给定的，正好与使用三爪卡盘安装零件确定工件坐标系的原点重合。

如图 5-5 所示，根据给定的 $A$ 点坐标可以计算出 $A1$ 的坐标为：$X-19.5$，$Y40.556$；$A2$ 的坐标为 $X-40.556$，$Y19.5$；$A3$ 等坐标都可以计算出来。同样可以根据给出的 $B$ 点来求出其余的坐标点。

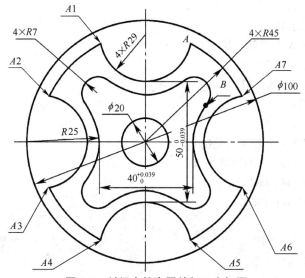

**图 5-5 封闭内轮廓零件加工坐标图**

（6）进刀点及进刀方法 根据零件图看到工件的外轮廓我们可以选择从工件外部进刀的方法。对于内轮廓可以考虑选择斜线、螺旋线的进刀的加工方法来选择。这里我们选择斜线切削的方式。

**3. 参考程序**

O0004;

(D20-LIXIDAO)（加工外轮廓）

N001 G00 G90 G54 G40 G64 G17 G80;

N002 G00 G90 G54 M03 S420；

N003 G43 H01 Z100；

N004 X0. 0 Y60. 0；

N005 Z5. 0 M08；

N006 G01 Z-5. 0F90；

N007 G01 Y45. 0；

N008 G01 G41 X-20 D01；

N009 G03 X19. 5 Y40. 556 R20. 0；

N010 G02 X40. 556 Y19. 5 R45. 0；

N011 G03 Y-19. 5 R20. 0；

N012 G02 X19. 5 Y-40. 556 R45. 0；

N013 G03 X-19. 5 R20. 0；

N014 G02 X-40. 556 Y-19. 5 R45. 0；

N015 G03 Y19. 5 R20. 0；

N016 G02 X0. 0 Y45. 0 R45. 0；

N017 G02 J-45；

N018 G03 X20 Y65. 0 R20. 0；

N019 G01 G40 X0. 0；

N020 G00 Z150. 0 M09；

N021 M05；

N022 M00；

(D8-LIXIDAO)（加工内轮廓）

N023 G00 G90 G54 M03 S720；

N024 G00 G43 H02 Z50；

N025 X-15. 0Y-15. 0；

N026 Z5. 0；

N027 G01 Z0. 0 F120；

N028 Y15. 0 Z-1. 0；

N029 Y-15. 0 Z-2. 0；

N030 Y15. 0 Z-3. 0；

N031 G41 X-20. 0 D01；

N032 Y0. 0；

N033 G02 X-25. 549 Y-15. 705 R25. 0；

N034 G03 X-15. 705 Y-25. 549 R7. 0；

N035 G02 X15. 705 R25. 0；

N036 G03 X25. 549 Y-15. 705 R7. 0；

N037 G02 Y15.705 R25.0；

N038 G03 X15.705 Y25.549 R7.0；

N039 G02 X-15.705 R25.0 M08；

N040 G03 X-25.549 Y15.705 R7.0；

N041 G02 X-20 Y0.0 R25.0；

N042 G03 X-10.0 Y0.0 R5.0；

N043 G02 I10；

N044 G01 Y15.0；

N045 G01 G40 X-15；

N046 G00 Z100.0；

N047 M09；

N048 M05；

N049 M30；

**4. 操作步骤**

(1)依次打开各电源开关 机床主电源开→显示器电源开→松开急停按钮→按下复位键,进入 FANUC 系统数控铣加工界面。

(2)加工前调整铣床

①检查数控铣床润滑油是否良好；

②铣床 Z,X,Y 轴回参考点；

③确定工件在铣床工作台上的位置,夹紧工件毛坯；

④装夹刀具：$\phi$16mm 锥柄立铣刀和 $\phi$8mm 螺旋立铣刀；

⑤分别调整铣床主轴转速。

(3)对刀 采用手动或步进操作方式,对刀点为刀具相对于工件运动的起点,用来确定机床坐标系和工件坐标系(一般为编程坐标系)之间的关系。

(4)输入程序

(5)加工程序轨迹校验

(6)自动加工 操作面板上工作方式设为自动,进给修调选用最小挡→显示位置模式→选择合适显示模式→按下操作面板上的"循环启动",程序开始自动运行,机床开始加工零件。

(7)检测 用 0~150mm 游标卡尺检测零件。

(8)加工后 打扫数控铣床及周围环境卫生。

(9)关闭电源顺序 按下急停按钮→关闭数控系统显示器→关闭电气柜侧开关。

**5. 自动加工中的注意事项**

①只有通过校验后无误的程序才能进行自动加工；

②根据工件和刀具的加工位置,及时调整冷却液流量、位置；

③快要切入工件前，将进给修调值设置为最低，视加工余量逐步提高；

④遇紧急情况，立即按急停按钮；

⑤操作人员不准擅离操作岗位，必须穿戴好各项劳保用品，遵守安全操作规程，不允许戴手套操作铣床。

[例5]　圆弧槽零件加工：如图 5-6 所示，在数控铣床上加工。

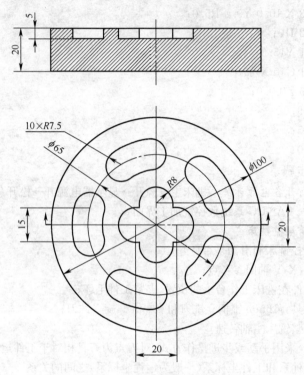

**图 5-6　圆弧槽零件加工图**

### 1. 技术要求

材料为 45 钢，毛坯为已加工好的 $\phi100\text{mm}\times20\text{mm}$ 的毛坯料，毛坯的两个平面已经经过磨削加工。

### 2. 加工准备工作

根据图样要求、毛坯及前道工序加工情况，确定加工工艺方案及加工路线。

（1）图样分析　该零件主要由封闭轮廓组成，而轮廓又由一个或几个圆弧直线连接在一起组成。从零件图上看我们选择零件编程基准为工件的回转圆心。

（2）装夹　选择三爪卡盘来装夹，三爪卡盘使用压板固定在铣床的工作台上。

（3）铣刀和切削参数　粗精加工外轮廓时，我们选用 $\phi12\text{mm}$ 的高速钢直柄立铣刀进行加工。把刀具定义为 1 号刀具，设定主轴转速为 640r/min，进给速度为

160mm/min。

(4)数学处理 为了数值的便于计算,以给定的 $\phi100$ 的圆心为工件坐标系原点,正好与三爪卡盘安装零件确定工件坐标系的原点重合。

如图 5-7 所示,利用三角函数计算出下面的几个坐标点。

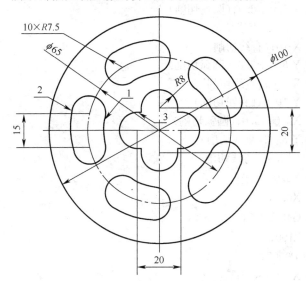

**图 5-7 圆弧槽零件加工坐标图**

第 1 点坐标为:$X$-24.325,$Y$5.769;第 2 点的坐标为:$X$-39.087,$Y$8.227;第 3 点的坐标为:$X$-10.000,$Y$8.000。下刀点的位置在 $X$-31.623,$Y$7.500。

(5)进刀点及进刀方法 根据零件图可以选择考虑斜线、螺旋线的进刀的加工方法。这里选择螺旋线切削的方式。

**3. 参考程序**

O0005;

(D12-LIXIDAO)

N001 G00 G90 G54 G40 G64 G17 G80;(机床初始化)

N002 G00 G90 G54 M03 S640;(主轴顺时针旋转)

N003 G43 H01 Z100;(调用刀具长度补偿)

N004 G00 X-10.0 Y0.0;(快速定位)

N005 Z5.0;(快速移动到安全下刀点)

N006 G01 Z0.0 F160;(切削进给到工件上表面)

N007 X10.0 Z-1.0;(斜线进给切削)

N008 X-10.0 Z-2.0;(斜线进给切削)

N009 X10.0 Z-3.0;(斜线进给切削)

N010 X-10.0 Z-4.0;(斜线进给切削)

N011 X10.0 Z-5.0;（斜线进给切削）

N012 X0;（直线切削到 X0）

N013 G41 X8.0 D01;（调用刀具半径补偿）

N014 Y10.0;（直线切削）

N015 G03 X-8.0 R8.0;（圆弧切削）

N016 G01 Y8.0;（直线切削）

N017 G01 X-10;（直线切削）

N018 G03 Y-8.0 R8.0;（圆弧切削）

N019 G01 X-8.0;（直线切削）

N020 G01 Y-10.0;（直线切削）

N021 G03 X8.0 R8.0;（圆弧切削）

N022 G01 Y-8.0;（直线切削）

N023 G01 X10.0;（直线切削）

N024 G03 Y8.0 R8.0;

N025 G01 X0.0;

N026 G01 G40 Y0.0;

N027 G00 Z100;

N028 M98 P0001;

N029 G68 X0 Y0 R72;

N030 M98 P0001;

N031 G68 X0 Y0 R144;

N032 M98 P0001;

N033 G68 X0 Y0 R-72;

N034 M98 P0001;

N035 G68 X0 Y0 R-144;

N036 M98 P0001;

N037 G69;

N038 M05;

N039 M30;

O0001;

N001 G00 G90 X-31.623 Y7.5;

N002 Z5.0;

N003 G01 Z0.0 F160;

N004 G03 Y-7.5 Z-0.5 R32.5;

N005 G02 Y7.5 Z-1.0 R32.5;

N006 G03 Y-7.5 Z-1.5 R32.5;

N007 G02 Y7.5 Z-2.0 R32.5;

N008 G03 Y-7.5 Z-2.5 R32.5；

N009 G02 Y7.5 Z-3.0 R32.5；

N010 G03 Y-7.5 Z-3.5 R32.5；

N011 G02 Y7.5 Z-4.0 R32.5；

N012 G03 Y-7.5 Z-4.5 R32.5；

N013 G02 Y7.5 Z-5.0 R32.5；

N014 G03 X-32.5Y0.0 R32.5；

N015 G01 G41 Y7.5 D01；

N016 G03 X-40.0 Y0.0 R7.5；

N017 G03 X-39.087 Y-8.227 R40.0；

N018 G03 X-24.325 Y-5.769 R7.5；

N019 G02 Y5.769 R25.0；

N020 G03 X-39.087 Y8.227 R7.5；

N021 G03 X-40.0 Y0.0 R40.0；

N022 G03 X-32.5 Y-7.5 R7.5；

N023 G01 G40 Y0.0；

N024 G00 Z100.0；

N025 X0.0 Y0.0；

N026 M99；

### 4. 操作步骤

(1)依次打开各电源开关　机床主电源开→显示器电源开→松开急停按钮→按下复位键,进入 FANUC 系统数控铣加工界面。

(2)加工前调整铣床

①检查数控铣床润滑油是否良好;

②铣床 Z, X, Y 轴回参考点;

③确定工件在铣床工作台上的位置,夹紧工件毛坯;

④装夹刀具:$\phi$12 螺旋立铣刀;

⑤调整机床主轴转速:S640r/min。

(3)对刀　采用手动或步进操作方式,对刀点为刀具相对于工件运动的起点,用来确定机床坐标系和工件坐标系(一般为编程坐标系)之间的关系。

(4)输入程序。

(5)加工程序轨迹校验。

(6)自动加工　操作面板上工作方式设为自动,进给修调选用最小挡→显示位置模式→选择合适显示模式→按下操作面板上的"循环启动",程序开始自动运行,机床开始加工。

(7)检测　用 0~150mm 游标卡尺检测零件。

(8)加工后 打扫数控铣床及周围环境卫生。

(9)关闭电源顺序 按下急停按钮→关闭数控系统显示器→关闭电气柜侧开关。

**5. 自动加工中的注意事项**

①只有通过校验后无误的程序才能进行自动加工;

②根据工件和刀具的加工位置,及时调整冷却液流量、位置;

③快要切入工件前,将进给修调值设置为最低,视加工余量逐步提高;

④遇紧急情况,立即按急停按钮;

⑤操作人员不准擅离操作岗位,必须穿戴好各项劳保用品,遵守安全操作规程,不允许戴手套操作铣床。

# 第二节 职业技能鉴定操作训练例题

[**例 1**] 孔与型腔的综合加工训练。

**1. 训练目标**

①熟练选择钻孔、铰孔、简单型腔加工所需要的刀具及夹具;

②掌握钻孔、铰孔、简单型腔加工的工艺知识及切削用量的选择;

③掌握编程和刀具长度、半径补偿使用的基本方法,并能正确使用合理的校验方法和校验程序。

**2. 零件图,毛坯图和工、量、刃具清单**

(1)零件图 如图 5-8 所示,该零件需加工 $4 \times \phi 10H8$mm 通孔和 40mm×40mm 内型腔。

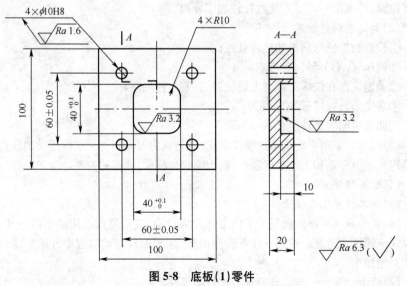

**图 5-8 底板(1)零件**

（2）毛坯图（图5-9）

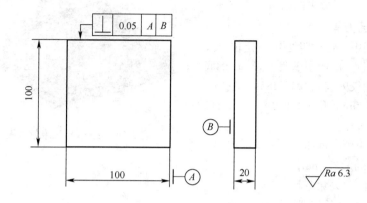

**图5-9　底板(1)毛坯图**

（3）工、量、刃具清单（表5-1）

**表5-1　底板(1)加工用工、量、刃具清单**　　　　　（mm）

| 序号 | 名称 | 规格 | 精度 | 单位 | 数量 |
|---|---|---|---|---|---|
| 1 | Z轴设定器 | 50 | 0.01 | 个 | 1 |
| 2 | 寻边器 | $\phi 10$ | 0.002 | 个 | 1 |
| 3 | 游标卡尺 | 0～150 | 0.01 | 把 | 1 |
| 4 | 深度尺 | 0～200 | 0.02 | 把 | 1 |
| 5 | 内径千分尺 | 0～25 | 0.01 | 把 | 1 |
| 6 | 百分表及磁力表座 | 0～10 | 0.01 | 副 | 1 |
| 7 | 表面粗糙度样板 | N0～N1 | 12级 | 副 | 1 |
| 8 | 平行垫铁 |  |  | 副 | 若干 |
| 9 | 中心钻 | A3 |  | 个 | 1 |
| 10 | 麻花钻 | $\phi 9.8$ |  | 个 | 各1 |
| 11 | 麻花钻 | $\phi 20$ |  | 个 | 1 |
| 12 | 90°锪孔钻 |  |  | 个 | 1 |
| 13 | 锥柄机用铰刀 | $\phi 10$H8 |  | 个 | 1 |
| 14 | 两刃立铣刀 | $\phi 20$ |  | 个 | 1 |
| 15 | 平口虎钳 | QH160 |  | 个 | 1 |
| 16 | 铜锤 |  |  | 个 | 1 |
| 17 | 组锉 |  |  | 套 | 1 |

### 3. 图样识读

底板(1)三维效果图如图 5-10 所示。

### 4. 工艺方案

①使用中心钻钻四处中心(定位)孔;

②使用 $\phi9.8$mm 钻头钻 $\phi9.8$mm 的底孔;

③使用铰刀铰 $4\times\phi10$H8mm 通孔;

④钻 $\phi20$mm 孔,深度为 9.8mm,进给量为 50mm/min;

⑤使用 $\phi20$mm 的立铣刀铣内型腔至 $40$mm$\times40$mm$\times10$mm;

**图 5-10  底板(1)三维效果图**

⑥锪孔,并去除毛刺。

刀具与合理的切削用量见表 5-2。

表 5-2  底板工艺规程

| 序号 | 工序内容/mm | 刀具号 | 刀具名称/mm | 刀具长度补偿号 | 刀具半径补偿号 | 主轴转速/r/min | 进给量/mm/min |
|---|---|---|---|---|---|---|---|
| 1 | 钻中心孔 | T01 | A3 中心钻 | H01 | | 1000 | 80 |
| 2 | 钻 $\phi9.8$孔 | T02 | $\phi9.8$ 麻花钻 | H02 | | 400 | 80 |
| 3 | 铰 $\phi10$孔 | | $\phi10$H8 铰刀 | | | 100 | 100 |
| 4 | 钻 $\phi20$孔 | T03 | $\phi20$ 麻花钻 | H03 | | 250 | 50 |
| 5 | 铣内型腔 | T04 | $\phi20$ 立铣刀 | H04 | D01 | 300 | 50 |

说明:钻孔、铰孔、铣内型腔时应充分浇注冷却液。

### 5. 操作要点

(1)加工准备

①阅读零件图 5-8,并按毛坯图 5-9 检查坯料的尺寸;

②编制加工程序,开机输入程序并选择该程序;

③机床回参考点操作;

④安装夹具,夹紧工件;选用机用台虎钳装夹工件,安装时,选择该零件下表面及两侧面作安装基准;

⑤按表 5-1 序号 10~14,准备刀具,利用钻夹头、莫氏锥柄和弹簧夹头刀柄装夹相应刀具。

(2)对刀操作  用寻边器对工件的左侧面,记下机床坐标系中的 $X1$ 值;再用寻边器移至工件的右侧面,与工件接触后记下 $X2$ 值。($X1-X2$)/2 即为 G54 工件坐标系中坐标原点的 $X$ 值。用寻边器移至工件的前侧面,与工件前接触后记下机床坐标系中的 $Y1$ 值;再用寻边器移至工件的后侧面,与工件后接触后记下机床坐标系中的 $Y2$ 值。($Y1-Y2$)/2 即为 G54 工件坐标系中坐标原点的 $Y$ 值。用 $Z$ 轴设定器在工件上表面对刀,得到 $Z$ 轴零偏置,并输入到 G54 中。

（3）**输入及修改刀具补偿值**　使用同一把刀进行型腔加工,粗铣时调整刀具半径补偿值 D01 中的数值,适当留余量,粗铣结束后,刀具返回设定高度,主轴停止,根据粗铣结束后的实测精铣余量来修改 D01 中的数值。

（4）**程序校验**

1）程序单的校验:对程序单的校验首先检查功能指令代码是否错漏。

2）磁盘中程序的校验:

①人工检查法[检查方式和 1）程序校验相同],并将铣床主轴锁住,进行空运行,检查铣床运动轨迹的正确性;

② 用软件或在数控铣床控制面板上用具有 CRT 屏幕图形显示的方式来校验;

③用易加工材料,如塑料,硬蜡,有色金属,木材,代替零件材料进行试切削。

（5）**工件加工**　将进给速度打到低挡,按下启动键。铣床加工时适当调整主轴转速和进给速度,保证加工正常。

（6）**尺寸测量**　在铣削结束后,返回设定高度,主轴停止,用量具检查内型腔宽度及深度等尺寸;如果有必要,调整刀具半径补偿和长度补偿,再加工一次。

（7）**结束加工**　加工完毕,检查工件各部位尺寸及表面粗糙度,卸下工件,清理铣床。

### 6. 虎钳和工件安装时的注意事项

①工件安装时放在钳口的中间部位,以免钳口受力不匀;

②工件在钳口上安装时,下面要垫平行垫铁并防止垫铁和钻头、铰刀干涉;如果不用平行垫铁,必须用百分表找正工件上表面至水平;

③工件上表面高出钳口 6～8mm 以免对刀或操作失误时损坏刀具或钳口。

### 7. 参考程序及分析

选择工件中心为 $X,Y$ 坐标系原点,选择工件的上表面为工件坐标系的 $Z0$ 点,零件的上表面处为 $Z$ 坐标的零点平面,机床坐标系设在 G54 上。符合 FANUC 0i—MB 系统的参考程序:

O8888;（程序号）

（T01）;（手动换中心钻）

N10 M03 S1000;（主轴正转,转速为 1000r/min）

N20 G00 G90 G54 X0 Y0;（快速偏置至编程零点 X0,Y0 处）

N30 G00 G43 Z30 H01;（调用长度补偿 H01,至零件上表面 30mm 处）

N40 G00 X30 Y30 Z5;（快速移动至右上角处）

N50 G01 Z-1.5 F80;（钻中心孔,深度为 1.5mm,进给量为 80mm/min）

N60 G00 Z5;（快速退刀至零件上表面 5mm 处）

N70 G00 X-30 Y30;（快速点定位至零件左上角处）

N80 G01 Z-1.5 F80;（钻中心孔,深度为 1.5mm）

N90 G00 Z5；（快速退刀至零件上表面 5mm 处）

N100 G00 X-30 Y-30；（快速点定位至零件左下角）

N110 G01 Z-1.5 F80；（钻中心孔，深度为 1.5mm）

N120 G00 Z5；（快速退刀至零件上表面 5mm 处）

N130 G00 X30 Y-30；（快速点定位至零件右下角）

N140 G01 Z-1.5 F80；（钻中心孔，深度为 1.5mm）

N150 G00 Z5；（快速退刀至零件上表面 5mm 处）

N160 G00 X0 Y0 Z150；（快速退刀）

N170 G49；（取消长度补偿）

N180 M05；（主轴停止）

N190 M00；（程序暂停）

（T02）（手动换 φ9.8mm 钻头）

N200 G00 G90 G54 X30 Y30；（快速偏置至工件坐标点 X30mm，Y30mm 处）

N210 M03 S400；（主轴正转，转速为 400r/min）

N220 G43 Z5 H02 M08；（调用长度补偿，补偿号 H02，冷却液开）

N230 G81 X30 Y30 Z-25 R5 F60；（调用钻孔循环）

N240 X-30；

N250 Y-30；

N260 X30；

N270 G80 Z150；（快速退刀，取消钻孔循环）

N280 G00 X0 Y0 M09；（回到工件坐标系零点，冷却液关）

N290 G49；（取消长度补偿）

N300 M05；（主轴停止）

N310 M00；（程序暂停）

（T03）（手动换 φ20mm 钻头）

N320 G00 G90 G54 X0 Y0 M03 S250；（主轴正转，主轴转速 250r/min）

N330 G43 H03 Z5 M08；（调用长度补偿，补偿号 H03，距零件上表面 5mm 处冷却液开）

N340 G01 Z-10 F50；（钻孔，深度为 10mm，进给量为 50mm/min）

N350 G00 Z150；（刀具快速退回至换刀点）

N360 G49；（取消长度补偿）

N370 M05；（主轴停止）

N380 M00；（程序暂停）

（T04）（手动换 φ20mm 立铣刀）

N390 G90 G54 X0 Y0 M03 S300；（主轴正转，转速为 300r/min）

N400 G00 G43 Z5 H04 M08；（调用长度补偿，补偿号 H04，距零件上表面 5mm 处，冷却液开）

N410 G01 Z-10 F50;(刀具向下,深度为 10mm,进给量为 50mm/min)

N420 G42 Y-20 D01;(直线插补至 X0,Y-20mm,调用刀具右补偿,补偿号 D01)

N430 G01 X-20 Y-20 F50;(直线插补至 X-20mm,Y-20mm)

N440 Y20;(直线插补至 X-20mm,Y20mm)

N450 X20;(直线插补至 X20mm,Y20mm)

N460 Y-20;(直线插补至 X20mm,Y-20mm)

N470 X0;(直线插补至 X0,Y-20mm)

N480 G40 X0 Y0;(取消刀补,直线插补至 X0,Y0,冷却液关)

N490 G00 Z150 M09;(刀具快速退回至换刀点)

N500 M05;(主轴停止)

N510 M30;(程序结束并返回程序起始点)

说明:铰孔程序编制及加工和钻孔基本相同,因此,读者可自行编写。

## 8. 中级实训评分表(表 5-3)

### 表 5-3 中级实训评分表(一)

| 班级 | | 姓名 | | 学号 | | 日期 | |
|---|---|---|---|---|---|---|---|
| 实训课题 1 | | | 孔与型腔的综合加工训练 | | | 零件图号 | 8 |

| 基本检查 | | 序号 | 检测项目 | | 配分 | 学生自评分 | 教师评分 |
|---|---|---|---|---|---|---|---|
| 基本检查 | 编程 | 1 | 切削加工工艺制定正确 | | 5 | | |
| | | 2 | 切削用量选择合理 | | 10 | | |
| | | 3 | 程序正确、简单明确规范 | | 10 | | |
| | 操作 | 4 | 设备正确操作、维护保养 | | 5 | | |
| | | 5 | 安全、文明生产 | | 10 | | |
| | | 6 | 刀具选择、安装正确,规范 | | 5 | | |
| | | 7 | 工件找正、安装正确,规范 | | 5 | | |
| 基本检查结果总计 | | | | | 50 | | |

| 尺寸检测 | 序号 | 图样尺寸 /mm | 公差 | 量具 | | 配分 | 实测尺寸 | | 分数 |
|---|---|---|---|---|---|---|---|---|---|
| | | | | 名称 | 规格/mm | | 学生自测 | 教师检测 | |
| 尺寸检测 | 1 | 孔距 60 | ±0.05mm | 游标卡尺 | 0~150 | 10 | | | |
| | 2 | 4×φ10 | H8 | 内径千分尺 | 0~25 | 10 | | | |
| | 3 | 宽度 40 | $^{+0.1}_{0}$ mm | 游标卡尺 | 0~150 | 10 | | | |
| | 4 | 深度 10 | | 深度尺 | 0~200 | 10 | | | |
| | 5 | 表面粗糙度 | Ra 1.6 | 粗糙度样规 | | 5 | | | |
| | 6 | 表面粗糙度 | Ra 3.2 | 粗糙度样规 | | 5 | | | |
| 尺寸检查总计 | | | | | | 50 | | | |

| 基本检查结果 | | 尺寸检查结果 | | 成绩 | |
|---|---|---|---|---|---|

[例2]  孔与外轮廓综合加工训练。

## 1. 训练目标

①熟悉工件安装、刀具选择、工艺制定及切削用量的选择;

②掌握较复杂工件的钻、扩、铰、铣程序编制和使用,刀具补偿的使用。

## 2. 零件图,毛坯图和工、量、刃具清单

(1)零件图    如图 5-11 所示,该零件需加工 $4 \times \phi10$mm 盲孔,深度为 22mm;$\phi20$H8 通孔,四边形和五边形。

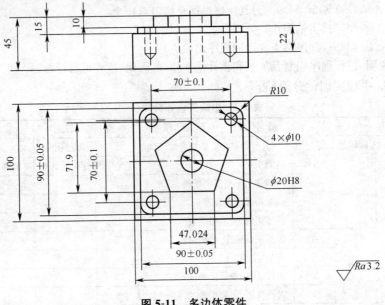

图 5-11    多边体零件

(2)毛坯图(图 5-12)

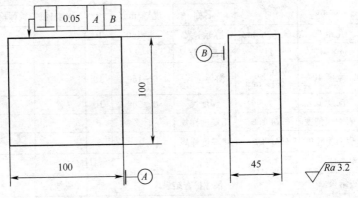

图 5-12    多边体毛坯图

（3）工、量、刃具清单（表 5-4）

### 表 5-4　多边体加工用工、量、刃具清单　　　　　　　（mm）

| 序号 | 名　称 | 规格 | 精度 | 单位 | 数量 |
|------|--------|------|------|------|------|
| 1 | Z 轴定位器 | 50 | 0.01 | 个 | 1 |
| 2 | 寻边器 | $\phi10$ | 0.002 | 个 | 1 |
| 3 | 游标卡尺 | 0～150 | 0.01 | 把 | 1 |
| 4 | 深度游标卡尺 | 0～200 | 0.02 | 把 | 1 |
| 5 | 内径千分尺 | 0～25 | 0.01 | 把 | 1 |
| 6 | 百分表及磁力表座 | 0～0.8 | 0.01 | 个 | 1 |
| 7 | 表面粗糙度样板 | N0～N1 | 12 级 | 副 | 1 |
| 8 | 平行垫铁 | | | 副 | 若干 |
| 9 | 中心钻 | A3 | | 个 | 1 |
| 10 | 两刃立铣刀（粗加工用） | $\phi20$ | | 个 | 1 |
| 11 | 三刃立铣刀（精加工用） | $\phi16$ | | 个 | 1 |
| 12 | 麻花钻 | $\phi10$ | | 个 | 1 |
| 13 | 麻花钻 | $\phi18$ | | 个 | 1 |
| 14 | 麻花钻 | $\phi19.8$ | | 个 | 1 |
| 15 | 铰刀 | $\phi20H8$ | | 个 | 1 |
| 16 | 平口虎钳 | QH160 | | 个 | 1 |
| 17 | 90°锪钻 | 16 | | 个 | 1 |
| 18 | 铜锤 | | | 个 | 1 |
| 19 | 活扳手 | 12″ | | 把 | 1 |

### 3. 图样识读

零件三维效果图如图 5-13
所示。

### 4. 工艺方案

①使用 $\phi20$mm 的立铣刀铣外
四边形；

②使用 $\phi20$mm 的立铣刀铣外
五边形；

③使用 A3 中心钻钻 $\phi10$mm 盲
孔的中心定位孔；

④ 使 用 $\phi10$mm 麻 花 钻 钻

**图 5-13　多边体三维效果图**

$\phi$10mm 通孔；

　　⑤使用 $\phi$18mm 麻花钻钻 $\phi$18mm 通孔；

　　⑥使用 $\phi$19.8mm 麻花钻扩孔至 $\phi$19.8mm；

　　⑦使用 $\phi$20H8 铰刀铰孔至 $\phi$20H8mm。

刀具与合理的切削用量见表 5-5。

表 5-5　多边体工艺规程

| 序号 | 刀具号 | 刀具名称/mm | 刀具长度补偿号 | 刀具半径补偿号 | 主轴转速/r/min | 进给量/mm/min |
|---|---|---|---|---|---|---|
| 1 | T01 | $\phi$20 立铣刀 | H01 | D01 | 560 | 100 |
| 2 | T02 | A3 中心钻 | H02 | | 1000 | 50 |
| 3 | T03 | $\phi$10 麻花钻 | H03 | | 560 | 60 |
| 4 | T04 | $\phi$18 麻花钻 | H04 | | 450 | 100 |
| 5 | T05 | $\phi$19.8 麻花钻 | H05 | | 350 | 100 |
| 6 | T06 | $\phi$20H8 铰刀 | H06 | | 200 | 40 |

### 5. 操作要点

（1）加工准备

①阅读零件图 5-11，并按毛坯图 5-12 检查坯料的尺寸；

②编制加工程序，开机输入程序并选择该程序；

③机床回参考点操作；

④安装夹具，夹紧工件；工件以 *B* 面为定位安装面，选择该零件下表面及两侧面作为定位基准；用平行垫铁垫起毛坯，零件的底面上要保证垫出一定厚度；定位时要利用百分表调整工件与机床 *X* 轴的平行度，控制在 0.02mm 之内；

⑤按表 5-5 序号 9～15 准备刀具。

（2）对刀操作

（3）输入及修改刀具补偿值

（4）程序校验（略）

（5）工件加工

（6）尺寸测量　在加工结束后，返回设定高度，主轴停止，用量具检查工件尺寸；如果有必要，调整刀具半径及长度补偿，再加工一次。

（7）结束加工　加工完毕，检查工件各部位尺寸及表面粗糙度，卸下工件，清理铣床。

### 6. 注意事项

①安装虎钳时要对虎钳固定钳口进行找正。

②工件安装时放在钳口的中间部位，以免钳口受力不匀。

③工件在钳口上安装时，下面要垫平行垫铁并防止垫铁和钻头、铣刀干涉。如

果不用平行垫铁,必须用百分表找正工件上表面至水平。

④工件上表面高出钳口 20~25 mm 以免对刀或操作失误时损坏刀具或钳口。

⑤使用寻边器确定工件零点时应采用碰双边法。

⑥除钻中心孔外,在进行其他工序加工时,应充分浇注冷却液。

### 7. 参考程序及分析、计算

(1)数学相关计算 根据图样分别计算出各加工工序刀具中心轨迹起点、终点坐标,除五边形外,其余的刀具轨迹坐标比较简单,学生可自行计算。

加工四边形、五边形时,运行程序时的刀具轨迹分别如图 5-14 所示。

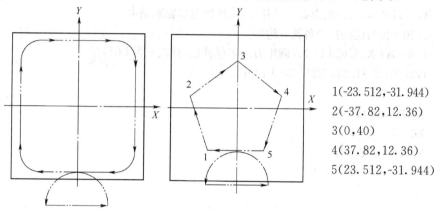

1(-23.512,-31.944)
2(-37.82,12.36)
3(0,40)
4(37.82,12.36)
5(23.512,-31.944)

**图 5-14 刀具轨迹及各点坐标**

由图示可知,刀具采用了圆弧切入和切出,避免了刀具直接切入和切出而产生的刀痕。

(2)参考程序 选择零件的中心作为工件坐标系的 $X,Y$ 坐标的原点,零件的上表面处为 $Z$ 坐标的零点平面。符合 FANUC 0i—MB 系统的参考程序:

O0001;(程序号)

(T01)(手动换装 φ20mm 立铣刀)

M03 S560;(主轴正转,转速为 560r/min)

G00 G90 G54 X0 Y0;

G43 Z100 H01;(调用刀具长度补偿,补偿号为 H01)

Y-60;(快速插补至下刀点)

Z5;

G01 Z-15 F100;(铣外四边形)

G01 G41 X15 D01;(调用刀具左补偿补偿号为 D01)

G03 X0 Y-45 R15;(圆弧切入)

G01 X-35;

G02 X-45 Y-35 R10;

G01 Y35；

G02 X-35 Y45 R10；

G01 X35；

G02 X45 Y35 R10；

G01 Y-35；

G02 X35 Y-45 R10；

G01 X0；

G03 X-15 Y-60 R15；

G40 G01 X0；（取消刀具半径补偿,铣外四边形轮廓结束）

Z-10 F100；（提刀,准备铣五边形）

G90 G41 X28.056 D01；（调用刀具半径补偿,补偿号为 D01）

G03 X0 Y-31.944 R28.056 F100；

G01 X-23.512；

X-37.82 Y12.36；

X0 Y40；

X37.82 Y12.36；

X23.512 Y-31.944；

X0；

G03 X-28.056 Y-60 R28.056；

G01 G40 X0 F100；（取消刀具补偿,铣五边形结束）

G00 Z100 M09；（提刀至安全高度,冷却液关）

M05；（主轴停转）

M00；（程序暂停,准备钻中心孔）

（T02）（手动换装 A3mm 中心钻）

G00 G90 G54 X0 Y0 M03 S1000；

G43 Z100 H02 M08；

G98 G81 X-35 Y-35 Z-4 R20 F50；（调用钻孔循环）

Y35；

X35；

Y-35；

G00 G80 Z100；（钻中心孔固定循环结束）

G00 X0 Y0 M09；（返回工件原点切削液停）

M05；

M00；（程序暂停,准备钻 $\phi$10mm 小孔）

（T03）（手动换装 $\phi$10mm 麻花钻）

G00 G90 G54 X0 Y0 M03 S560；

G43 H03 Z100 M08；

G98 G81 X-35 Y-35 Z-22 R5 F60；（钻 $\phi$10mm 孔循环）

Y35；

N48 X35；

N49 Y-35；

N50 G00 G80 Z100；（钻 $\phi$10mm 孔固定循环结束，提刀至安全高度）

N51 G00 X0 Y0 M09；（返回工件原点，切削液关闭）

N52 M05；（主轴停转）

N53 M00；（程序暂停，准备钻 $\phi$20mm 的定位孔）

（T02）；（手动换装 A3mm 中心钻）

N54 G00 G90 G54 X0 Y0 M03 S1000；

N55 G43 Z100 H02 M08；

N56 G90 G81 X0 Y0 Z-3 R5 F50；

N57 G00 G80 Z100；

N58 G00 X0 Y0 M09；

N59 M05；（主轴停转）

N60 M00；（程序暂停，准备钻 $\phi$18mm 孔）

（T04）（手动换装 $\phi$18mm 麻花钻）

N61 G00 G90 G54 X0 Y0 M03 S450；

N62 G43 H04 Z100 M08；

N63 G98 G83 X0 Y0 Z-45 R5 Q5 F100；

N64 G80 Z100；

N65 G00 X0 Y0 M09；（钻孔结束，提刀至安全高度）

N66 M05；

N67 M00；（程序暂停，准备扩孔至 $\phi$19.8mm）

（T05）（手动换装 $\phi$19.8mm 麻花钻）

N68 G00 G90 G54 X0 Y0 M03 S350；

N69 G43 H05 Z100 M08；

N70 G81 X0 Y0 Z-45 R5 F100；

N71 G80 Z100；（扩孔结束，提刀至安全高度）

N72 G00 X0 Y0 M09；

N73 M05；

N74 M00；（程序暂停，准备铰孔至 $\phi$20H8mm）

（T06）；（手动换装 $\phi$20H8mm 铰刀）

N75 G00 G90 G54 X0 Y0 M03 S200；

N76 G43 H06 Z100 M08；

N77 G81 X0 Y0 Z-45 R5 F40；

N78 G80 Z100；

N79 G00 X0 Y0 M09；

N80 M05；

N81 M30；

## 8. 中级实训评分表（表5-6）

### 表5-6 中级实训评分表（二）

| 班级 | | 姓名 | | 学号 | | 日期 | |
|---|---|---|---|---|---|---|---|
| 实训课题 | | 孔与外轮廓的综合加工训练 | | | | 零件图号 | 5-11 |

| 基本检查 | | 序号 | 检测项目 | 配分 | 学生自评分 | 教师评分 |
|---|---|---|---|---|---|---|
| 基本检查 | 编程 | 1 | 切削加工工艺制定正确 | 5 | | |
| | | 2 | 切削用量选择合理 | 5 | | |
| | | 3 | 程序正确、简单明确规范 | 5 | | |
| | 操作 | 4 | 设备正确操作、维护保养 | 5 | | |
| | | 5 | 安全、文明生产 | 10 | | |
| | | 6 | 刀具选择、安装正确,规范 | 5 | | |
| | | 7 | 工件找正、安装正确,规范 | 5 | | |
| 基本检查结果总计 | | | | 40 | | |

| 尺寸检测 | 序号 | 图样尺寸/mm | 公差 | 量具 | | 配分 | 实测尺寸 | | 分数 |
|---|---|---|---|---|---|---|---|---|---|
| | | | | 名称 | 规格/mm | | 学生自测 | 教师检测 | |
| 尺寸检测 | 1 | 孔距 70×70 | ±0.1mm | 游标卡尺 | 0～150 | 10 | | | |
| | 2 | $\phi 10 \times 22$ | | 游标卡尺 | 0～150 | 10 | | | |
| | 3 | R10 | | R规 | R7～R15 | 5 | | | |
| | 4 | 90×90×15 | ±0.05mm | 游标卡尺 | 0～150 | 5 | | | |
| | 5 | 47.024 | | 游标卡尺 | 0～150 | 5 | | | |
| | 6 | 71.944 | | 游标卡尺 | 0～150 | 5 | | | |
| | 7 | 高度10 | | 游标卡尺 | 0～150 | 5 | | | |
| | 8 | $\phi 20$ | H8 | 内径千分尺 | 0～25 | 10 | | | |
| | 9 | 表面粗糙度 | Ra 3.2 | 粗糙度样规 | | 5 | | | |
| 尺寸检查总计 | | | | | | 60 | | | |
| 基本检查结果 | | | 尺寸检查结果 | | | 成绩 | | | |

[例3] 孔与沟槽的综合加工训练。

**1. 训练目标**

①掌握该零件的钻孔、铣孔和铣槽的切削参数、加工工艺、程序编制及刀具、夹具选择、安装和应用。

②掌握刀具长度补偿、刀具半径补偿应用的基本方法,并能正确使用适当方法进行程序校验。

**2. 零件图,毛坯图和工、量、刃具清单**

(1)零件图 如图 5-15 所示,该零件需加工 $2 \times \phi 16mm$ 的通孔,$2 \times \phi 24_{0}^{+0.1}$ mm 沉孔和宽度为 30mm 的沟槽。

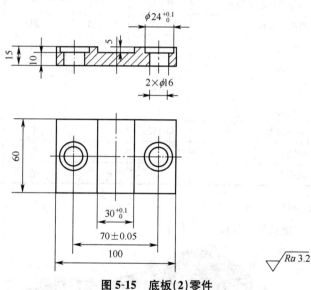

**图 5-15 底板(2)零件**

(2)毛坯图(图 5-16)

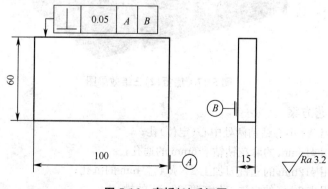

**图 5-16 底板(2)毛坯图**

（3）工、量、刃具清单（表5-7）

**表 5-7　底板（2）加工用工、量、刃具清单**　　　　　　　　（mm）

| 序号 | 名　称 | 规格 | 精度 | 单位 | 数量 |
|---|---|---|---|---|---|
| 1 | Z 轴设定器 | 50 | 0.01 | 个 | 1 |
| 2 | 寻边器 | $\phi10$ | 0.002 | 个 | 1 |
| 3 | 游标卡尺 | 0～150 | 0.02 | 把 | 1 |
| 4 | 深度游标卡尺 | 0～200 | 0.02 | 把 | 1 |
| 5 | 内径千分尺 | 0～25 | 0.01 | 把 | 1 |
| 6 | 百分表及磁力表座 | 0～10 | 0.01 | 个 | 1 |
| 7 | 粗糙度样板 | N0～N1 | 12 级 | 副 | 1 |
| 8 | 平行垫铁 | | | 副 | 若干 |
| 9 | 中心钻 | A3 | | 个 | 1 |
| 10 | 麻花钻 | $\phi16$ | | 个 | 1 |
| 11 | 立铣刀 | $\phi12$ | | 个 | 1 |
| 12 | 平口虎钳 | QH160 | | 个 | 1 |
| 13 | 铜锤 | | | 个 | 1 |
| 14 | 活扳手 | 12″ | | 把 | 1 |

### 3. 图样识读

底板（2）三维效果图如图 5-17 所示。

**图 5-17　底板（2）三维效果图**

### 4. 工艺方案

①使用 A3 中心钻钻两处中心（定位）孔；

②使用 $\phi16$mm 的麻花钻钻 $\phi16$mm 的通孔；

③使用 $\phi12$mm 的立铣刀加工 $2\times\phi24^{+0.1}_{0}$mm 的沉孔；

④使用 $\phi12$mm 的立铣刀加工宽 30mm 的槽；

⑤锪孔，并去除毛刺。

刀具与合理的切削用量见表 5-8。

**表 5-8　底板(2)工艺规程**

| 序号 | 刀具号 | 刀具名称/mm | 刀具长度补偿号 | 刀具半径补偿号 | 主轴转速/r/min | 进给量/mm/min |
|------|--------|-------------|----------------|----------------|----------------|----------------|
| 1 | T01 | A3 中心钻 | H01 | | 1000 | 50 |
| 2 | T02 | φ16 麻花钻 | H02 | | 450 | 80 |
| 3 | T03 | φ12 立铣刀 | H03 | D03 | 450 | 100 |

### 5. 操作要点

(1)加工准备

①阅读零件图 5-15,并按毛坯图 5-16 检查坯料的尺寸;

②编制加工程序,开机输入程序并选择该程序;

③机床回参考点操作;

④安装夹具,夹紧工件;A 面为定位安装面,用平行垫铁垫起毛坯,零件的底面上要保证垫出一定厚度,用平口虎钳装夹工件,伸出钳口 8mm 左右;定位时要利用百分表调整工件与机床 X 轴的平行度,控制在 0.02mm 之内;

⑤按表 5-7 序号 9～11 准备刀具。

(2)对刀操作

(3)输入及修改刀具补偿值

(4)程序校验(略)

(5)工件加工

(6)尺寸测量　在加工结束后,用量具检测工件尺寸;如果有必要,调整刀具半径及长度补偿值,再加工一次。

(7)结束加工　加工完毕,检查工件各部位尺寸及表面粗糙度,卸下工件,清理铣床。

### 6. 注意事项

①工件在钳口上安装时,下面要垫平行垫铁并防止垫铁和钻头、铰刀干涉。如果不用平行垫铁,必须用百分表找正工件上表面至水平。

②钻 2×φ16mm 的通孔和铣 φ24mm 的沉孔及宽 30mm 的槽时,应充分浇注冷却液。

### 7. 参考程序

选择工件中心为 X,Y 坐标系原点,选择工件的上表面为工件坐标系的 Z0 点,机床坐标系设在 G54 上。

符合 FANUC 0i—MB 系统的参考程序:

O0063;

(T01)(手动换装 A3mm 中心钻)

N10 G00 G40 G80;

N20 G90 G98 G54 X0 Y0;

N30 G00 X-35;(快速偏置至 X-35mm)

N40 M03 S1000;

N50 G43 Z50 H01;(调用长度补偿,补偿号为 H01)

N60 Z5;

N70 G01 Z-5 F50;(钻中心孔)

N80　G00 Z5;

N90 X35;(快速直线插补至 X35mm)

N100 Z5;

N110 G01 Z-5 F50;(钻中心孔)

N120 G00 Z150 M05;(快速退刀至安全高度为 150mm,主轴停转)

N130 M00;(程序暂停)

(T02)(手动换装 φ16mm 麻花钻)

N140 G90 G54 G00 X0 Y0;(快速偏置至工件原点 X0,Y0 处)

N150 M03 S450;(快速偏置至 X-35mm)

N160 X-35;(调用长度补偿,补偿号为 H02)

N180 Z5 M08;(安全高度为 5mm,冷却液开)

N190 G01 Z-20 F80;(钻 φ16mm 通孔)

N200 G00 Z50;(快速退刀至 Z50mm)

N210 X35;(φ16mm 钻头快速偏置至 X35mm)

N220 Z5;

N230 G01 Z-20 F80;(钻 φ16mm 通孔)

N240 G00 Z150 M09;(快速退刀至安全高度为 150mm,冷却液关)

N250 M05;(主轴停转)

N260 M00;(程序暂停)

(T03)(手动换装 φ12mm 立铣刀)

N270 G00 G90 G54 X0 Y0;(快速偏置至工件原点 X0,Y0 处)

N280 M03 S450;

N290 G43 Z50 H03;(调用长度补偿,补偿号为 H03)

N300 Z5 M08;(安全高度为 5mm,冷却液开)

N310 G00 X-35;(快速偏置至 X-35mm)

N320 G01 Z-5 F100;(直线插补至 Z-5mm 处)

N330 G42 G01 Y-12 D03;(调用刀具半径右补偿,补偿号为 D03)

N340 G02 X-35 Y-12 I0 J12 F60;(顺时针圆弧插补)

N350 G02 X-42 Y-5 R7 F60;(圆弧切出)

N360 G00 Z5；

N370 G00 G40 Z50；(取消刀具补偿)

N380 X35 Y0；(快速偏置至 X35mm)

N390 Z5；

N400 G01 Z-5 F100；(直线插补至 Z-5mm)

N410 G42 G01 Y-12 D03；(调用半径右补偿,补偿号为 D03)

N420 G02 X35 Y-12 I0 J12 F60；(顺时针圆弧插补)

N430 G02 X28 Y-5 R7；(圆弧切出)

N440 G40 G00 Z50；(取消刀具补偿)

N450 G00 X0 Y45；(快速偏置至 Y45,准备加工宽 30mm 的槽)

N460 Z5；

N470 G01 Z-5 F100；(直线插补至 Z-5mm)

N480 Y-45；(直线插补至 Y-45mm)

N490 G42 G01 X-15 D03 F100；(调用半径右补偿,补偿号为 D03)

N500 Y45；(直线插补至 Y45mm)

N510 X15；(铣凹槽右侧面的部位)

N520 Y-45；(直线插补至 Y-45mm)

N530 G00 Z150 M09；(快速退刀,冷却液关)

N540 G40 X0 Y0；(取消刀具补偿)

N550 M05；(主轴停转)

N560 M30；(程序结束)

## 8. 中级实训评分表(表 5-9)

### 表 5-9　中级实训评分表(三)

| 班级 | | | 姓名 | | 学号 | | 日期 | |
|---|---|---|---|---|---|---|---|---|
| 实训课题 | | | 孔与沟槽的综合加工训练 | | | | 零件图号 | 5-15 |
| 基本检查 | 编程 | 序号 | 检测项目 | | | 配分 | 学生自评分 | 教师评分 |
| | | 1 | 切削加工工艺制定正确 | | | 5 | | |
| | | 2 | 切削用量选择合理 | | | 10 | | |
| | | 3 | 程序正确、简单明确规范 | | | 10 | | |
| | 操作 | 4 | 设备正确操作、维护保养 | | | 5 | | |
| | | 5 | 安全、文明生产 | | | 10 | | |
| | | 6 | 刀具选择、安装正确,规范 | | | 5 | | |
| | | 7 | 工件找正、安装正确,规范 | | | 5 | | |
| 基本检查结果总计 | | | | | | 50 | | |

续表 5-9

| 序号 | 图样尺寸/mm | 公差 | 量具 | | 配分 | 实测尺寸 | | 分数 |
| --- | --- | --- | --- | --- | --- | --- | --- | --- |
| | | | 名称 | 规格/mm | | 学生自测 | 教师检测 | |
| 尺寸检测 1 | 孔距70 | ±0.05mm | 游标卡尺 | 0~150 | 10 | | | |
| 2 | 2×$\phi$16 | | 游标卡尺 | 0~150 | 10 | | | |
| 3 | 2×$\phi$24 | $^{+0.1}_{0}$ mm | 内径千分尺 | 0~25 | 10 | | | |
| 4 | 槽宽30 | $^{+0.1}_{0}$ mm | 内径千分尺 | 25~50 | 10 | | | |
| 5 | 沉孔深5 | | 游标卡尺 | 0~150 | | | | |
| 6 | 凹槽深5 | | 游标卡尺 | 0~150 | | | | |
| 7 | 表面粗糙度 | $Ra$ 3.2 | 粗糙度样规 | | 5 | | | |
| 尺寸检查总计 | | | | | 50 | | | |
| 基本检查结果 | | | 尺寸检查结果 | | | 成绩 | | |

[例4] 内外轮廓与槽的综合加工训练。

## 1. 训练目标

①了解凸轮类零件的结构特征及技术要求；

②掌握一般扇形类零件的加工工艺过程、程序编制及工装、刀具的选择。

## 2. 零件图,毛坯图和工、量、刃具清单

（1）零件图 如图 5-18 所示,该零件为铸造毛坯,外轮廓加工余量为 5mm,材料为 HT200。零件上、下表面及 $\phi$25mm 和 $\phi$12mm 孔均由前道工序加工完成,本工序是在数控铣床上加工扇形轮廓及弧形槽。

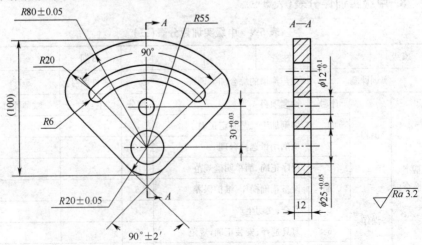

图 5-18 扇形零件

（2）毛坯图（图 5-19）

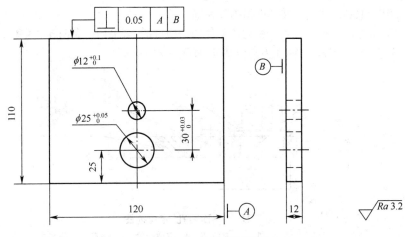

**图 5-19　扇形毛坯图**

（3）工、量、刃具清单（表 5-10）

**表 5-10　扇形加工用工、量、刃具清单**　　　　　　　　　　（mm）

| 序号 | 名　称 | 规格 | 精度 | 单位 | 数量 |
|---|---|---|---|---|---|
| 1 | Z轴设定器 | 50 | 0.01 | 个 | 1 |
| 2 | 寻边器 | $\phi 10$ | 0.002 | 个 | 1 |
| 3 | 游标卡尺 | 0～150 | 0.02 | 把 | 1 |
| 4 | 内径千分尺 | 0～25 | 0.01 | 把 | 1 |
| 5 | 百分表及磁力表座 | 0～10 | 0.01 | 个 | 1 |
| 6 | 粗糙度样板 | N0～N1 | 12级 | 副 | 1 |
| 7 | 圆弧样板 | R20～R80 | | 套 | 1 |
| 8 | 麻花钻 | $\phi 10$ | | 个 | 1 |
| 9 | 立铣刀 | $\phi 12$ | | 个 | 1 |
| 10 | 立铣刀 | $\phi 20$ | | 个 | 1 |
| 11 | 专用工装 | | | 套 | 1 |
| 12 | 铜锤 | | | 个 | 1 |
| 13 | 活扳手 | 12″ | | 把 | 1 |

### 3. 图样识读

扇形零件的三维效果图如图 5-20 所示。

### 4. 工艺方案

（1）铣外轮廓　选用 $\phi 20mm$ 立铣刀。

（2）铣弧形槽

①在弧形槽的一端预钻孔 $\phi 10mm$；

**图 5-20　扇形零件的三维效果图**

②用 $\phi$12mm 立铣刀将两孔沿弧线铣通。

（3）工件的定位与装夹 根据该零件的结构特征，可采用一面两孔式定位，即以底面及 $\phi$25mm，$\phi$12mm 两孔为定位基准，如图 5-21 所示。

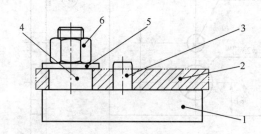

**图 5-21 "一面两孔"定位简图**
1. 定位底板 2. 零件 3. 定位销 4. 定位销轴 5. 垫圈 6. 螺母

（4）刀具与合理的切削用量（见表 5-11）

**表 5-11 扇形零件工艺规程**

| 序号 | 工序内容 /mm | 刀具号 | 刀具名称 /mm | 刀具长度补偿号 | 刀具半径补偿号 | 主轴转速 /r/min | 进给量 /mm/min |
|---|---|---|---|---|---|---|---|
| 1 | 铣扇形零件外形 | T01 | $\phi$20 立铣刀 | H01 | D01 | 400 | 80 |
| 2 | 钻孔 $\phi$10 | T02 | $\phi$10 麻花钻 | H02 | | 800 | 60 |
| 3 | 铣弧形槽 | T03 | $\phi$12 立铣刀 | H03 | | 600 | 60 |

### 5. 操作要点

（1）加工准备

①阅读零件图 5-18，并按毛坯图 5-19 检查坯料的尺寸；

②编制加工程序，开机输入程序并选择该程序；

③开机，机床回原点；

④安装夹具，夹紧工件；夹具应放在工作台面的中间部位；安放夹具后，用百分表检测夹具定位表面并调平，同时转动夹具，确保两定位销的中心连线与 Y 轴平行；完毕后将夹具压紧在机床工作台上，安装零件毛坯并压紧；将夹具和零件压紧后即可实施对刀；

⑤按表 5-10 序号 8～10 准备刀具。

（2）设定工件坐标系及对刀 工件坐标系的原点设置在零件上表面 $\phi$25mm 孔中心，选用 G54 工件坐标系。

首先，用百分表或杠杆表，测量出 $\phi$25mm 定位销中心的 X 向及 Y 向坐标并将此值输入到 G54 工件坐标系中，G54 工件坐标系中的 Z 值设置为零。若测量不便，此项工作可在安装零件之前进行。

然后,分别对三把刀的长度方向实施对刀,对刀面设在工件的上表面,即工件坐标系的 Z0 面。向下移动刀具,将刀具与工件上表面接触时的机床坐标值作为该刀的长度补偿值,分别输入到各自对应的长度补偿地址 H01,H02,H03 中;并将 $\phi$20mm 立铣刀的实际半径值输入到该刀具的半径补偿地址 D01 中。由于 $\phi$10mm 钻头和 $\phi$12mm 立铣刀在加工程序中不涉及刀具半径补偿,因此不必设置刀具半径补偿值,但要保证刀具直径与所加工的孔径一致。

(3)输入并修改补偿参数

(4)程序校验(略)

(5)自动加工　在自动运动状态下,起动程序,实施加工。注意换刀顺序: $\phi$20mm 立铣刀,$\phi$10mm 钻头,$\phi$12mm 立铣刀。并适当调整主轴转速和进给速度,保证加工正常。

(6)尺寸测量　在加工结束后,用量具检查工件尺寸;如果有必要,调整刀具半径补偿值,再加工一次。

(7)结束加工　松开压板,卸下工件,清理铣床。

### 6. 注意事项

①在加工圆弧槽时,应防止铣刀、钻头与工装发生干涉。

②因被加工材料是铸铁,在加工时不应使用冷却液,以防止堵塞冷却系统及工件生锈。

### 7. 参考程序与计算

(1)数学计算　该扇形零件外轮廓及弧形槽均由圆弧和直线构成,因此只需要计算各连接点的坐标值即可。刀具轨迹如图 5-22 所示。

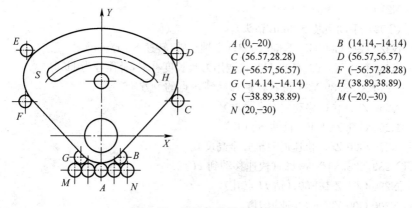

| | |
|---|---|
| $A$ (0,−20) | $B$ (14.14,−14.14) |
| $C$ (56.57,28.28) | $D$ (56.57,56.57) |
| $E$ (−56.57,56.57) | $F$ (−56.57,28.28) |
| $G$ (−14.14,−14.14) | $H$ (38.89,38.89) |
| $S$ (−38.89,38.89) | $M$ (−20,−30) |
| $N$ (20,−30) | |

**图 5-22　刀具轨迹及各点坐标**

(2)参考程序　工件坐标系的原点选用在 $\phi25^{+0.05}_{0}$ 孔中心线与端面的交点上,机床坐标系设在 G54 上。符合 FANUC 0i—MB 系统的参考程序:

O1235;

(T01)(手动换装 φ20mm 立铣刀)

N10 G90 G17 G49 G40 G80;

N20 G00 G54 X0 Y0;

N30 S400 M03;(主轴正转,转速 400r/min)

N40 G43 Z100 H01;(调用刀具长度补偿,补偿号为 H01)

N50 G00 X-20 Y-40;(快速移动到下刀点 M 的上方)

N60 Z5;(快速移动到安全高度)

N70 G01 Z-14 F200;(下刀至零件下表面以下 2mm 处)

N80 G42 G01 X-10 Y-20 D01 F80;(调用刀具半径补偿,补偿号为 D01)

N90 G01 X0 Y-20;(切入零件至点 A 点)

N100 G03 X14.14 Y-14.14 R20;(逆时针插补由 A→B)

N110 G01 X56.57 Y28.28;(直线插补由 B→C)

N120 G03 X56.57 Y56.57R20;(逆时针插补由 C→D)

N130 G03 X-56.57 Y56.57 R80;(逆时针插补由 D→E)

N140 G03 X-56.57 Y28.28 R20;(逆时针插补由 E→F)

N150 G01 X-14.14 Y-14.14;(直线插补由 F→G)

N160 G03 X0 Y-20 R20;(逆时针插补由 G→A)

N170 G01 X10 Y-20;(切出工件)

N180 G40 X20 Y-30;(取消刀具半径补偿,移至 N 点)

N190 G00 Z200;(快速抬刀)

N200 X0 Y0 M05;(主轴停转)

N210 M00;(程序暂停)

(T02)(手动换装 φ10mm 钻头)

N220 G90 G00 G54 S800 M03;(主轴正转,转速 800r/min)

N230 G43 X0 Y0 Z100 H02;(调用刀具长度补偿,补偿号为 H02)

N240 X-38.89 Y38.89;(快速移动到 S 点的上方)

N250 Z5;(快速移动到安全高度)

N260 G01 Z-18 F60;(钻 S 点孔)

N270 G00 Z5;(快速退刀至安全高度)

N280 X38.89 Y38.89;(快速移动到 H 点)

N290 G01 Z-18F60;(钻 H 点孔)

N300 G00 Z200;(快速退刀)

N310 M05;(主轴停转)

N320 M00;(程序暂停)

(T03)(手动换装换 φ12 立铣刀)

N330 G90 G00 G54 S600 M03;(主轴正转,转速 600r/min)

N340 G43 G00 Z100 H03;（刀具长度补偿有效补偿号为 H03）

N350 X-38.89 Y38.89;（快速移动到 *S* 点的上方）

N360 Z5;（快速移动到安全高度）

N370 G01 Z-14 F60;（下刀至零件下表面以下 2mm 处）

N380 G02 X38.89 Y38.89 R55;（顺时针插补至 *H* 点）

N390 G00 Z150;（快速抬刀）

N400 G49 X0 Y0 Z0 M05;（取消刀具长度补偿，主轴停转）

N410 M30;（程序结束）

## 8. 中级实训评分表（表 5-12）

**表 5-12　中级实训评分表（四）**

| 班级 | | | 姓名 | | 学号 | | 日期 | |
|---|---|---|---|---|---|---|---|---|
| 实训课题 | | | 内外轮廓与槽的综合加工训练 | | | 零件图号 | 5-18 | |

| 基本检查 | | 序号 | 检测项目 | 配分 | 学生自评分 | 教师评分 |
|---|---|---|---|---|---|---|
| 基本检查 | 编程 | 1 | 切削加工工艺制定正确 | 5 | | |
| 基本检查 | 编程 | 2 | 切削用量选择合理 | 10 | | |
| 基本检查 | 编程 | 3 | 程序正确、简单明确规范 | 10 | | |
| 基本检查 | 操作 | 4 | 设备正确操作、维护保养 | 5 | | |
| 基本检查 | 操作 | 5 | 安全、文明生产 | 10 | | |
| 基本检查 | 操作 | 6 | 刀具选择、安装正确，规范 | 5 | | |
| 基本检查 | 操作 | 7 | 工件找正、安装正确，规范 | 5 | | |
| 基本检查结果总计 | | | | 50 | | |

| 尺寸检测 | 序号 | 图样尺寸/mm | 公差 | 量具 | | 配分 | 实测尺寸 | | 分数 |
|---|---|---|---|---|---|---|---|---|---|
| 尺寸检测 | 序号 | 图样尺寸/mm | 公差 | 名称 | 规格/mm | 配分 | 学生自测 | 教师检测 | 分数 |
| 尺寸检测 | 1 | *R*20 | ±0.05mm | 圆弧样板 | *R*20 | 10 | | | |
| 尺寸检测 | 2 | *R*80 | ±0.05mm | 圆弧样板 | *R*80 | 10 | | | |
| 尺寸检测 | 3 | 90° | ±2′ | 角度尺 | | 5 | | | |
| 尺寸检测 | 4 | 90° | | 游标卡尺 | 0～150 | 5 | | | |
| 尺寸检测 | 5 | *R*20 | | 圆弧样板 | | 5 | | | |
| 尺寸检测 | 6 | 弧槽宽 12 | | 游标卡尺 | 0～150 | 5 | | | |
| 尺寸检测 | 7 | 表面粗糙度 | *Ra* 3.2 | 粗糙度样规 | | 10 | | | |
| 尺寸检查总计 | | | | | | 50 | | | |

| 基本检查结果 | | 尺寸检查结果 | | 成绩 | |
|---|---|---|---|---|---|

[**例5**] 数控铣削编程与操作中级技能实训。

**1. 零件图**(图 5-23)

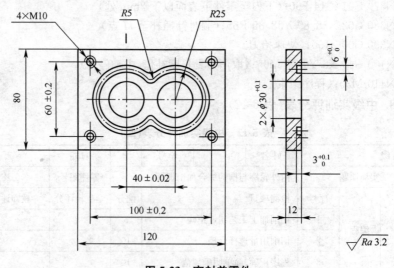

**图 5-23 密封盖零件**

**2. 毛坯图**(图 5-24)

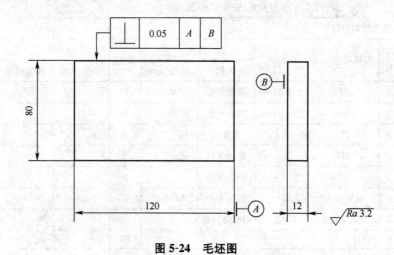

**图 5-24 毛坯图**

## 3. 中级实训评分表（表 5-13）

### 表 5-13 中级实训评分表

| 班级 | | | 姓名 | | 学号 | | 日期 | |
|---|---|---|---|---|---|---|---|---|
| 实训课题 | | | 密封盖的加工训练 | | | 零件图号 | 5-23 | |

| 基本检查 | | 序号 | 检测项目 | | | 配分 | 学生自评分 | 教师评分 |
|---|---|---|---|---|---|---|---|---|
| 基本检查 | 编程 | 1 | 切削加工工艺制定正确 | | | 5 | | |
| | 编程 | 2 | 切削用量选择合理 | | | 10 | | |
| | 编程 | 3 | 程序正确、简单明确规范 | | | 10 | | |
| | 操作 | 4 | 设备正确操作、维护保养 | | | 5 | | |
| | 操作 | 5 | 安全、文明生产 | | | 10 | | |
| | 操作 | 6 | 刀具选择、安装正确，规范 | | | 5 | | |
| | 操作 | 7 | 工件找正、安装正确，规范 | | | 5 | | |
| 基本检查结果总计 | | | | | | 50 | | |

| 尺寸检测 | 序号 | 图样尺寸/mm | 公差 | 量具 | | 配分 | 实测尺寸 | | 分数 |
|---|---|---|---|---|---|---|---|---|---|
| | | | | 名称 | 规格/mm | | 学生自测 | 教师检测 | |
| 尺寸检测 | 1 | 中心距 100 | $\pm 0.2$mm | 游标卡尺 | 0～150 | 5 | | | |
| | 2 | 中心距 60 | $\pm 0.2$mm | 游标卡尺 | 0～150 | 5 | | | |
| | 3 | 中心距 40 | $\pm 0.02$mm | 游标卡尺 | 0～150 | 5 | | | |
| | 4 | $2 \times \phi 30$ | $^{+0.1}_{0}$mm | 内径千分尺 | 25～50 | 5 | | | |
| | 5 | 槽宽 6 | $^{+0.1}_{0}$mm | 游标卡尺 | 0～150 | 5 | | | |
| | 6 | 深度 3 | $^{+0.1}_{0}$mm | 游标卡尺 | 0～150 | 5 | | | |
| | 7 | $4 \times M10$ | | 螺纹塞规 | | 5 | | | |
| | 8 | $R5$ | | 圆弧样板 | | 5 | | | |
| | 9 | $R25$ | | 圆弧样板 | | 5 | | | |
| | 10 | 表面粗糙度 | $Ra\,3.2$ | 粗糙度样规 | | 5 | | | |
| 尺寸检查总计 | | | | | | 50 | | | |
| 基本检查结果 | | | 尺寸检查结果 | | | 成绩 | | | |

**[例6]** 数控铣削练习加工试题。

**1. 零件图**(图 5-25)

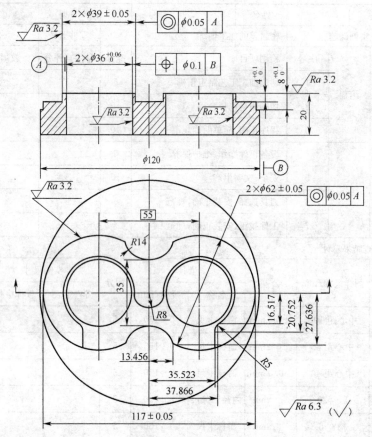

**图 5-25 练习加工**

**2. 中级实训评分表**(表 5-14)

表 5-14 中级实训评分表

| 考核项目 | | 考核要求 | 配分 | 评分标准 | 检测结果 | 得分 |
|---|---|---|---|---|---|---|
| 主要尺寸 | 1 | 外廓 117±0.05 | 10 | 超差 0.01 扣 1 分 | | |
| | 2 | 2×φ62±0.05 | 10 | 超差 0.01 扣 1 分 | | |
| | 3 | 圆 2×φ39±0.05 | 10 | 超差 0.01 扣 1 分 | | |
| | 4 | 孔 2×φ36$^{+0.06}_{0}$ | 10 | 超差 0.01 扣 1 分 | | |
| | 5 | 深 8$^{+0.1}_{0}$ | 6 | 超差 0.01 扣 1 分 | | |
| | 6 | 深 4$^{+0.1}_{0}$ | 6 | 超差 0.01 扣 1 分 | | |
| | 7 | 其他尺寸的公差±0.15 | 6 | 超差一处扣 1 分扣完为止 | | |

**续表 5-14**

| 考核项目 | | 考核要求 | 配分 | 评分标准 | 检测结果 | 得分 |
|---|---|---|---|---|---|---|
| 形位公差 | 1 | 孔 2×φ36 位置度为 φ0.1 | 5 | 超差 0.01 扣 1 分 | | |
| | 2 | φ39 与 φ36 的同轴度 φ0.05 | 5 | 超差 0.01 扣 1 分 | | |
| | 3 | φ62 与 φ36 的同轴度 φ0.05 | 5 | 超差 0.01 扣 1 分 | | |
| 表面粗糙度 | 1 | 上表面 Ra 3.2 | 2 | 不合格扣 1~2 分 | | |
| | 2 | 外轮廓侧壁 Ra 3.2 | 2 | 不合格扣 1~2 分 | | |
| | 3 | 内轮廓侧壁 Ra 3.2 | 2 | 不合格扣 1~2 分 | | |
| | 4 | 深 8 底面 Ra 6.3 | 2 | 不合格扣 1~2 分 | | |
| | 5 | 深 4 底面 Ra 6.3 | 2 | 不合格扣 1~2 分 | | |
| | 6 | φ36 孔 Ra 3.2 | 2 | 不合格扣 1~2 分 | | |
| 其他 | 1 | 安全生产 | 3 | 违反操作规程扣 1~3 分 | | |
| | 2 | 文明生产 | 2 | 违反有关规定扣 1~2 分 | | |
| | 3 | 综合加权分 | 10 | 零件外观、有无过切等综合考虑 | | |
| | 4 | 按时完成 | | 超时≤15 分钟：扣 5 分 | | |
| | | | | 超时 15~30 分钟：扣 10 分 | | |
| 总配分 | | | 100 | | | |
| 定额时间 | | | 4 小时 | | | |
| 加工开始： 时 分 | | | | 中间暂停时间： 时 分 | 得分： | |
| 加工结束： 时 分 | | | | 暂停原因： | | |
| 备注： | | | | | | |

# 第三节 FANUC 数控系统宏程序编程加工举例

看了上面两节的例子,我们对普通的指令有了了解,但是跟高级语言比较,其功能显得薄弱。为了与高级语言相匹配,本节将介绍宏指令。通过使用宏指令可以进行算术运算、逻辑运算和函数的混合运算;此外,宏程序还提供了循环语句、分支语句和子程序调用语句,使得编制同样的加工程序更简便,例如型腔加工宏程序和用户开发固定循环。宏指令既可以在主程序体中使用,也可以当作子程序来调用。使用时,加工程序可以用一条简单指令调出用户宏程序,和调用子程序完全一样。

## 一、变量的类型

在宏语句中,变量根据变量号可以分为四种类型,见表 5-15。

表 5-15　变量的类型

| 变　量　号 | 变量类型 | 功能 |
|---|---|---|
| ＃0 | 空变量 | 该变量总是空,没有值能赋给该变量 |
| ＃1～＃33 | 局部变量 | 局部变量只能在宏程序中存储数据。当系统断电时,局部变量被初始化为空;调用宏程序时,自变量对局部变量赋值 |
| ＃100～＃199<br>＃500～＃999 | 公用变量 | 公用变量在不同的宏程序中的意义相同。当系统断电时＃100～＃199 的变量初始化为空;变量＃500～＃999的数据保存,不会因系统断电而丢失 |
| ＃1000～ | 系统变量 | 系统变量用于读和写 CNC 的各种数据,如刀具的当前位置和补偿值 |

## 二、变量的运算

变量的运算见表 5-16。

表 5-16　算术运算和逻辑运算

| 功　　能 | 格　　式 | 备　　注 |
|---|---|---|
| 定义 | ＃i=＃j | |
| 加法 | ＃i=＃j+＃k | |
| 减法 | ＃i=＃j-＃k | |
| 乘法 | ＃i=＃j＊＃k | |
| 除法 | ＃i=＃j/＃k | |
| 正弦 | ＃i=SIN[＃j] | |
| 反正弦 | ＃i=ASIN[＃j] | |
| 余弦 | ＃i=COS[＃j] | 角度以度制定 |
| 反余弦 | ＃i=ACOS[＃j] | |
| 正切 | ＃i=TAN[＃j] | |
| 反正切 | ＃i=ATAN[＃j]/[＃k] | |
| 平方根 | ＃i=SQRT[＃j] | |
| 绝对值 | ＃i=ABS[＃j] | |
| 舍入 | ＃i=ROUND[＃j] | |
| 上取整数 | ＃i=FIX[＃j] | |
| 下取整数 | ＃i=FUP[＃j] | |
| 自然对数 | ＃i=LN[＃j] | |
| 指数函数 | ＃i=EXP[＃j] | |
| 或 | ＃i=＃jOR＃k | |
| 异或 | ＃i=＃jXOR＃k | 逻辑运算一位一位地按二进制数执行 |
| 与 | ＃i=＃AND＃k | |
| 从 BCD 转为 BIN | ＃i=BIN[＃j] | 用于 PMC 的信号交换 |
| 从 BIN 转为 BCD | ＃i=BCD[＃j] | |

### 三、运算符

宏程序中的条件表达式必须包括运算符。运算符插在两个变量中间或变量和常数中间,并且用括号[ ]封闭。表达式可以代替变量。运算符见表5-17。

**表 5-17 运算符**

| 运算符 | 含　义 | 运算符 | 含　义 |
|---|---|---|---|
| EQ | 等于 | GE | 大于或等于 |
| NE | 不等于 | LT | 小于 |
| GT | 大于 | LE | 小于或等于 |

### 四、条件判别语句

条件判别语句:IF…GOTOn;如果指定的条件表达式满足时,转移到标有顺序号 n 的程序段;如果不满足,执行下个程序段。

格式:

IF[ 条件表达式 ]GOTOn;

…;

GOTOn;

…;

例如:计算数值 1 到 10 的总和。

O0001;

#1＝0;(存储和的变量初始值)

#2＝1;(被加数变量的初值)

#3＝10;(被判断的变量的初值)

N10 IF[#2GT#3]GOTO20;(当被加数大于被判断的地变量时转移到 N20)

#1＝#1＋#2;(计算和)

#2＝#2＋#1;(下一个被加数)

GOTO10;(转到 N10)

N20 M30;(程序结束)

### 五、循环语句

循环语句:在 WHILE 后指定一个条件表达式,当指定条件满足时,执行从 DO 到 END 之间的程序。

格式:

WHILE[条件表达式]DOn;

…;

ENDn;

…;

例如:计算数值 1 到 10 的总和。

O0001;

♯1=0;(存储和的变量初始值)

♯2=1;(被加数变量的初值)

♯3=10;(被判断的变量的初值)

WHILE[♯2LE♯3]DO1;(当被加数小于或等于被判断的变量时顺序执行)

♯1=♯1+♯2;(计算和)

♯2=♯2+♯1;(下一个被加数)

END1;

M30;

## 六、宏程序的调用

可以使用如图 5-26 所示的方法调用宏程序。

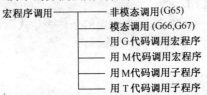

**图 5-26 宏程序的调用**

### 1. 宏程序调用和子程序调用的差别

①用宏程序调用,可以指定自变量(数据传输到宏程序);子程序没有该功能。

②在子程序的程序段内包含另外一个 NC 指令时,在指令执行之后调用子程序;宏程序调用可以无条件的调用宏程序。

③在子程序的程序段包含另一个 NC 指令时,在单段加工方式中,机床停止;宏程序调用时机床不停止。

④用宏程序调用,改变局部变过量的级别;用子程序调用,不改变局部变过量的级别。

### 2. 自变量的指定

自变量的指定可用两种形式。自变量指定 I 使用除了 G,L,O,N 和 P 以外的字母,每个字母指定一次。自变量指定 II 使用 A,B,C 和 Ii,Ji 和 Ki(i 为 1~10)。根据使用的字母,自动决定自变量指定的类型。自变量指定 I 见表 5-18。

**表 5-18 自变量 I 的指定**

| 地址 | 变量号 | 地址 | 变量号 | 地址 | 变量号 |
|------|--------|------|--------|------|--------|
| A | ♯1 | I | ♯4 | T | ♯20 |
| B | ♯2 | J | ♯5 | U | ♯21 |
| C | ♯3 | K | ♯6 | V | ♯22 |
| D | ♯7 | M | ♯13 | W | ♯23 |
| E | ♯8 | Q | ♯17 | X | ♯24 |
| F | ♯9 | R | ♯18 | Y | ♯25 |
| H | ♯11 | S | ♯19 | Z | ♯26 |

说明：

①地址 G,L,N,O 和 P 不能在自变量中使用。

②不需要指定的地址可以省略，对应于省略地址的局部变量为空。

③地址不需要按字母顺序指定，但应符合字地址的格式。I,J 和 K 需要按字母顺序指定。

自变量指定Ⅱ使用 A,B 和 C 各 1 次,I,J 和 K 各 10 次。见表5-19。

**表 5-19　自变量Ⅱ的指定**

| 地址 | 变量号 | 地址 | 变量号 | 地址 | 变量号 |
| --- | --- | --- | --- | --- | --- |
| A | ♯1 | K3 | ♯12 | J7 | ♯23 |
| B | ♯2 | I4 | ♯13 | K7 | ♯24 |
| C | ♯3 | J4 | ♯14 | I8 | ♯25 |
| I1 | ♯4 | K4 | ♯15 | J8 | ♯26 |
| J1 | ♯5 | I5 | ♯16 | K8 | ♯27 |
| K1 | ♯6 | J5 | ♯17 | I9 | ♯28 |
| I2 | ♯7 | K5 | ♯18 | J9 | ♯29 |
| J2 | ♯8 | I6 | ♯19 | K9 | ♯30 |
| K2 | ♯9 | J6 | ♯20 | I10 | ♯31 |
| I3 | ♯10 | K6 | ♯21 | J10 | ♯32 |
| J3 | ♯11 | I7 | ♯22 | K10 | ♯33 |

说明：

I,J,K 的序号用于确定自变量指定的顺序,在实际编程中不写。

### 3. 宏程序调用的格式

G65 P X Y Z R F I A B H;

其中　P——后面跟随被调用的宏程序号,不包含 O;

　　　　X——圆心的 X 坐标(绝对值或增量值指定)(♯24);

　　　　Y——圆心的 Y 坐标(绝对值或增量值指定)(♯25);

　　　　Z——孔深(♯26);

　　　　R——趋近点坐标(♯18);

　　　　F——切削进给速度(♯9);

　　　　I——圆半径(♯4);

　　　　A——第一孔的角度(♯1);

　　　　B——增量角(指定负值时为顺时针)(♯2);

　　　　H——孔数(♯11)。

## 七、宏程序编程举例

[例1]　编制一个宏程序加工轮圆上的孔。圆周的半径为 I,起始角为 A,间隔为 B,钻孔数为 H,圆的中心是(X,Y)。指令可以用绝对值或增量值指定。顺时针

方向钻孔时 $B$ 应指定负值。如图 5-27 所示。

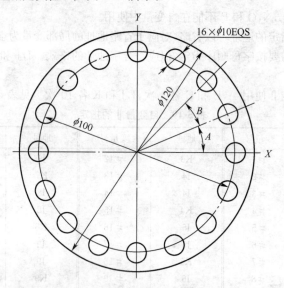

**图 5-27 孔的阵列宏程序用图**

宏程序调用程序:

O0001;

N0010 G00 G90 G54 G80 G40 G17;

N0020 G00 G90 G54 M03 S720;

N0030 G43 H01 Z50;

N0040 G65 P0002 X0.0 Y0.0 R3.0 Z-20.0 F100 I50.0 A0 B22.5 H16;

N0050 M30;

被调用的宏程序:

O0002;

N10 ♯3=♯4003;(储存 03 组 G 代码)

N20 G81 Z♯26 R♯18 F♯9 K0;(钻孔循环,K0 也可以使用 L0)

N30 IF[♯3 EQ 90]GOTO 60;(在 G90 方式转移到 N60)

N40 ♯24=♯5001+♯24;(计算圆心的 $X$ 坐标)

N50 ♯25=♯5002+♯25;(计算圆心的 $Y$ 坐标)

N60 WHILE[♯11 GT 0]DO 1;(直到剩余孔数为 0)

N70 ♯5=♯24+♯4 * COS[♯1];(计算 $X$ 轴上的孔位)

N80 ♯6=♯25+♯4 * SIN[♯1];(计算 $Y$ 轴上的孔位)

N90 G90 X♯5 Y♯6;(移动到目标位置之后执行钻孔)

N100 ♯1=♯1+♯2;(更新角度)

N110 ＃11＝＃11-1;(孔数-1)

N120 END 1;

N130 G＃3 G80;(返回原始状态的 G 代码)

N140 M99;

变量的含义:

＃3——储存 03 组的 G 代码;

＃5——下个孔的 X 坐标;

＃6——下个孔的 Y 坐标;

＃4003——G90/G91 模态信息的系统变量;

＃5001——指的是 X 轴工件坐标系位置信息,如果是增量编程指的是当前的工件坐标数值;

＃5002——指的是 Y 轴工件坐标系位置信息,如果是增量编程指的是当前的工件坐标数值。

[例 2]　编制加工如图 5-28 中椭圆槽的程序,要求采用 $\phi$8mm 键槽铣刀,分层切削,每层切深 1.6mm,坐标系原点 X,Y 设置在椭圆中心,Z 向原点设在工件上表面。

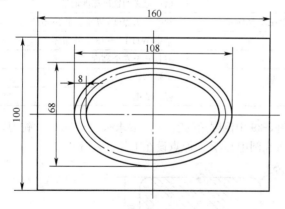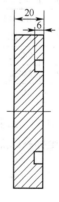

**图 5-28　椭圆槽的宏程序用图**

参考程序(表 5-20)。

**表 5-20　例 2 参考程序**

| 程序段号 | 程　序 | 注　释 |
|---|---|---|
|  | O1234 |  |
| N10 | ＃1=6 | 定义铣削深度 |
| N11 | ＃2=-1.6 | 定义每次铣削深度增量 |
| N12 | ＃3=0 | 定义圆弧插补移动角度初值 |
| N13 | ＃4=0.5 | 定义圆弧插补角位移增量 |

续表 5-20

| 程序段号 | 程　序 | 注　释 |
|---|---|---|
| N14 | G00 G90 G54 G17 M03 S2000 | 数控系统初始值设置主轴开启 |
| N15 | G43 H01 Z100 | 刀具长度补偿到安全高度 |
| N16 | X50 Y0 | 刀具快速移动到椭圆长轴右端 |
| N17 | Z10 | 刀具下降到预定工进位置 |
| N18 | #1=#2 | 第一次铣削深度 |
| N19 | WHILE[ #1 GE-6 ]DO1 | 判断铣削深度未达到 6mm 进入循环 |
| N20 | G01 Z[ -#1 ]F140 | 刀具下降到指定铣削深度 |
| N21 | WHILE[ #3 LE 360 ]DO2 | 椭圆插补角度小于等于 360 度进入循环 |
| N22 | #5=50 * COS[ #3 ] | 计算刀具椭圆插补 X 轴位置 |
| N23 | #6=30 * SIN[ #3 ] | 计算刀具椭圆插补 Y 轴位置 |
| N24 | G01 X[ #5 ]Y[ #6 ]F200 | 刀具椭圆弧插补进给 |
| N25 | #3=#3+#4 | 刀具椭圆弧插补位置角度 |
| N26 | END2 | 结束 WHILE~DO2 内循环 |
| N27 | #3=0 | 再次定义椭圆插补移动角度初始值 |
| N28 | #1=#1+#2 | 增加定义的铣削深度增量 |
| N29 | IF[ #1 EQ-6.4 ]THEN #1=-6 | 判断铣削深度,若等于 6.4mm 则为 6mm |
| N30 | END1 | 结束 WHILE~DO1 外循环 |
| N31 | G00 Z100 | 刀具升至安全高度 |
| N32 | M05 | 主轴停转 |
| N33 | M30 | 程序结束 |

[**例 3**]　编制加工如图 5-29 中倒圆角的宏程序,要求采用 φ10mm 立铣刀,分层切削,坐标系原点 $X,Y$ 设置在圆中心,$Z$ 向原点设在工件上表面。

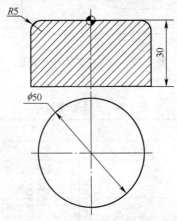

**图 5-29　倒圆角的宏程序用图**

参考程序(表 5-21)。

**表 5-21　例 3 参考程序**

| 程序段号 | 程　　序 | 注　　释 |
|---|---|---|
|  | O1234 |  |
| N10 | G00 G90 G54 G17 M03 S2000 | 数控系统初始值设置主轴开启 |
| N11 | G43 H01 Z100 | 刀具长度补偿到安全高度 |
| N12 | ♯1=0 | 初始切削角度 |
| N13 | ♯2=90 | 最终切削角度 |
| N14 | ♯3=0.2 | 定义每次铣削角度增量 |
| N15 | ♯4=10 | 定义刀具直径值 |
| N16 | ♯5=5 | 定义倒角圆弧半径 |
| N17 | WHILE[♯1 LE ♯2]DO1 | 判断铣削深度♯1大于♯2时进入循环 |
| N18 | ♯6=♯5 * COS[♯1] |  |
| N19 | ♯7=♯5 * SIN[♯1] |  |
| N20 | ♯8=50/2 |  |
| N21 | ♯24=♯8+♯4/2-♯6 |  |
| N22 | G01 X♯24 Z-♯7 F1200 |  |
| N23 | G02 I-♯24 |  |
| N24 | ♯1=♯1-♯3 |  |
| N25 | END1 |  |
| N26 | G00 Z100 | 提刀 |
| N27 | M05 | 主轴停转 |
| N28 | M30 | 程序结束 |

**[例 4]**　编制加工如图 5-30 中倒角的宏程序,要求采用 φ10mm 立铣刀,分层切削,坐标系原点 $X,Y$ 设置在圆中心,$Z$ 向原点设在工件上表面。

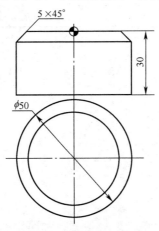

**图 5-30　倒角的宏程序用图**

参考程序(表 5-22)。

**表 5-22 例 4 参考程序**

| 程序段号 | 程 序 | 注 释 |
|---|---|---|
| | O1234 | |
| N10 | G00 G90 G54 G17 M03 S2000 | 数控系统初始值设置主轴开启 |
| N11 | G43 H01 Z100 | 刀具长度补偿到安全高度 |
| N12 | #1=0 | 初始切削深度 |
| N13 | #2=-5 | 最终切削深度 |
| N14 | #3=-0.2 | 定义每次铣削深度增量 |
| N15 | #4=10 | 定义刀具直径值 |
| N16 | #5=5 | 倒角斜度 |
| N17 | WHILE[#1 GE #2]DO1 | 判断铣削深度#1大于#2时进入循环 |
| N18 | #6=[#5+#1]/TAN[45] | |
| N19 | #7=50/2 | |
| N20 | #8=#7+#4/2 | |
| N21 | #24=#8-#6 | |
| N22 | G01 X#24 Z#1 F1200 | |
| N23 | G02 I-#24 | |
| N24 | #1=#1+#3 | |
| N25 | END1 | |
| N26 | G00 Z100 | 提刀 |
| N27 | M05 | 主轴停转 |
| N28 | M30 | 程序结束 |

# 第六章  数控铣自动编程

## 第一节  常用自动编程软件

自动编程是采用计算机辅助数控编程技术实现的,需要一套专门的数控编程软件。现代数控编程软件主要分为以批处理命令方式为主的各种类型的语言编程系统和交互式 CAD/CAM 集成化编程系统。

APT(Automatically Programmed Tool 的简称)是一种自动编程工具,是对工件、刀具的几何形状及刀具相对于工件的运动等进行定义时所用的一种接近于英语的符号语言。在编程时编程人员依据零件图样,以 APT 语言的形式表达出加工的全部内容,再把用 APT 语言书写的零件加工程序输入计算机,经 APT 语言编程系统编译产生刀位文件(CLDATA file),通过后置处理后,生成数控系统能接受的零件数控加工程序的过程,称为 APT 语言自动编程。

采用 APT 语言自动编程时,计算机(或编程机)代替程序编制人员完成了繁琐的数值计算工作,并省去了编写程序单的工作量,因而可将编程效率提高数倍到数十倍,同时解决了手工编程中无法解决的许多复杂零件的编程难题。

交互式 CAD/CAM 集成系统自动编程是现代 CAD/CAM 集成系统中常用的方法,在编程时编程人员首先利用计算机辅助设计(CAD)或自动编程软件本身的零件造型功能,构建出零件几何形状,然后对零件图样进行工艺分析,确定加工方案,其后利用软件的计算机辅助制造(CAM)功能,完成工艺方案的制订、切削用量的选择、刀具及其参数的设定,自动计算并生成刀位轨迹文件,利用后置处理功能生成指定数控系统用的加工程序。因此把这种自动编程方式称为图形交互式自动编程。这种自动编程系统是一种 CAD 与 CAM 高度结合的自动编程系统。

集成化数控编程的主要特点:零件的几何形状可在零件设计阶段采用 CAD/CAM 集成系统的几何设计模块在图形交互方式下进行定义、显示和修改,最终得到零件的几何模型;编程操作都是在屏幕菜单及命令驱动等图形交互方式下完成的,具有形象、直观和高效等优点。这些已经在相关章节中做过介绍。常用自动编程软件有:

### 一、MasterCAM

MasterCAM 软件是美国 CNC 公司所研制开发的 CAD/CAM 系统,是最经济有效的全方位的软件系统。如图 6-1 所示是 MasterCAM 的界面。

**图 6-1   MasterCAM 的界面**

## 二、PRO/E

Pro/E(Pro/Engineer)是美国 PTC 公司（Parametric Technology Corporation 参数技术公司）开发的大型 CAD/CAM/CAE 集成软件。如图 6-2 所示是 PRO/E 的界面。

**图 6-2   PRO/E 的界面**

## 三、Solidworks

Solid Edge 是通用机械 CAD/CAE/CAM 一体化软件，三维实体造型系统。Solid Edge V5 采用了 Unigraphics solutions 的 parasolid 造型内核作为软件核心。Solidworks 将装配设计、零件造型和图纸生成结合在一起，为用户提供了从二维到三维的设计及加工等功能，支持标准数据转换接口。

## 四、Catia

Catia 的产品开发商 Dassault System（达索）成立于 1981 年。它的集成解决方案覆盖所有的产品设计与制造领域，已经成为航空航天业、汽车工业的主流软件。

### 五、UG

UG(Unigraphics)软件起源于美国麦道飞机公司,后于 1991 年 11 月并入世界上最大的软件公司——EDS 公司。如图 6-3 所示是 UG 的界面。

### 六、Cimatron

是以色列 Cimatron 公司的产品,最早被用来设计开发幼狮喷气式战斗机及潜艇等。该软件是一套全功能、高度集成的 CAD/CAE/CAM 系统,现已被广泛地应用于机械、电子、交通运输、航空航天、科研等行业。Cimatron 软件的 CAM 模块为加工制造业提供了从 2 轴到 5 轴的可靠的 NC 功能。

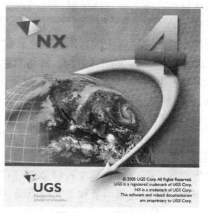

图 6-3 UG 的界面

### 七、Mechanical Desktop

Mechanical Desktop(3D 实体塑型系统)是 Autodesk 公司为机械设计专门设计的新系统。Mechanical Desktop 通过融合二维与三维的设计扩展了 AutoCAD 设计环境的能力。这套 CAD/CAE/CAM 软件可以由 MDT/Inventor 完成三维模型及其装配设计,利用 MSC/FEA 进行需要的分析,利用 HyperMILL 系统进行相关零部件的数控编程,自动生成 NC 代码。

### 八、SolidCAM

SolidCAM 是一套 SolidWorks 的先进计算机辅助制造工具。在 SolidWorks 同一操作环境下,免除档案转换引起数据的遗失、时间的延误,进行计算机辅助加工,过程更快捷方便。SolidCAM 提供 2.5 轴铣削,3 轴铣削,3＋2 多边加工,5 轴联动加工,车削＋驱动工具,2/4 轴电火花加工。

### 九、PowerMILL AutoCAM

PowerMILL AutoCAM 是一基于知识库的智能加工模块,它为简单快速刀具路径产生提供了最终解决方案。该程序的使用十分简单,仅需简单输入需进行加工的 CAD 模型,指定毛坯尺寸以及将使用的加工铣床——包括是使用传统加工还是进行高速加工。

## 第二节 CAXA 制造工程师 2006 自动编程软件

数控加工是具有代表性的先进制造技术,数控铣床更是极为重要、应用广泛的数控铣床,大量应用在零件加工、模具加工中。CAXA 制造工程师 2006 软件是优秀的 CAD/CAM 国产软件,是一款面向 2~5 轴数控铣床与加工中心机床,具有良好工艺性能的铣削/钻削数控加工编程软件,它高效易学,具有卓越的数控加工工艺性能和完善的外部数据接口。CAXA 制造工程师 2006 不仅具有 CAD 软件的强大绘图功能和完善的外部数据接口,可以绘制任意复杂的图形,可通过 DXF,IGES 等数据接口与其他系统交换数据,而且具有功能强大、使用简单的轨迹生成及通用后置处理功能。其功能强大、使用简捷的轨迹生成手段,可按加工要求生成各种复杂图形的加工轨迹。通用的后置处理模块使 CAXA 制造工程师 2006 可以满足各种铣床的代码格式,可输出 G 代码,并可对生成的代码进行校验及加工仿真。

具有友好的用户界面,体现在以下方面:全中文 windows 界面,形象化的图标菜单,全面的鼠标拖动功能,灵活方便的立即菜单参数调整功能,智能化的动态导航捕捉功能,多方位的信息提示等。

CAXA 制造工程师 2006 的主要加工功能有:特征实体造型、自由曲面造型、两轴到五轴数控加工、知识加工、生成加工工序单、加工工艺控制、加工轨迹仿真和后置处理等。CAXA 制造工程师 2006 系统界面和其他 windows 风格的软件一样,各种应用功能通过菜单条和工具条驱动,状态条指导用户进行操作并提示当前状态和所处位置,绘图区显示各种绘图操作的结果。同时,绘图区和参数栏为用户实现各种功能提供数据的交互。

# 第三节 CAXA 制造工程师 2006 的 CAD,CAM 功能

## 一、绘图功能

该软件界面中右端有两列功能菜单键,左列功能为基本操作功能键。

### 1. 绘制直线

分为两点线、平行线、水平/铅垂线等。输入两点坐标或用鼠标直接拾取点位置。如图 6-4 所示。

图 6-4 直线绘制菜单

### 2. 绘制圆弧

分为两点半径圆弧、三点圆弧、圆心、半径圆弧等。输入对应点坐标、半径值或用鼠标直接拾取点位置。如图 6-5 所示。

图 6-5 圆弧绘制菜单

### 3. 绘制圆⊕

分为圆心_半径、两点半径、三点绘制。输入对应点坐标、半径值或用鼠标直接拾取点位置。如图 6-6 所示。

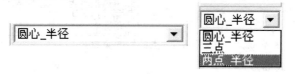

**图 6-6　圆的绘制菜单**

### 4. 绘制椭圆⊙

根据所对应界面菜单设置数据。用鼠标直接拾取椭圆中心点位置或用键盘输入椭圆中心点位置。如图 6-7 所示。

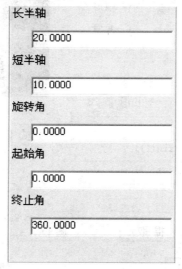

**图 6-7　椭圆绘制菜单**

### 5. 绘制样条曲线〰

用鼠标直接拾取。如图 6-8 所示。

**图 6-8　样条曲线绘制菜单**

### 6. 绘制点▣

鼠标拾取或输入点坐标。如图 6-9 所示。

图 6-9 点的绘制菜单

### 7. 绘制公式曲线 f(x)

在相应菜单中设置数据,如:函数公式等。如图 6-10 所示。

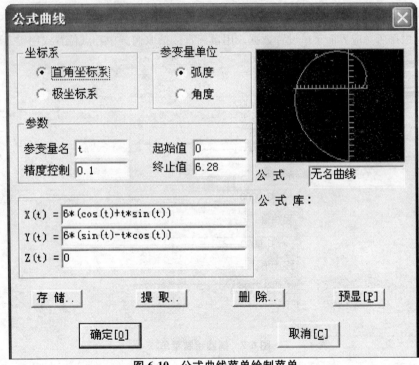

图 6-10 公式曲线菜单绘制菜单

### 8. 绘制正多边形

在相应菜单中设置数据,如:多边形变数、形式等。如图 6-11 所示。

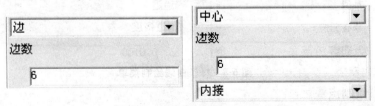

图 6-11 正多边形绘制菜单

### 9. 绘制矩形□

在相应菜单中设置数据。如图 6-12 所示。

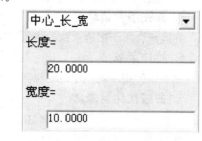

**图 6-12　矩形绘制菜单**

### 10. 绘制等距线

在相应菜单中设置数据。如图 6-13 所示。

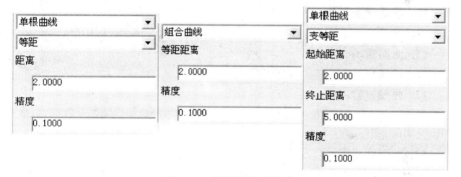

**图 6-13　等距线绘制菜单**

### 11. 其他绘制(略)

## 二、修改功能

该软件界面中左下角有一列修改功能键,如图 6-14 所示。

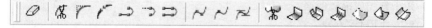

**图 6-14　修改功能键菜单**

### 1. 删除菜单

用于删除所选内容。

### 2. 曲线裁剪菜单

使用曲线做剪刀,裁掉曲线上不需要的部分。

### 3. 曲线过渡菜单

对指定的两条曲线进行圆弧过渡、尖角过渡,对两条直线倒角。

**4. 打断菜单**

在所选位置打断所选曲线。

**5. 曲线组合菜单**

曲线组合用于把拾取到的多条相连曲线组合成一条样条曲线。

**6. 拉伸菜单**

曲线拉伸用于将指定曲线拉伸到指定点。

**7. 曲线优化菜单**

对控制顶点太密的样条曲线在给定的精度范围内进行优化处理。

**8. 编辑型值点**

对已经生成的样条进行修改,编辑样条的型值点。适于高级用户。

**9. 编辑控制顶点**

对已经生成的样条进行修改,编辑样条的控制顶点。适于高级用户。

**10. 编辑端点切失**

对已经生成的样条进行修改,编辑样条的端点切矢。适于高级用户。

**11. 曲面裁剪**

对生成的曲面进行修剪,去掉不需要的部分。

**12. 曲面过渡**

在给定的曲面之间以一定的方式作给定半径或半径规律的圆弧过渡面,以实现曲面之间的光滑过渡。

**13. 曲面拼接**

曲面拼接面是曲面光滑连接的一种方式,它可以通过多个曲面的对应边界,生成一张曲面与这些曲面光滑相接。

**14. 曲面缝合**

是指将两张曲面光滑连接为一张曲面。

**15. 曲面延伸**

用于延长或缩短曲面。

**16. 曲面优化**

在给定的精度范围之内,尽量去掉多余的控制顶点,使曲面的运算效率提高。

**17. 曲面重拟合**

是把 NURBS 曲面在给定的精度条件下拟合为 B 样条曲面。

**18. 其他菜单(可参阅说明书)**

# 第四节  CAXA 制造工程师 2006 自动编程实例

完成如图 6-15 所示零件造型、生成加工轨迹。毛坯尺寸为 100mm×80mm×

30mm,材料为 45 钢。

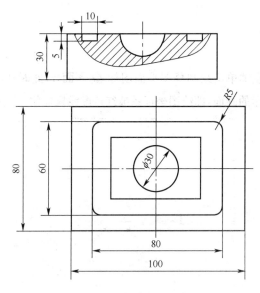

图 6-15 自动编程实例

步骤 1:双击桌面上的 CAXA2006 制造工程师快捷图标 ,打开 CAXA2006 制造工程师软件,如图 6-16 所示界面。

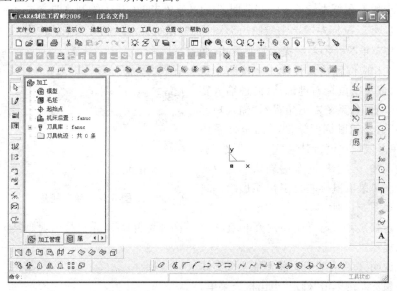

图 6-16 CAXA2006 制造工程师界面

步骤 2：鼠标左键单击零件特征图标 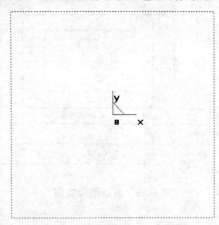 零件特征，显示绘图坐标系方

式：

步骤 3：鼠标左键单击绘制草图平面图标 ◆ 平面XY，此时，CAXA 界面中央将显示如图 6-17 所示的画面，即绘图坐标系被红色虚线框框住。

**图 6-17 选择绘制草图平面**

步骤 4：鼠标左键单击绘制草图图标 或单击 F2，进入绘制草图方式。

步骤 5：鼠标左键单击绘制矩形图标□，系统提示绘制方式 两点矩形 ▼，单击下拉菜单图标▼，系统提示绘制方式，如图 6-18 所示。

在相应位置输入长度 100 按回车键确认，或单击鼠标右键确认，同理输入宽度 80。此时，系统左下角提示"输入矩形中心"。移动鼠标至绘图平面坐标系中心，单击鼠标左键确认并完成矩形绘制，或输入"0,0,0" 按回车键确认并完成矩形绘制。单击鼠标右键退出矩形绘制菜单。如图 6-19 所示。

**图 6-18 绘制矩形**

步骤 6：用鼠标单击左键菜单 ，检查草图环是否封闭，系统将出现如图 6-20 所示的提示。

说明：草图存在开口将不能生成实体。

鼠标左键单击"确定"退出检查菜单。

步骤 7：鼠标左键单击" "，退出草图绘制菜单。鼠标左键单击拉深增料图标

"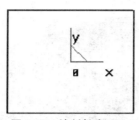",系统将出现如图 6-21 所示的提示。

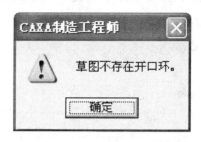

**图 6-19 绘制长度 100、宽度 80 的矩形**

**图 6-20 进行草图环是否封闭检查**

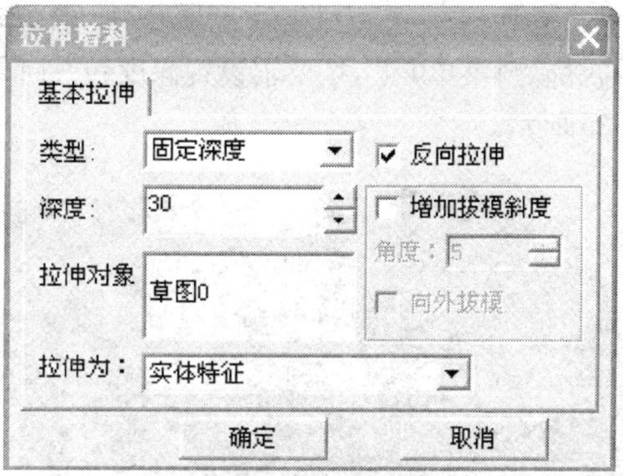

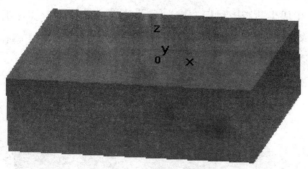

**图 6-21 拉深增料菜单**

输入深度 30,鼠标左键单击"确定"完成实体生成,如图 6-22 所示。

**图 6-22 拉伸实体生成**

步骤 8:生成矩形槽。鼠标左键单击上述完成的长方形实体上表面,或单击
"◈ 平面XY"→单击"✏"→单击"▢",按系统提示输入长度 80、宽度 60,单击鼠标
右键确认,再次按提示输入长度 60、宽度 40,单击鼠标右键确认。

步骤 9:鼠标左键单击"曲线过渡菜单▭",系统将出现如图 6-23 所示的提示,输
入半径 5。

按图纸要求进行曲线过渡。过渡完成,退出草图。如图 6-24 所示。

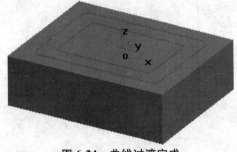

| 圆弧过渡 |
| --- |
| 半径 |
| 5 |
| 精度 |
| 0.0100 |
| 裁剪曲线1 |
| 裁剪曲线2 |

图 6-23　曲线过渡菜单　　　　　图 6-24　曲线过渡完成

步骤 10:单击"拉深除料菜单冋",按要求设置深度和方向参数,拾取草图,单击"确定"完成,如图 6-25 所示。

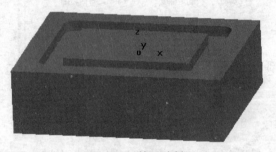

**图 6-25　拉深除料**

步骤 11:生成半圆腔。鼠标左键单击上述完成的长方形实体上表面,或单击"◇ 平面XY"→单击"↙"→单击图标"⊕"绘制整圆,弹出对话框 圆心_半径 ▼,按系统左下角提示输入"圆心点",移动鼠标指针至绘图平面坐标系中心处,输入15,按回车键确认,单击鼠标右键结束并退出绘制整圆命令,如图 6-26 所示。

**图 6-26　在草图状态下绘制圆**

步骤 12：鼠标左键单击绘制直线图标"✎"，弹出如图 6-27 所示的对话框。按系统左下角提示输入"第一点"，按空格键，选择端点，单击 *R*15 整圆，向右拖动鼠标指针，系统左下角提示输入"第二点"，按空格键，选择缺省点，单击 *R*15 整圆的最左端，单击鼠标右键确定并退出绘制直线命令，如图 6-28 所示。

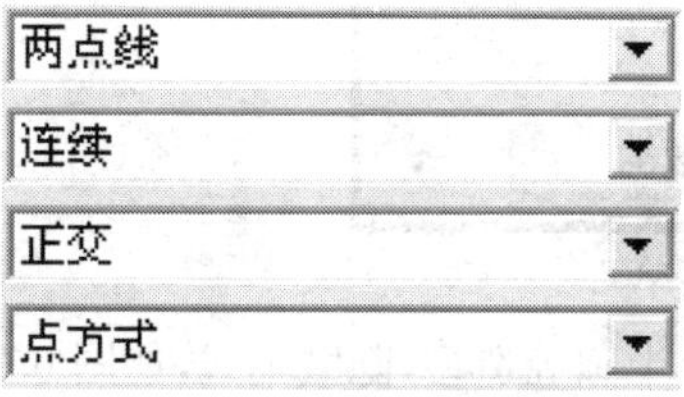

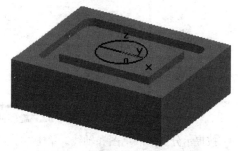

图 6-27　绘制直线菜单　　　　　　　图 6-28　在草图状态下绘制直线

步骤 13：鼠标左键单击曲线裁减图标"✁"，弹出对话框如图 6-29 所示，按系统左下角提示"拾取被裁剪线（选取被裁掉的段）："，经过裁减后，退出草图状态，如图 6-30 所示。

图 6-29　曲线裁减菜单

图 6-30　完成曲线裁剪

步骤 14：退出草图并绘制旋转轴线，如图 6-31 所示。

图 6-31　绘制旋转轴线

步骤15：鼠标左键单击旋转除料图标""，弹出如图6-32所示的旋转对话框。

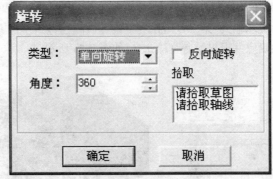

图 6-32  旋转除料菜单

按提示分别拾取草图和轴线。单击"确定"完成半圆腔造型，隐藏轴线，如图 6-33 所示。

图 6-33  半圆腔造型完成

步骤16：鼠标左键单击"相关线"图标 ，根据对话框，选择下拉菜单中 实体边界 ▼ ，系统左下角提示"拾取边界"。鼠标左键依次拾取各边界，如图6-34 所示。

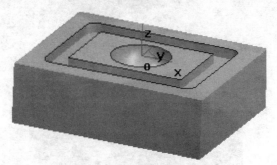

图 6-34  实体边界转换为相关线

步骤17：鼠标左键单击区域式粗加工图标"⌀"，弹出区域式粗加工的"加工参数"对话框，如图 6-35 所示。

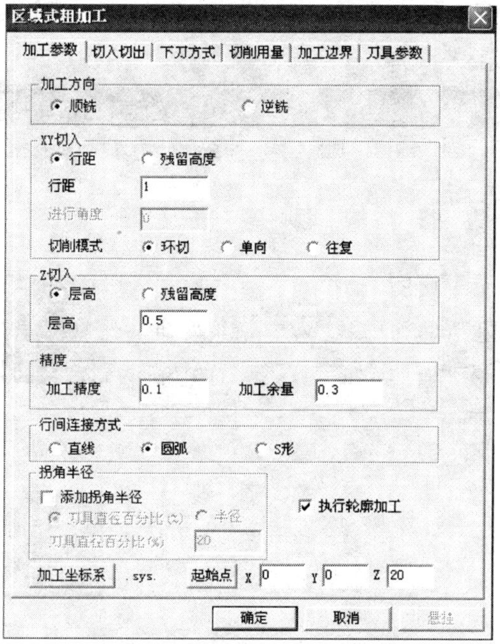

**图 6-35 区域式粗加工菜单**

步骤 18：鼠标左键单击"切入切出"，弹出"切入切出"对话框，按零件要求设置参数，如图 6-36 所示。

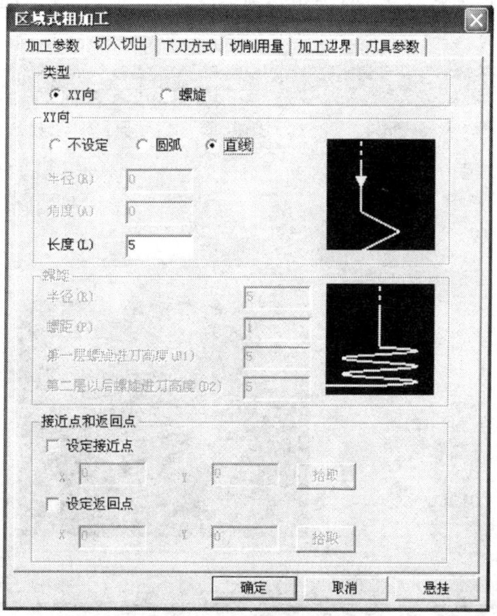

**图 6-36 切入切出对话框**

步骤 19：鼠标左键单击"下刀方式"，弹出"下刀方式"对话框，按零件要求设置参数，如图 6-37 所示。

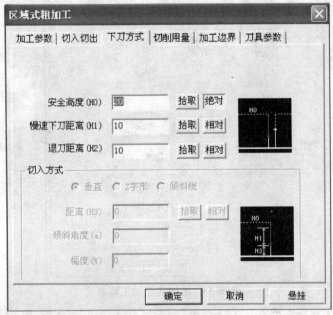

图 6-37 下刀方式对话框

步骤 20：鼠标左键单击"切削用量"，弹出"切削用量"对话框，按零件要求设置参数，如图 6-38 所示。

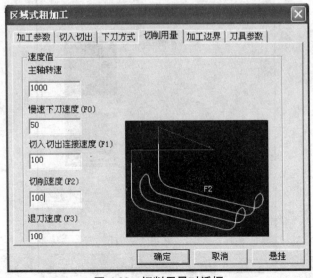

图 6-38 切削用量对话框

步骤 21：鼠标左键单击"加工边界"，弹出"加工边界"对话框，按零件要求设置参数，如图 6-39 所示。

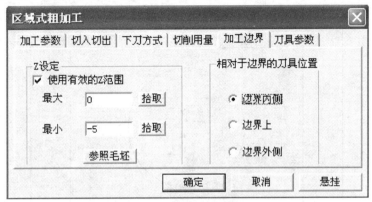

**图 6-39 加工边界对话框**

步骤 22：鼠标左键单击"刀具参数"，弹出"刀具参数"对话框，按零件要求设置参数，如图 6-40 所示。

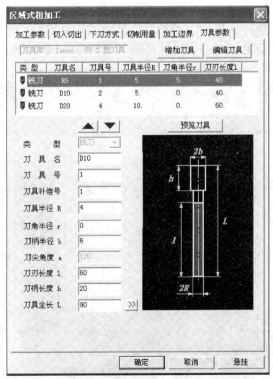

**图 6-40 "刀具参数"对话框**

步骤 23：所有参数设置完毕，单击"确定"，系统左下角提示"拾取轮廓"。

步骤 24：单击轮廓线，并"确定链搜索方向"单击箭头，如图 6-41 所示。

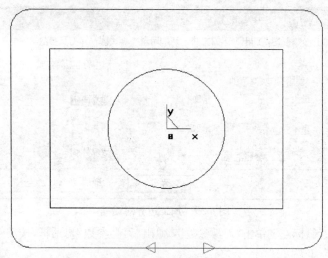

**图 6-41 确定链搜索方向**

步骤 25：系统左下角提示"继续拾取轮廓，按右键进行下一步，按 ESC 取消"命令，单击鼠标右键确定；系统左下角继续提示"拾取岛屿"命令，单击岛屿线（40×60矩形的一条边），如图 6-42 所示。

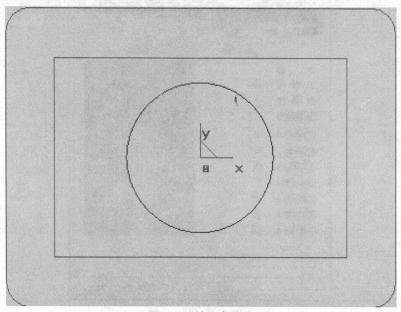

**图 6-42 拾取岛屿线**

步骤 26：系统左下角提示"继续拾取岛屿，按右键进行下一步，按 ESC 取消"命令，单击鼠标右键确定，完成区域式粗加工，生成如图 6-43 所示的轨迹。

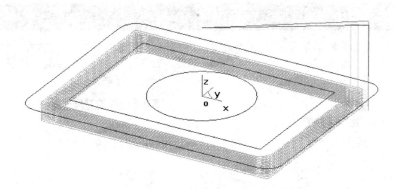

**图 6-43　区域式粗加工轨迹**

步骤 27：用等高线粗加工半圆腔。单击等高线粗加工图标"❀"，弹出等高线粗加工菜单，如图 6-44 所示，分别设置粗加工参数。

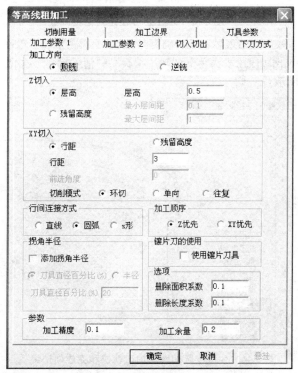

**图 6-44　等高线粗加工菜单**

步骤28：设置加工边界。设置刀具直径8mm硬质合金立铣刀，切入切出不设定，如图6-45所示。

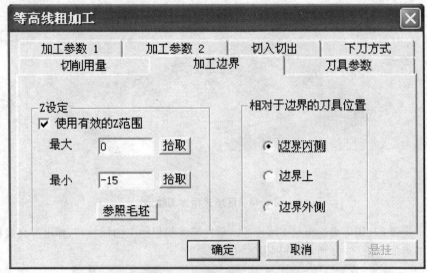

图6-45 加工边界设定对话框

步骤29：参数设置结束后，单击"确定"完成半圆凹腔粗加工轨迹。

步骤30：单击"加工（N）菜单"→"轨迹编辑"→"清除抬刀"→拾取刀具轨迹→完成，如图6-46所示。

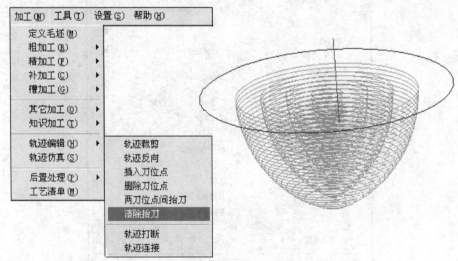

图6-46 生成半圆凹腔粗加工轨迹和完成轨迹编辑

步骤31：生成G代码。单击加工（N）→后置处理（P） ▶ →生成G代码→拾取加工轨迹→按鼠标右键完成。如图6-47所示。

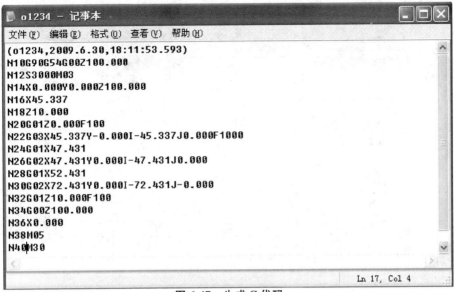

**图 6-47　生成 G 代码**

精加工方法(略),读者可参阅 CAXA 制造工程师使用手册。

# 第五节　UG4.0 软件自动编程实例

实例同上节,如图 6-15 所示。

步骤 1:双击桌面上的 NX4.0 快捷图标 ,打开 UGNX4.0 软件,如图 6-48 所示界面。

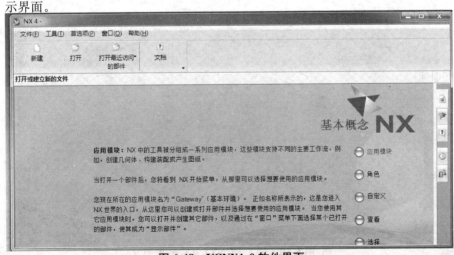

**图 6-48　UGNX4.0 软件界面**

步骤 2：鼠标左键单击新建图标<sub>新建</sub>，屏幕显示如图 6-49 所示。

**图 6-49 文件对话框**

选择需要创建文件的目录并在下面输入文件名（注：在 UG 软件里面不允许包含有中文目录和中文文件名），选择"OK"软件进入如图 6-50 所示界面。

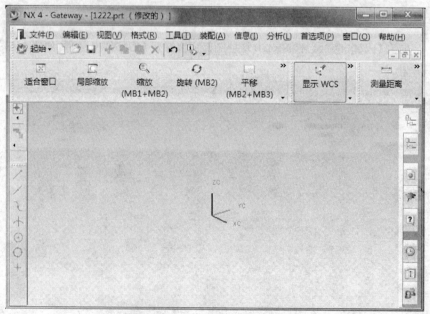

**图 6-50 进入 UGNX4.0 软件界面**

步骤3：鼠标左键单击起始按键 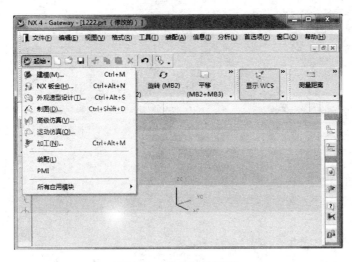 起始▼，将显示如图6-51所示的画面。

图 6-51　选择模块界面

选择建模屏幕显示会变为如图6-52所示的界面。主页可以使用快捷键"Ctrl＋M"快速进入建模模式。

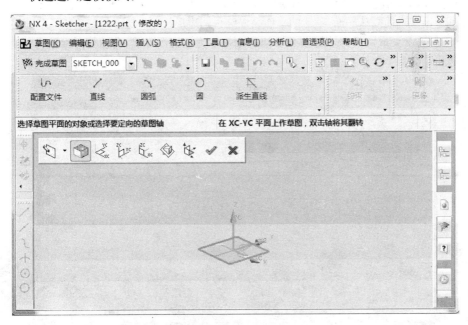

图 6-52　建模界面

左键点击"草图"出现如图 6-53 所示界面。

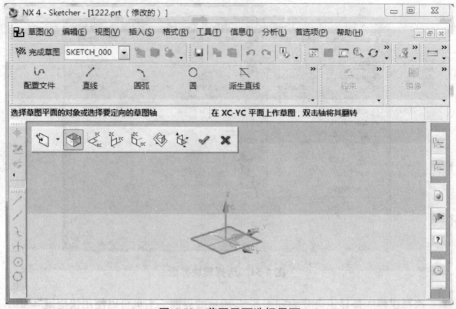

**图 6-53 草图平面选择界面**

步骤 4：选择需要创建草图的平面。可以选择实体平面、基准平面等，屏幕的中间会出现当前默认平面，默认的平面会以红色四边形显示。选择好后点击"√"来确定，屏幕会变成图 6-54 所示界面。屏幕会显示为主视图方式，自动打开配置文件来进行绘图。

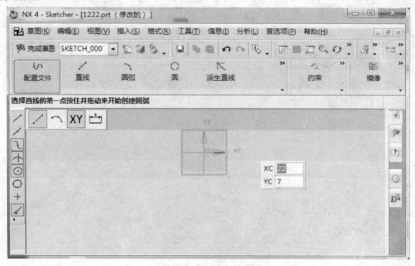

**图 6-54 草图绘制界面**

步骤 5：在屏幕中我们任意绘制一个四边形，如图 6-55 所示。UG 的草图功能里面具有约束功能，约束功能可以对尺寸、位置等要素进行约束，从而对尺寸进行控制。

步骤 6：下面开始对草图的内容进行操作。主要进行的操作就是镜像，在屏幕上点击"镜像"图标，出现如图 6-56 所示的画面。

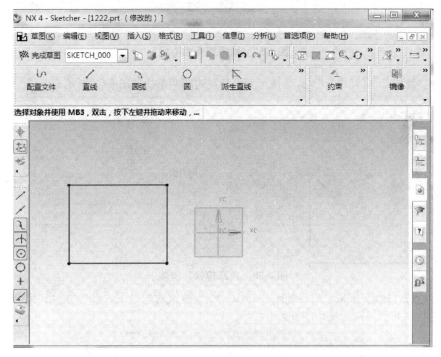

**图 6-55　绘制任意尺寸四边形**

**图 6-56　绘制四边形**

根据提示点击"镜像中心线"图标，出现如图 6-57 所示的画面。选择四边形的右边为镜像中心线。

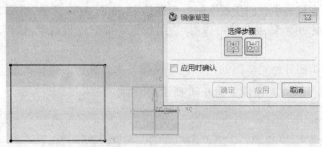

**图 6-57 拾取镜像中心线**

点击"镜像几何体"图标 ,选择与上面和左边的两条线如图 6-58 所示。

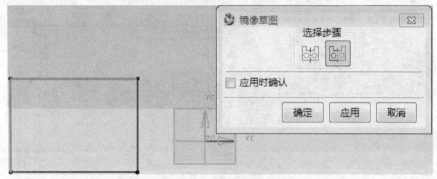

**图 6-58 拾取镜像几何体**

点击"确定"屏幕会出现如图 6-59(a)所示,镜像功能退出。点击"应用"则会出现图 6-59(b)所示镜像功能有效。

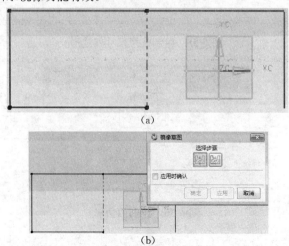

(a)

(b)

**图 6-59 镜像后的图形**

(a)镜像功能退出 (b)镜像功能有效

再次选择镜像功能,点击"镜像中心线"图标,选择最下端的直线,如图 6-60 所示。

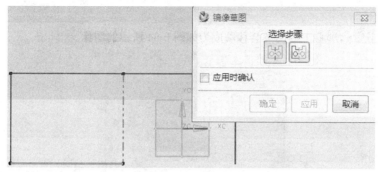

**图 6-60　镜像中心线**

点击"镜像几何体"图标,选择镜像的几何体,如图 6-61 所示。

**图 6-61　镜像几何体**

点击"确定"屏幕显示则变为图 6-62 所示。

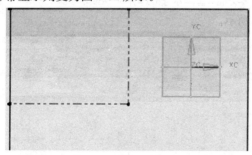

**图 6-62　镜像后的图形**

步骤 7:位置的约束。点击"约束"图标，选择镜像的中心线与屏幕显示的基准坐标轴,屏幕会出现如图 6-63 所示的画面。屏幕上出现的三个图标 ＼ ∥ ⊥ ,说明这两个物体之间可以存在着三种约束:

图标 ⟍ 表示两个物体共线;图标 ⫽ 表示两个物体平行;图标 ⊥ 表示两个物体垂直。

点击 ⟍ ,屏幕上的图像会移动成为如图 6-64 所示的图像。

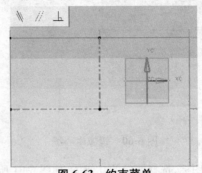

**图 6-63  约束菜单**

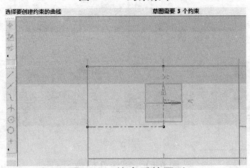

**图 6-64  约束后的图形**

重复上面的约束功能,选择水平的镜像中心线与水平的基准轴进行约束。约束后的图形如图 6-65 所示。

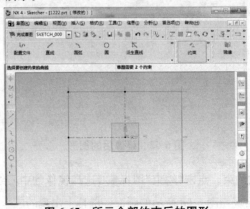

**图 6-65  所示全部约束后的图形**

步骤 8：尺寸约束与标注。点击屏幕上"自动判断的尺寸"图标，选择需要标注的尺寸，如需要标注长度的尺寸我们选择左右两边的两条线，如图 6-66 所示，在合适的位置点击左键确定尺寸的标注位置。

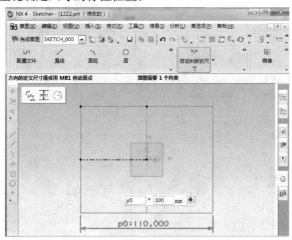

**图 6-66 尺寸标注**

屏幕上显示当前的尺寸竖直，我们可以点击左键确定，也可以输入需要的数值后选择"Enter"键，再点击左键确定。如我们输入"100"后按键盘上的"Enter"键，图形的尺寸会自动地变为 100 同时图形会根据尺寸进行放大或缩小，如图 6-67 所示，点击左键确定。其余的尺寸同样的进行约束与标注。

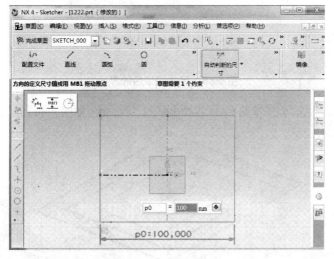

**图 6-67 尺寸约束**

步骤 9：重复步骤 5 到步骤 8 之间的操作绘制其余的形状轮廓。绘制完后的屏幕显示如图 6-68 所示。

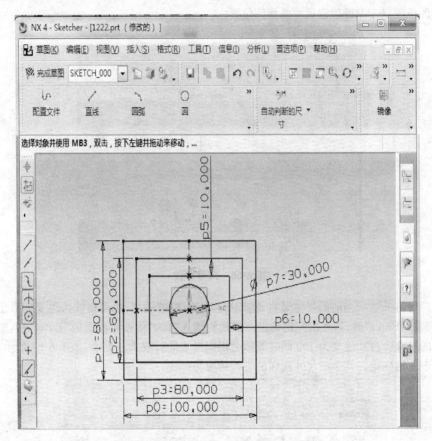

**图 6-68 尺寸约束后的界面**

步骤 10：点击"完成草图"系统将推出草图，屏幕变为如图 6-69 所示。

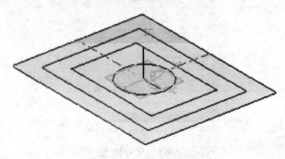

**图 6-69 回到建模界面**

步骤11：点击"拉伸"按键▥▥，屏幕出现拉伸对话框如图6-70所示。

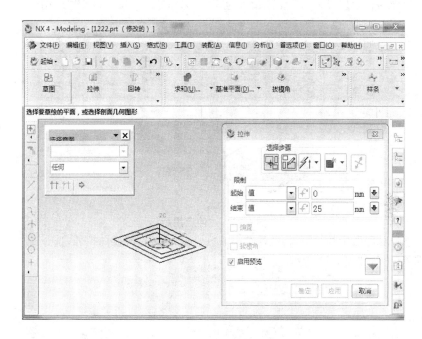

图6-70　拉伸功能界面

点击选择意图里面"任何"箭头的下拉菜单，出现如图6-71所示。

选择"已连接的曲线"，选择最外边的线，屏幕会如图6-72所示。

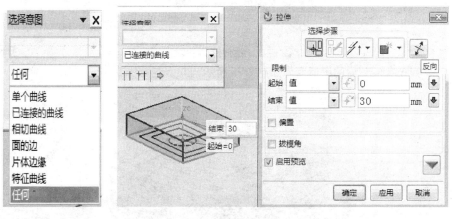

图6-71　选择意
图对话框

图6-72　拉伸预览界面

在拉伸的对话框里输入拉伸的开始位置和结束位置,确定拉伸的方向。在这里选择拉伸的启示位置为"0",结束位置为"30",选择"反向"拉伸,点击"应用",屏幕会变为如图 6-73 所示。

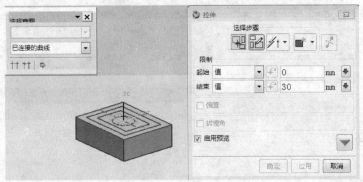

图 6-73    拉伸应用后

选择如图所示的线框,将拉伸结束的数值改为"5"选择反向拉伸,选择布尔运算的求差运算,如图 6-74 所示。

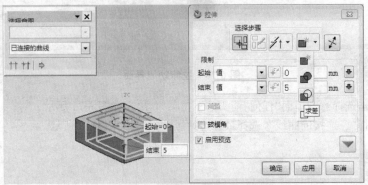

图 6-74    拉伸除料的对话框

点击"确定"后的图形变为如图 6-75 所示。

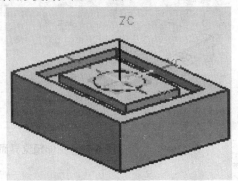

图 6-75    进行布尔运算后生成的实体

步骤 12：点击"回转"图标，出现如图 6-76 所示的画面。

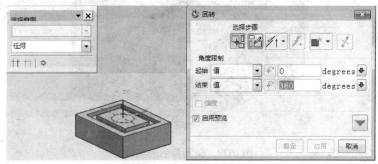

图 6-76　回转功能界面

在选择意图里选择"单个曲线"，拾取圆弧，点击"矢量构造器"选择自动判断的矢量，拾取镜像中心线作为旋转轴，在布尔运算里面选择求差运算，点击确定，屏幕的图形会变为如图 6-77 所示。

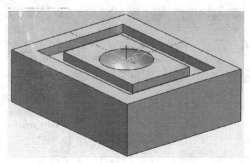

图 6-77　回转除料生成的实体

步骤 13：倒圆角。点击"边倒角"，选择如图 6-78 所示的四个边；设置圆角为"5"，点击"确定"，生成如图 6-79 所示模型。

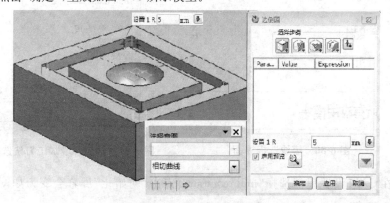

图 6-78　边倒角对话框

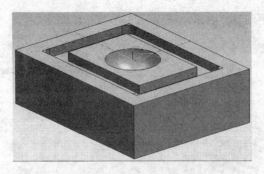

**图 6-79 倒圆角后的实体**

步骤 14：点击"起始"，选择"加工"，如图 6-80 所示。还可以使用快捷键"Ctrl＋Alt＋M"快速进入加工模式。

点击"加工"之后，系统会出现如图 6-81 所示对话框。

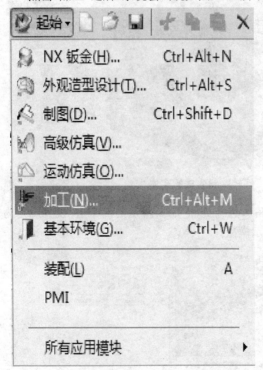

**图 6-80 模块选择界面**　　　　**图 6-81 加工环境加工方法选择界面**

在 CAM 设置里面选择"mill_contour"，点击"初始化"屏幕会变为如图 6-82所示。

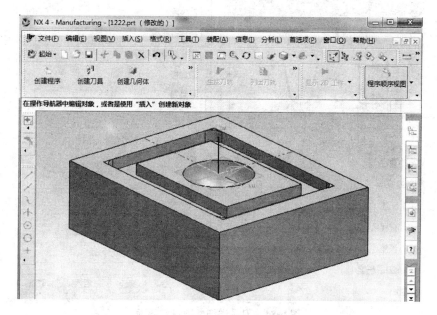

**图 6-82　加工功能界面**

　　步骤 15：设置刀具。点击"创建刀具"图标，出现创建刀具对话框，如图 6-83 所示；在名称里面输入需要创建的刀具名称，点击"确定"，出现图 6-84 所示的对话框。在图 6-84 的对话框里设置刀具的详细信息。设置完后点击"确定"。

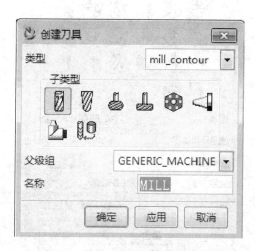

**图 6-83　创建刀具对话框**

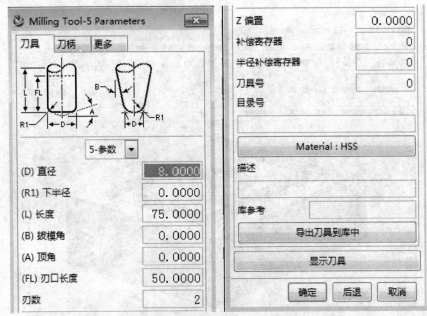

**图 6-84 刀具详细参数设定界面**

步骤 16：创建操作。点击"创建操作"按键，出现如图 6-85 所示的对话框。

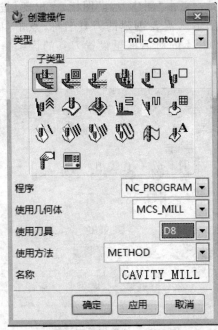

**图 6-85 创建加工操作界面**

选择需要创建的操作类型，并选择所加工使用的方法是粗加工、精加工、半精加工还是两者都有，如图6-86所示。

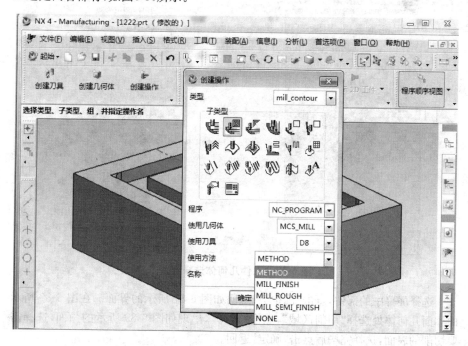

**图 6-86　加工使用方法和类型选择界面**

设置完毕后点击"确定"，出现如图 6-87 所示界面。

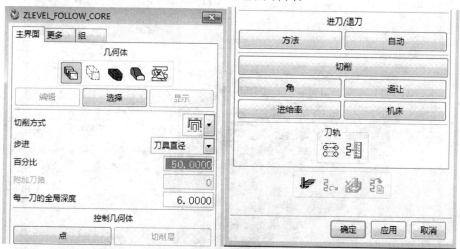

**图 6-87　加工几何体和加工表面及加工参数设定界面**

点击在几何体的位置选择"部件"图标，点击"选择"，出现如图 6-88 所示界面。

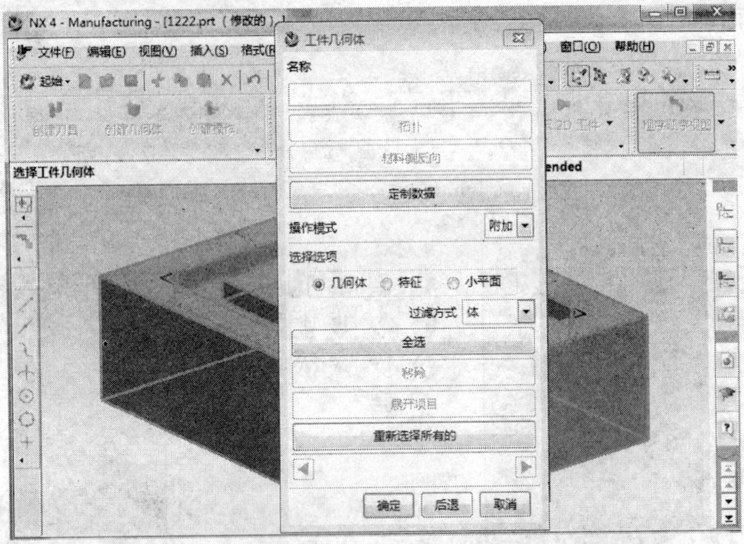

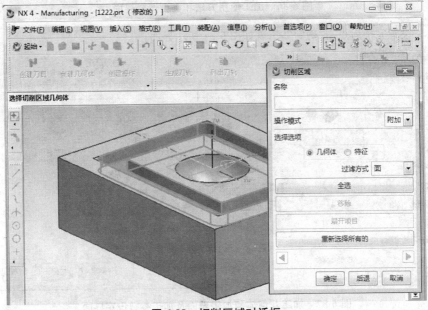

图 6-88　工件几何体选择界面

选择屏幕中的部件，点击"确定"。返回如图 6-87 所示的界面。在图 6-87 所示的界面几何体处选择"切削区域"，点击"选择"，出现如图 6-89 所示的画面，选择需要切削的表面，选择完毕后点击"确定"返回。

图 6-89　切削区域对话框

在切削方式中选择切削的加工方式,有往复切削、单向切削、单向带轮廓、跟随工件、跟随周边等加工方式。如图 6-90 所示。

**图 6-90 切削方式选择界面**

选择好切削方式后,确定每一刀的切削深度,每一次切削宽度的步进数值,如图 6-91 所示。

进退刀的选择和设置。在图 6-87 的界面,点击"自动",出现如图 6-92 所示的画面。可以选择切削时倾斜的类型:螺旋、沿外形、沿直线的进刀方式,可以指定角度、斜面长度等。设置完成点击"确定",返回到如图 6-87 所示的界面。

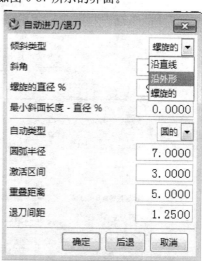

**图 6-92 自动进刀/退刀设置界面**

**图 6-91 刀具切削的步进距离及切削深度的设定**

切削相关的设置。在如图 6-87 所示的界面下点击"切削"系统,进入图 6-93 所示的界面,在这里可以设置切削的顺序、切削的方向、切削区域的延伸长度、毛皮的距离等,同时也可以设置加工后的工件余量、切削过程中的连接方式等。设置完成后点击"确定",返回到如图 6-87 所示的界面。

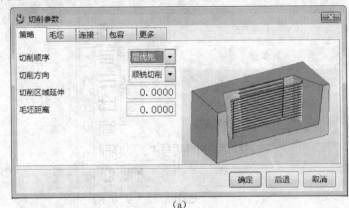

(a)

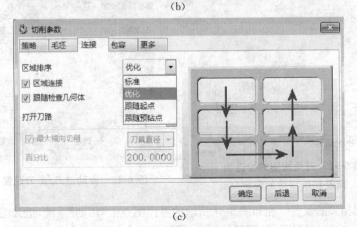

(b)

(c)

**图 6-93 切削参数设定界面**

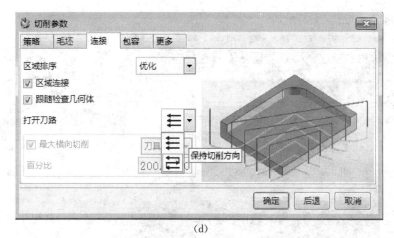

(d)

**图 6-93　切削参数设定界面(续)**

(a)切削参数"策略"的设定界面　(b)切削后的余量的设定界面

(c)切削区域的顺序选择　(d)加工刀路的设定及选择

如图 6-87 所示的界面下点击"避让",显示如图 6-94 所示的界面,可以设置刀具的起始点、安全的退刀距离、安全的传递距离等。

以上的所有设置完成后,在如图 6-87 所示的界面,点击"生成",软件会自动计算,生成需要轨迹的路径。在计算完后出现如图 6-95 所示显示参数的界面设定。

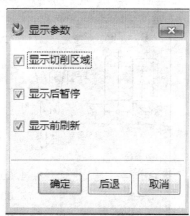

**图 6-94　刀具起始、避让、退刀距离等设定界面**　　**图 6-95　刀具轨迹显示的参数设定**

可以根据需要将出现提示的对话框里的功能进行打开与关闭。点击"确定"后会出现刀具轨迹,如图 6-96 所示的界面。

根据上面的加工方法与刀具的设置,我们设置用一把刀具为 D8R4 的球铣刀,如图6-97所示。

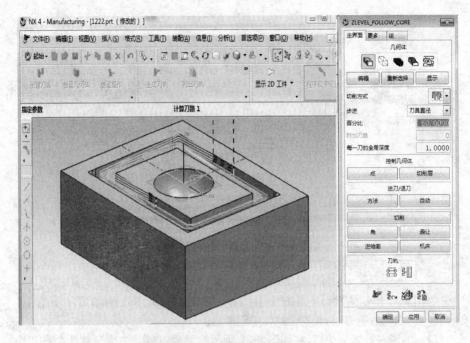

图 6-96 生成刀具轨迹后的视图

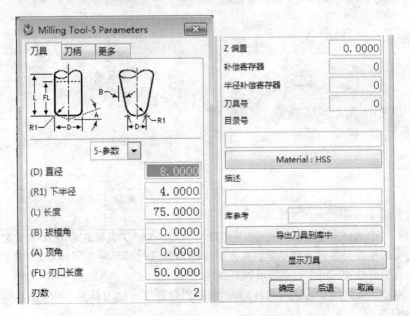

图 6-97 刀具的参数设定界面

创建操作的方式在这里只做等高精加工的讲解,选择的加工方法如图 6-98 所示。

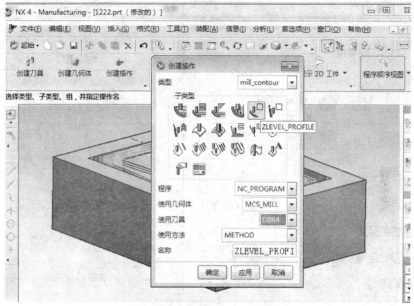

**图 6-98　创建操作的选择界面**

加工部件的拾取同上一样。切削区域的选择方法也同上一样,在这选择的是如图6-99所示的加工部位。

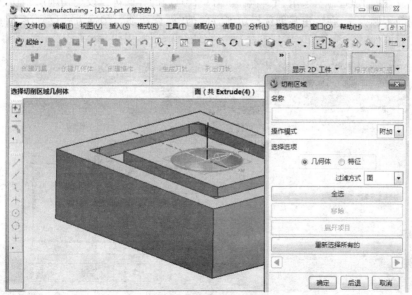

**图 6-99　切削区域的选择**

　　上面的设置都完成后,点击"确定"返回主界面。在主界面里设置每一刀的全局深度,在这里我们设置为"1",如图 6-100 所示。

图 6-100　切削深度的设定

　　每一刀的全局深度设置完成后,点击"切削"出现如图 6-101(a)所示的界面,在这个界面里主要设定切削顺序的方法、方向、延伸距离等;在图 6-101(b)的界面我们可以设置加工的公差、余量、毛坯等;在图 6-101(c)的界面可以设定切削层到切削层之间的传递方法,在这里我们选择切削方向为"混合切削",传递方式层到层之间选直接对部件。

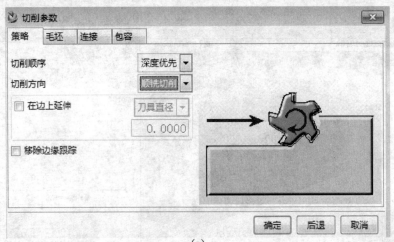

(a)

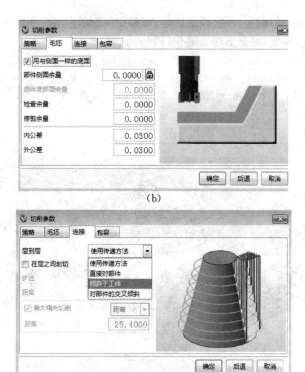

(b)

(c)

**图 6-101　切削参数的设定**

(a)切削顺序的设定　(b)加工余量、公差、毛坯距离的设定　(c)切削层之间的连接方式

设置完成后点击"确定"，界面返回到如图 6-102 所示的画面。

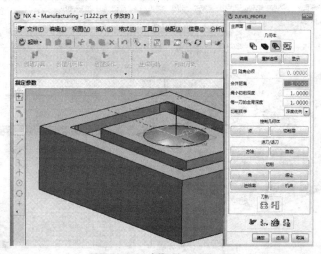

**图 6-102　参数的设定界面**

注：其余参数的设定，不再详细讲解，可参照前面的内容。在如图 6-102 所示的界面点击生成，确定，则会出现如图 6-103 所示的界面。

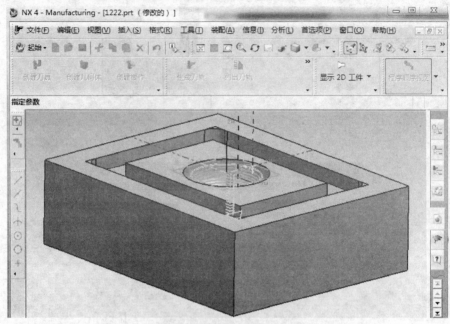

**图 6-103 刀具轨迹生成后的视图**

程序的后处理，点击操作菜单右边的加工导航图标，出现如图 6-104 所示的画面。

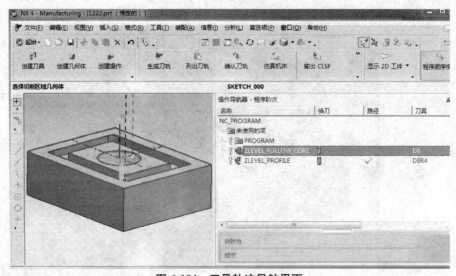

**图 6-104 刀具轨迹导航界面**

选择刚刚生成的加工路径,点击屏幕上的"后处理"按键,则屏幕会出现如图 6-105 所示的选择菜单。

**图 6-105　后处理中使用机床和输出目录的设定**

在如图 6-105 所示的界面中,选择使用的机床,设置需要输出程序的目录和文件名,点击"确定"。等待片刻屏幕则会出现程序的信息,如图 6-106 所示。

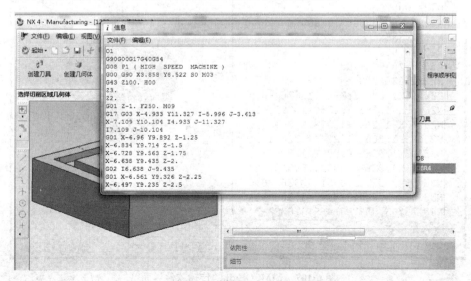

**图 6-106　后处理文件的信息**

# 第六节　程序文件的传输(FANUC系统)

本书介绍利用CIMCOEdit的传输软件进行文件传输,如图6-107、图6-108所示。如图6-109所示为华中数控系统文件传输界面。华中传输软件是华中数控系统专用的传输软件,需要时读者可在相关网站下载。

在桌面上双击程序传输软件快捷方式,打开程序传输软件。

## 一、从计算机中向机床传输程序

在机床程序编辑方式下,按I/O键,按机床中的REND键,再单击计算机中的发送钮,在软件中浏览相对应生成的数控程序,即可将生成程序传输到数控系统中。通过机床面板操作即可实现工件的加工。

## 二、从机床中向计算机传输程序

在计算机中先单击"接收文件并在编辑器中打开"键,在机床程序编辑方式下,按I/O键,输入要输出的程序号如O1111,按机床中的PUNCH键完成。

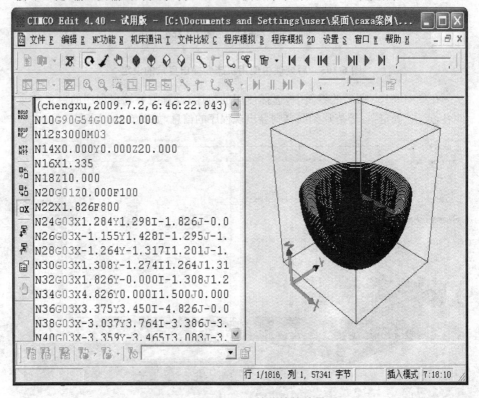

**图6-107　CIMCOEdit的传输软件界面**

图 6-108 CIMCOEdit 的传输参数设置

图 6-109 华中传输软件界面和参数设置

# 第七章 数控铣床故障诊断与维修

## 第一节 数控设备管理与维修概述

### 一、数控设备管理与维修的意义

数控设备的使用情况直接影响着企业的生产效率和经济效益,而管理方式又直接决定着数控设备的使用,可见数控设备的管理是十分重要的。在数控设备使用初期,由于数控设备少,类型单一,并且集中在一两个部门,因此,各有关部门自身形成数控设备管理、使用、维修三位一体的封闭形管理模式。随着生产发展,越来越多的设备使用了数控技术,使得数控设备难以集中在一个部门,许多生产车间,都有了数控设备。因此,上述的管理模式就难以适用了。如果采用上述模式,每个单位均要建立维修机构及人员,必然造成人力、物力和财力的极大浪费,现实的条件也是不允许的。所以,目前较多的采用了数控设备企业,采用使用及数控工艺归车间负责,管理和维修归机动部门负责的现代化管理模式。

### 二、数控设备管理与维修的重点

对于一个企业来说,数控机床的拥有是企业的实力体现,最大限度地利用数控设备,对企业效益是十分有益的。企业不能只注意设备的利用率和最佳功能,还必须重视设备的保养与维修,它是企业生产的"先行官",直接影响数控设备能否长期正常运转的关键。为保持数设备完好技术状态,使其充分发挥效用,在设备基础管理和技术管理工作上应着重抓以下几个方面。

**1. 健全维修机构**

机动部门设数控设备维修室,承担全厂数控设备的管理和维修工作。他们是由具有丰富经验的老技师和具有很强专业化知识、责任心并有一定实际工作能力的机械、电气工程师组成。设备使用单位设数控设备维修员,专门负责本单位数控设备日常维护工作。

**2. 制定和健全规章制度**

针对数控机床的特点,逐步制定相应的管理制度,例如数控设备管理制度、数控设备的安全操作规程、数控设备的操作使用规程、数控设备的维修制度、数控设备的技术管理办法、数控设备的维修保养规程、数控设备的电器和机械维修技术人员的职责范围、数控设备电气和机械维修工人的职责范围等,这样才能使设备管理更加规范化和系统化。

### 3. 建立完善的维修档案

建立数控设备维护档案及交接班记录,将数控设备的运行情况及故障情况详细记录,特别是对设备发生故障的时间、部位、原因、解决方法和解决过程予以详细的记录和存档,以便在今后的操作、维修工作中参考、借鉴。

### 4. 建立基础管理信息库

建立数控设备信息库,详细描述数控设备基本特征,提供设备能力的基础数据,以作为今后数控设备的管理、应用、产品加工、设备调整和维修的参考依据。

### 5. 加强数控设备的验收

为确保新设备的质量,应加强对数控设备安装调试和验收工作,尤其是设备验收这一环节,制定严格的把关措施,对照合同、技术协议、国际和国内有关标准及验收大纲规定的项目逐项检查。验收内容包括出厂时的预收(在制造厂家组装质量监检)、设备开箱前包装检查、开箱后零部件外观和数量的检查,对配套的各种资料、使用手册、维修手册、附件说明书、系统软件及说明书等仔细核对妥善保管,特别对系统软件要予以备份。这样,对今后设备附加功能的开发和数控机床的保养和维修带来方便。机床调试完成后,利用 RS232 接口对机床参数进行数据传输作为备用,以防数控机床文件(参数)丢失。安装调试后要进行以下项目检查:几何精度、定位精度和重复定位精度、数控功能、安全和噪声、加工标准件、买方指定产品工件、机床切削功率、机床可靠性等。在验收中,要以事实为依据,对涉及机床重要性能、精度的指标严格把关,认真检查。

### 6. 加强维修队伍建设

数控设备是集机、电、液(气)、光于一身的高技术产品,技术含量高,操作和维修难度大。所以,必须建立一支高素质的维修队伍以适应设备维修的需要。

### 7. 建立数控设备协作网

由于数控设备多种多样,它们的硬件、软件配套不尽相同,这样给维修工作带来了很多困难。为此,应与使用同类型数控设备的单位建立了友好联系,经常就管理和维修方面的经验进行交流,互通信息,这样对数控铣床的使用起到了一定的推动作用。

## 三、数控设备的预防性维修

预防性维修,就是要注意把有可能造成设备故障和出了故障后难以解决的因素排除在故障发生之前。一般来说应包括设备的选型、设备的正确使用和运行中的巡回检查。

### 1. 从维修角度看数控设备的选型

在设备的选型调研中,除了设备的可用性参数外,还有可维修性参数,包含设备的先进性、可靠性和可维修性技术指标。先进性是指设备必须具备时代发展水平的技术含量;可靠性是指设备的平均无故障时间、平均故障率,尤其是控制系统是否通过国家权威机构的质检考核等;可维修性是指其是否便于维修,是否有较好的备件市场购买空间,各种维修的技术资料是否齐全,是否有良好的售后服务,维修技术能力是否具备和设备性能价格比是否合理等。特别要注意图纸资料的完整性、备份系统盘、PLC程序软件、系统传输软件、传送手段、操作口令等,缺一不可。重视对使用方的技术培训,必须在订货合同中加以注明和认真实施,否则将对以后的工作带来后患。另外,如果不是特殊情况,尽量选用同一家的同一系列的数控系统,这样,对备件、图纸、资料、编程、操作都有好处,同时也有利于设备的管理和维修。

**2. 坚持数控设备的正确使用**

数控设备的正确使用是减少设备故障、延长使用寿命的关键,它在预防性维修中占有很重要的地位。据统计,有三分之一的故障是人为造成的,而且一般性维护(如注油、清洗、检查等)是由操作者进行的,解决的方法是:强调设备管理、使用和维护意识,加强业务、技术培训,提高操作人员素质,使他们尽快掌握铣床性能,严格执行设备操作规程和维护保养规程,保证设备运行在合理的工作状态之中。

**3. 坚持设备运行中的巡回检查**

根据数控设备的先进性、复杂性和智能化高的特点,使它的维护、保养工作比普通设备复杂且要求高得多。维修人员应通过经常性的巡回检查,如 CNC 系统的排风扇运行情况,机柜、电动机是否发热,是否有异常声音或有异味,压力表指示是否正常,各管路及接头有无泄漏、润滑状况是否良好等,积极做好故障和事故预防,若发现异常应及时解决,这样做才有可能把故障消灭在萌芽状态之中,从而可以减少一切可避免的损失。

# 第二节 数控铣床常见故障及其分类

## 一、按故障发生的部位分类

### 1. 主机故障

数控铣床的主机通常指组成数控铣床的机械、润滑、冷却、排屑、液压、气动与防护等部分。主机常见的故障主要有:

①因机械部件安装、调试、操作使用不当等原因引起的机械传动故障;

②因导轨、主轴等运动部件的干涉、摩擦过大等原因引起的故障;

③因机械零件的损坏、连接不良等原因引起的故障,等等。

主机故障主要表现为传动噪声大、加工精度差、运行阻力大、机械部件动作不进行、机械部件损坏等等。润滑不良、液压、气动系统的管路堵塞和密封不良,是主机发生故障的常见原因。数控铣床的定期维护、保养、控制和根除"三漏"现象发生,是减少主机部分故障的重要措施。

### 2. 电气控制系统故障

根据通常习惯,电气控制系统故障通常分为"弱电"故障和"强电"故障两大类。

（1）**"弱电"部分**　是指控制系统中以电子元器件、集成电路为主的控制部分。数控铣床的弱电部分包括 CNC,PLC,MDI/CRT 以及伺服驱动单元、输入输出单元等。

"弱电"故障又有硬件故障与软件故障之分。硬件故障是指上述各部分的集成电路芯片、分立电子元件、接插件以及外部连接组件等发生的故障。软件故障是指在硬件正常情况下所出现的动作出错、数据丢失等故障，常见的有：加工程序出错，系统程序和参数的改变或丢失，计算机运算出错等。

（2）**"强电"部分**　是指控制系统中的主回路或高压、大功率回路中的继电器、接触器、开关、熔断器、电源变压器、电动机、电磁铁、行程开关等电气元器件及其所组成的控制电路。这部分的故障虽然维修、诊断较为方便，但由于它处于高压、大电流工作状态，发生故障的几率要高于"弱电"部分，必须引起维修人员的足够的重视。

## 二、按故障的性质分类

### 1. 确定性故障

是指控制系统主机中的硬件损坏或只要满足一定的条件，数控铣床必然会发生的故障。这一类故障现象在数控铣床上最为常见，但由于它具有一定的规律，因此也给维修带来了方便。

确定性故障具有不可恢复性，故障一旦发生，如不对其进行维修处理，铣床不会自动恢复正常。但只要找出发生故障的根本原因，维修完成后铣床立即可以恢复正常。正确的使用与精心维护是杜绝或避免故障发生的重要措施。

### 2. 随机性故障

是指数控铣床在工作过程中偶然发生的故障，此类故障的发生原因较隐蔽，很难找出其规律性，故常称之为"软故障"。随机性故障的原因分析与故障诊断比较困难，一般而言，故障的发生往往与部件的安装质量、参数的设定、元器件的品质、软件设计完善程度、工作环境的影响等诸多因素有关。

随机性故障有可恢复性，故障发生后，通过重新开机等措施，数控铣床通常可恢复正常，但在运行过程中，又可能发生同样的故障。

加强数控系统的维护检查，确保电气箱的密封，可靠的安装、连接，正确的接地和屏蔽，是减少、避免此类故障发生的重要措施。

## 三、按故障的指示形式分类

### 1. 有报警显示的故障

数控铣床的故障显示可分为指示灯显示与显示器显示两种情况。

（1）**指示灯显示报警**　是指通过控制系统各单元上的状态指示灯（一般由 LED 发光管或小型指示灯组成）显示的报警。根据数控系统的状态指示灯，即使在显示器故障时，仍可大致分析判断出故障发生的部位与性质，因此，在维修、排除故障过程中应认真检查这些状态指示灯的状态。

（2）**显示器显示报警**　是指可以通过 CNC 显示器显示出报警号和报警信息的报警。由于数控系统一般都具有较强的自诊断功能，如果系统的诊断软件以及显示电路工作正常,一旦系统出现故障,可以在显示器上以报警号及文本的形式显示故障信息。数控系统能进行显示的报警少则几十种,多则上千种,它是故障诊断的重要信息。

在显示器显示报警中,又可分为 NC 的报警和 PLC 的报警两类。前者为数控铣床生产厂家设置的故障显示,它可对照系统的"维修手册",来确定可能产生该故障的原因;后者是由数控铣床生产厂家设置的 PLC 报警信息文本,属于铣床侧的故障显示,它可对照铣床生产厂家所提供的"铣床维修手册"中的有关内容确定故障所产生的原因。

**2. 无报警显示的故障**

这类故障发生时,数控铣床与系统均无报警显示,其分析诊断难度通常较大,需要通过仔细、认真的分析判断才能予以确认。特别是对于一些早期的数控系统,由于系统本身的诊断功能不强,或无 PLC 报警信息文本,出现无报警显示的故障情况则更多。

对于无报警显示故障,通常要具体情况具体分析,根据故障发生前后的变化,进行分析判断,原理分析法与 PLC 程序分析法是解决无报警显示故障的主要方法。

### 四、按故障产生的原因分类

**1. 数控铣床自身故障**

这类故障的发生是由于数控铣床自身的原因所引起的,与外部使用环境条件无关,数控铣床所发生的绝大多数故障均属此类故障。

**2. 数控铣床外部故障**

这类故障是由于外部原因所造成的。供电电压过低、过高、波动过大,电源相序不正确或三相输入电压的不平衡,环境温度过高,有害气体、潮气、粉尘侵入,外来振动和干扰等都是引起故障的原因。

此外,人为因素也是造成数控铣床故障的外部原因之一。据有关资料统计,首次使用数控铣床或由不熟练工人来操作数控铣床,在使用的第一年,操作不当所造成的外部故障要占铣床总故障的三分之一以上。

除上述常见故障分类方法外,还有其他多种不同的分类方法。如:按故障发生时有无破坏性,可分为破坏性故障和非破坏性故障两种;按故障发生与需要维修的具体功能部位,可分为数控装置故障,进给伺服系统故障,主轴驱动系统故障,自动换刀系统故障等等,这一分类方法在维修时常用。

## 第三节 数控铣床故障分析的基本方法

故障分析是进行数控铣床维修的第一步,通过故障分析,一方面可以迅速查明故障原因排除故障,同时也可以起到预防故障的发生与扩大的作用。一般来说,数控铣床的故障分析主要方法有以下几种。

## 一、直观法

是一种最基本、最简单的方法。维修人员通过对故障发生时产生的各种光、声、味等异常现象的观察、检查,可将故障缩小到某个模块,甚至一块印制电路板;但是,它要求维修人员具有丰富的实践经验,以及综合判断能力。

## 二、常规分析法

是对数控铣床的机、电、液等部分进行的常规检查,以此来判断故障发生原因的一种方法。在数控铣床上常规分析法通常包括以下内容:

①检查电源的规格(包括电压、频率、相序、容量等)是否符合要求;

②检查 CNC 伺服驱动、主轴驱动、电动机、输入/输出信号的连接是否正确、可靠;

③检查 CNC 伺服驱动等装置内的印刷电路板是否安装牢固,接插部位是否有松动;

④检查 CNC 伺服驱动,主轴驱动等部分的设定端、电位器的设定、调整是否正确;

⑤检查液压、气动、润滑部件的油压、气压等是否符合铣床要求;

⑥检查电器元件、机械部件是否有明显的损坏等。

## 三、动作分析法

是通过观察、监视数控铣床实际动作,判定动作不良部位并由此来查找故障根源的一种方法。

一般来说,数控铣床采用液压、气动控制的部位,如自动换刀装置、交换工作台装置、夹具与传输装置等均可以通过动作诊断来判定故障原因。

## 四、状态分析法

是通过监测执行元件的工作状态,判定故障原因的一种方法,这一方法在数控铣床维修过程中使用最广。

在现代数控系统中伺服进给系统、主轴驱动系统、电源模块等部件的主要参数都可以进行动态、静态检测,这些参数包括:输入/输出电压、输入/输出电流、给定/实际转速、位置实际的负载等。此外,数控系统全部输入/输出信号包括内部继电器、定时器等的状态,也可以通过数控系统的诊断参数予以检查。

通过状态分析法,可以在无仪器、设备的情况下根据系统的内部状态迅速找到故障的原因,在数控铣床维修过程中使用最广,维修人员必须熟练掌握。

## 五、操作、编程分析法

是通过某些特殊的操作或编制专门的测试程序段,确认故障原因的一种方法。如通过手动单步执行自动换刀、自动交换工作台动作,执行单一功能的加工指令等方法进行动作与功能的检测。通过这种方法,可以具体判定故障发生的原因与部件,检查程序编制的正确性。

## 六、系统自诊断法

充分利用数控系统的自诊断功能,根据 CRT 上显示的报警信息及各模块上的发光二极管等器件的指示,可判断出故障的大致起因。进一步利用系统的自诊断功能,还能显示系统与各部分之间的接口信号状态,找出故障的大致部位。它是故障诊断过程中最常用、有效的方法之一。

## 七、参数检查法

数控系统的铣床参数是保证铣床正常运行的前提条件,它们直接影响着数控铣床的性能。

参数通常存放在系统存储器中,一旦电池不足或受到外界的干扰,可能导致部分参数的丢失或变化,使铣床无法正常工作。通过核对、调整参数,有时可以迅速排除故障;特别是铣床长期不用,参数丢失的现象经常发生。因此,检查和恢复铣床参数是维修中行之有效的方法之一。另外,数控铣床经过长期运行之后,由于机械运动部件磨损,电气元器件性能变化等原因,也需对有关参数进行重新调整。

## 八、功能测试法

所谓功能测试法是通过功能测试程序,检查铣床的实际动作,判别故障的一种方法。功能测试可以将系统的功能(如直线定位、圆弧插补、螺纹切削、固定循环、用户宏程序等),用手工编程方法,编制一个功能测试程序,并通过运行测试程序,来检查铣床执行这些功能的准确性和可靠性,进而判断出故障发生的原因。

对于长期不用的数控铣床或是铣床第一次开机不论动作是否正常,都应使用本方法进行一次检查,以判断铣床的工作状况。

## 九、部件交换法

所谓部件交换法,就是在故障范围大致确认,并在确认外部条件完全正确的情况下,利用同样的印制电路板、模块、集成电路芯片或元器件替换有疑点的部分的方法。部件交换法是一种简单、易行、可靠的方法,也是维修过程中最常用的故障判别方法之一。

交换的部件可以是系统的备件,也可以用铣床上现有的同类型部件替换。通过部件交换就可以逐一排除故障可能的原因,把故障范围缩小到相应的部件上。

必须注意的是,在备件交换之前应仔细检查、确认部件的外部工作条件在线路中存在短路、过电压等情况时,切不可以轻易更换备件。此外,备件(或交换板)应完好,且与原件的各种设定状态一致。

在交换 CNC 装置的存储器板或 CPU 板时,通常还要对系统进行某些特定的操作,如存储器的初始化操作等并重新设定各种参数,否则系统不能正常工作。这些操作步骤应严格按照系统的操作说明书、维修说明书进行。

## 十、测量比较法

数控系统的印制电路板制造时,为了调整、维修的便利,通常都设置有检测用的测量端子。维修人员利用这些测量端子,可以测量、比较正常的印制电路板和有故障的印制电路板之间的电压或波形的差异,进而分析、判断故障原因及故障所在位置。

通过测量比较法,有时还可以纠正他人在印制电路板上的调整、设定不当而造成的“故障”。

测量比较法使用的前提是,维修人员应了解或实际测量正确的印制电路板关键部位、易出故障部位的正常电压值、正确的波形,才能进行比较分析,而且这些数据应随时做好记录并作为资料积累。

## 十一、原理分析法

这是根据数控系统的组成及工作原理,从原理上分析各点的电平和参数,并利用万用表、示波器或逻辑分析仪等仪器对其进行测量、分析和比较,进而对故障进行系统检查的一种方法。运用这种方法要求维修人员有较高的水平,对整个系统或各部分电路有清楚、深入的了解才能进行。对于具体的故障,也可以通过测绘部分控制线路的方法,绘制原理图进行维修。在本书中,提供了部分测绘的原理图,可以供维修参考。

除了以上介绍的故障检测方法外,还有插拔法、敲击法、局部升温法等等,这些检查方法各有特点,维修人员可以根据不同的故障现象加以灵活应用,以便对故障进行综合分析,逐步缩小故障范围,排除故障。

# 第四节　数控系统的故障自诊断方法及应用

## 一、开机自诊断

所谓开机自诊断是指数控系统通电时,由系统内部诊断程序自动执行的诊断,它类似于计算机的开机诊断。

开机自诊断可以对系统中的关键硬件,如:CPU、存储器、I/O 单元、CRT/MDI 单元,纸带阅读机、软驱等装置进行自动检查,确定指定设备的安装、连接状态与性能,部分系统还能对某些重要的芯片,如:PAM,ROM,专用 LSI 等进行诊断。

数控系统的自诊断在开机时进行,只有当全部项目都被确认无误后,才能进入正常运行状态。诊断的时间一般只需数秒钟,但有的需要几分钟。开机自诊断一般按规定的步骤进行,以 FANUC 系统为例,诊断程序的执行过程中,系统主板上的七段显示按 $9 \to 8 \to 7 \to 6 \to 5 \to 4 \to 3 \to 2 \to 1$ 的顺序变化,相应的检查内容为:

9——对 CPU 进行复位,开始执行诊断指令;

8——进行 ROM 测试,表示 ROM 检查出错时,显示器变为 b;

7——对 RAM 清零,系统对 RAM 中的内容进行清除,为正常运行做好准备;

6——对 BAC(总线随机控制)芯片进行初始化;此时,若显示变为 A,说明主板与 CRT 之间的传输出了差错;变为 C,表示连接错误:变为 F,表示 I/O 板或连接电缆不良:变为 H,表示所用的连接单元识别号不对;变为小写字母 c,表示光缆传输出错;变为 J,表示 PLC 或接口转换电路不良等;

5——对 MDI 单元进行检查;

4——对 CRT 单元进行初始化;

3——显示 CRT 的初始画面,如:软件版本号、系列号等;此时若显示变成 L,表明

PLC 的控制软件存在问题;变为 O,则表示系统未能通过初始化,控制软件存在问题;

2——表示已完成系统的初始化工作;

1——表示系统已可以正常运转;此时若显示变为 E,表示系统的主板或 ROM 板,或 CNC 控制软件有故障。

在一般情况下 CRT 初始化完成后,若其他部分存在故障,CRT 即可以显示出报警信息。

## 二、在线监控

在线监控可以分为 CNC 内部程序监控与通过外部设备监控两种形式。

CNC 内部程序监控是通过系统内部程序,对各部分状态进行自动诊断、检查和监视的一种方法。在线监控范围包括 CNC 本身以及与 CNC 相连的伺服单元、伺服电动机、主轴伺服单元、主轴电动机、外部设备等。在线监控在系统工作过程中始终生效。

数控系统内部程序监控包括接口信号显示、内部状态显示和故障显示三方面。

### 1. 接口信号显示

它可以显示 CNC 和 PLC,CNC 和数控铣床之间的全部接口信号的现行状态,数字输入/输出信号的通断情况,帮助分析故障。

维修时必须了解 CNC 和 PLC,CNC 和数控铣床之间各信号所代表的意义,以及信号产生、撤销应具备的各种条件才能进行相应检查。数控系统生产厂家所提供的"功能说明书"、"连接说明书"以及数控铣床生产厂家提供的"数控铣床电气原理图"是进行以上状态检查的技术指南。

### 2. 内部状态显示

一般来说是内部状态显示功能,可以显示以下几方面的内容:

①造成循环指令(加工程序)不执行的外部原因,如:CNC 系统是否处于"到位检查"中、是否处于"铣床锁住"状态、是否处于"等待速度到达"信号接通、在主轴每转进给编程时是否等待"位置编码器"的测量信号、在螺纹切削时,是否处于等待"主轴信号"和进给速度倍率是否设定为 0% 等;

②复位状态显示,指示系统是否处于"急停"状态或是"外部复位"信号接通状态;

③TH 报警状态显示,可以显示出报警时的纸带错误孔的位置;

④存储器内容以及磁泡存储器异常状态的显示;

⑤位置跟随误差的显示;

⑥伺服驱动部分的控制信息显示;

⑦编码器、光栅等位置测量元件的输入脉冲显示等。

### 3. 故障信息显示

在数控系统中,故障信息一般以"报警显示"的形式在 CRT 进行显示。报警显示的内容根据数控系统的不同有所区别。这些信息大都以"报警号"加文本的形式出现,具体内容以及排除方法在数控系统生产厂家提供的"维修说明书"上可以查阅。

　　通过外部设备监控是指采用计算机、PLC 编程器等设备,对数控铣床的各部分状态进行自动诊断、检查和监视的一种方法。如:通过计算机、PLC 编程器对 PLC 程序以梯形图、功能图的形式进行动态检测,它可以在数控铣床生产厂家未提供 PLC 程序时,进行 PLC 程序的阅动态波形显示等内容,通常也需要借助必要的在线监控设备进行。

　　随着计算机网络技术的发展,作为外部设备在线监控的一种,通过网络连接进行的远程诊断技术正在进一步普及、完善。通过网络,数控系统生产厂家可以直接对其生产的产品在现场的工作情况进行检测、监控,及时解决系统中所出现的问题,为现场维修人员提供指导和帮助。

### 三、脱机测试

　　脱机测试也称"离线诊断",它是将数控系统与数控铣床脱离后,对数控系统本身进行的测试与检查。通过脱机测试可以对系统的故障作进一步的定位,力求把故障范围缩到最小。如:通过对印制线路板的脱机测试,可以将故障范围定位到印制电路板的某部分甚至某个芯片或器件,这对印制电路板的修复是十分必要的。数控系统的脱机测试需要专用诊断软件或专用测试装置,因此,它只能在数控系统的生产厂家或专门的维修部门进行。

　　随着计算机技术的发展,现代 CNC 的离线诊断软件正在逐步与 CNC 控制软件一体化,有的系统已将"专家系统"引入故障诊断中。通过这样的软件,操作者只要在 CRT/MDI 上作一些简单的会话操作,即可诊断出 CNC 系统或铣床的故障。

# 第五节　数控铣床维修步骤

数控铣床维修步骤主要有两步。

## 一、步骤 1——故障记录

　　数控铣床发生故障时,操作人员应首先停止数控铣床加工,保护现场,然后对故障进行尽可能详细的记录,并及时通知维修人员。故障的记录为维修人员排除故障提供第一手材料,应尽可能详细。记录内容最好包括下述几个方面。

### 1. 故障发生时的情况记录

　　①发生故障的数控铣床型号,采用的控制系统型号,系统的软件版本号;

　　②故障的现象,发生故障的部位,以及发生故障时数控铣床与控制系统的现象,如:是否有异常声音、烟、味等;

　　③发生故障时系统所处的操作方式,如:AUTO(自动方式)、MDI(手动数据输入方式)、EDIT(编辑)、HANDLE(手轮方式)、JOG(手动方式)等;

　　④若故障在自动方式下发生,则应记录发生故障时的加工程序号,出现故障的程序段号,加工时采用的刀具号等;

　　⑤若发生加工精度超差或轮廓误差过大等故障,应记录被加工工件号,并保留

不合格工件；

⑥在发生故障时，若系统有报警显示，则记录系统的报警显示情况与报警号；通过诊断画面，记录数控铣床故障时所处的工作状态；如：系统是否在执行 M,S,T 等？系统是否进入暂停状态或是急停状态？系统坐标轴是否处于"互锁"状态？进给倍率是否为 0%？等等；

⑦记录发生故障时，各坐标轴的位置跟随误差的值；

⑧记录发生故障时，各坐标轴的移动速度、移动方向，主轴转速、转向等。

**2. 故障发生的频繁程度记录**

①故障发生的时间与周期，如：数控铣床是否一直存在故障？若为随机故障，则一天发生几次？是否频繁发生？

②故障发生时的环境情况，如：是否总是在用电高峰期发生？故障发生时数控铣床旁边的其他机械设备工作是否正常？

③若为加工零件时发生的故障，则应记录加工同类工件时发生故障的概率情况；

④检查故障是否与"进给速度"、"换刀方式"或是"螺纹切削"等特殊动作有关。

**3. 故障的规律性记录**

①在不危及人身安全和设备安全的情况下，是否可以重现故障现象？

②检查故障是否与数控铣床的外界因素有关？

③如果故障是在执行某固定程序段时出现，可利用 MDI 方式单独执行该程序段，检查是否还存在同样故障？

④若数控铣床故障与数控铣床动作有关，在可能的情况下，应检查在手动情况下执行该动作，是否也有同样的故障？

⑤数控铣床是否发生过同样的故障？周围的数控铣床是否也发生同一故障？

**4. 故障时的外界条件记录**

①发生故障时的周围环境温度是否超过允许温度？是否有局部的高温存在？

②故障发生时，周围是否有强烈的振动源存在？

③故障发生时，系统是否受到阳光的直射？

④检查故障发生时电气柜内是否有切削液、润滑油、水的进入？

⑤故障发生时，输入电压是否超过了系统允许的波动范围？

⑥故障发生时，车间内或线路上是否有使用大电流的装置正在进行起、制动？

⑦故障发生时，数控铣床附近是否存在吊车、高频机械、焊接机或电加工机床等强电磁干扰源？

⑧故障发生时，附近是否正在安装或修理、调试机床？是否正在修理、调试电气和数控装置？

## 二、步骤 2——维修前的检查

维修人员故障维修前，应根据故障现象与故障记录，认真对照系统、数控铣床使用说明书进行各项检查以便确认故障的原因。这些检查包括下述几个方面。

**1. 数控铣床的工作状况检查**

①数控铣床的调整状况如何？工作条件是否符合要求？

②加工时所使用的刀具是否符合要求？切削参数选择是否合理、正确？

③自动换刀时，坐标轴是否到达了换刀位置？程序中是否设置了刀具偏移量？

④系统的刀具补偿量等参数设定是否正确？

⑤系统的坐标轴的间隙补偿量是否正确？

⑥系统的设定参数（包括坐标旋转、比例缩放因子、镜像轴、编程尺寸单位选择等）是否正确？

⑦工件坐标系位置，"零点偏置值"的设置是否正确？

⑧工件安装是否合理？测量手段、方法是否正确、合理？

⑨工件是否存在因温度、加工而产生变形的现象？

**2. 数控铣床运转情况检查**

①在数控铣床自动运转过程中是否改变或调整过操作方式？是否插入了手动操作？

②数控铣床侧是否处于正常加工状态？工作台、夹具等装置是否处于正常工作位置？

③数控铣床操作面板上的按钮、开关位置是否正确？数控铣床是否处于锁住状态？倍率开关是否设定为"0％"？

④数控铣床各操作面板上、数控系统上的"急停"按钮是否处急停状态？

⑤电气柜内的熔断器是否熔断？自动开关、断路器是否有跳闸？

⑥数控铣床操作面板上的方式选择开关位置是否正确？进给保持按钮是否被按下？

**3. 数控铣床和系统之间连接情况的检查**

①检查电缆是否有破损，电缆拐弯处是否有破裂、损伤现象？

②电源线与信号线布置是否合理？电缆连接是否正确、可靠？

③数控铣床电源进线是否可靠接地？接地线的规格是否符合要求？

④信号屏蔽线的接地是否正确？端子板上接线是否牢固、可靠？系统接地线是否连接可靠？

⑤继电器、电磁铁以及电动机等电磁部件是否装有噪声抑制器？

**4. 数控装置的外观检查**

①是否在电气柜门打开的状态下运行数控系统？有无切削液或切削粉末进入柜内？空气过滤器清洁状况是否良好？

②电气柜内部的风扇、热交换器等部件的工作是否正常？

③电气柜内部系统、驱动器的模块、印制电路板是否有灰尘、金属粉末等污染？

④在使用纸带阅读机的场合，检查纸带阅读机是否有污物？阅读机上的制动电

磁铁动作是否正常？

⑤电源单元的熔断器是否熔断？

⑥电缆连接器插头是否完全插入、拧紧？

⑦系统模块、线路板的数量是否齐全？模块、线路板安装是否牢固、可靠？

⑧数控铣床操作 MDI/CRT 单元上的按钮有无破损？位置是否正确？

⑨系统的总线设置，模块的设定端的位置是否正确？

# 第六节　数控铣床维修实例

**[例1]**　一台由 FANUC 3MA 控制的加工中心，开机后 CRT 无任何显示。用万用表检测系统电源板 A14B—0067—B002—01，发现＋5V 电源电压为＋3.75V；去掉负载检测，＋5V 电源为＋4.95V。说明电源带负载能力低或负载有短路存在。经检查负载正常，说明电源带负载能力下降。经检查更换 C36 滤波电容，系统正常工作。

**[例2]**　一台由 FANUC 6M 控制的加工中心，工作一段时间后，突然 CRT 黑屏，机床无动作；关掉电源，再送上电源，机床又能工作一段时间。检查电源一切正常，故障可能在系统主板上。经检修主板 A16B—1000—0220/04A，发现两个晶振中的一个内部接触不良，更换后解除故障。

**[例3]**　XH716 数控加工中心，系统为 FANUC—OM 系统，出现 408 报警，经查为伺服系统报警，意为反馈信息不良。经测量电缆信号线正常，但插上去后，该脉冲编码器＋5V 电源没有；检查伺服系统上＋5V 电源正常，插上去后没有，可能是电缆插头与伺服上的电缆插座接触不良，排除后，机床恢复正常。

**[例4]**　数控铣床在加工中经常出现过载报警，表现形式为主轴电动机电流过大，电动机发热，停 40 分钟左右报警消失，接着运行一段时间，又出现同类报警。经检查分析，认为电气伺服系统无故障，估计是负载过重带不动造成，是机械丝杠或运动部位过紧。调整丝杠防松螺母后，效果不明显；又调整导轨斜铁，铣床负载明显减轻，故障排除。

**[例5]**　某系统的数控铣床，进给加工过程中，X 轴有振动。分析加工过程中坐标轴出现振动、爬行现象与多种原因有关，故障可能是机械传动系统的原因，也可能是伺服进给系统的调整与设定不当等。

为了判定故障原因，将铣床操作方式置于手摇方式，用手摇脉冲发生器控制 X 轴进给，发现 X 轴仍有振动现象。在此方式下，通过较长时间的移动后，X 轴速度单元上 OVC 报警灯亮，证明 X 轴伺服驱动器发生了过电流报警。根据以上现象，分析可能的原因如下：

①负载过重；

②机械传动系统不良；

③位置环增益过高;

④伺服不良等。

维修时通过互换法,确认故障原因出在直流伺服上。卸下 X 轴,经检查发现 6 个电刷中有 2 个弹簧已经烧断,造成了电枢电流不平衡,使输出转矩不平衡;另外,发现的轴承亦有损坏,故而引起 X 轴的振动与过电流。更换轴承与电刷后,铣床恢复正常。

[例 6]  某系统的数控铣床,在长期使用后,手动操作 Z 轴时有振动和异常响声,并出现"移动过程中 Z 轴误差过大"报警。为了分清故障部位,考虑到铣床伺服系统为半闭环结构,通过脱开与丝杠的连接,再次开机试验,发现伺服驱动系统工作正常,从而判定故障原因在铣床机械部分。

利用手动转动铣床 Z 轴,发现丝杠转动困难,丝杠的轴承发热。经仔细检查,发现 Z 轴导轨无润滑,造成 Z 轴摩擦阻力过大;重新修理 Z 轴润滑系统后,铣床恢复正常。

[例 7]  一台 FANUC 系统数控铣床,在长期使用后,只要工作台移动到行程的中间段,X 轴即出现缓慢的正、反向摆动。分析由于铣床在其他位置时工作均正常,因此,系统参数、伺服驱动器和机械部分应无问题。考虑到铣床已经过长期使用,铣床与伺服驱动系统之间的配合可能会发生部分改变,一旦匹配不良,可能引起伺服系统的局部振动。根据 FANUC 伺服驱动系统的调整与设定说明,维修时通过改变 X 轴伺服单元上的 S6,S7,S11,S13 等设定端的设定,消除了铣床的振动。

[例 8]  FUNAC 数控铣床,开机后,X,Y 轴工作正常,但手动移动 Z 轴,发现在较小的范围内,Z 轴可以运动,但继续移动 Z 轴,系统出现伺服报警。根据故障现象,检查铣床实际工作情况,发现开机后 Z 轴可以少量运动,不久温度迅速上升,表面发烫。

分析引起以上故障的原因,可能是铣床电气控制系统故障或机械传动系统的不良。为了确定故障部位,考虑到本铣床采用的是半闭环结构,维修时首先松开了伺服与丝杠的连接,并再次开机试验,发现故障现象不变,故确认报警是由于电气控制系统的不良引起的。

由于铣床 Z 轴伺服带有制动器,开机后测量制动器的输入电压正常,在系统、驱动器关机的情况下,对制动器单独加入电源进行试验,手动转动 Z 轴,发现制动器已松开,手动转动轴平稳、轻松,证明制动器工作良好。

为了进一步缩小故障部位,确认 Z 轴伺服的工作情况,维修时利用同规格的 X 轴在铣床侧进行了互换试验,发现换后同样出现发热现象,且工作时的故障现象不变,从而排除了伺服本身的原因。

为了确认驱动器的工作情况,维修时在驱动器侧,对 X,Z 轴的驱动器进行了互换试验,即:将 X 轴驱动器与 Z 轴伺服连接,Z 轴驱动器与 X 轴连接。经试验发现故障转移到了 X 轴,Z 轴工作恢复正常。

根据以上试验,可以确认以下几点:

①铣床机械传动系统正常,制动器工作良好。

②数控系统工作正常,因为当 $Z$ 轴驱动器带 $X$ 轴时,铣床无报警。

③$Z$ 轴伺服工作正常,因为将它在铣床侧与 $X$ 轴互换后,工作正常。

④$Z$ 轴驱动器工作正常,因为通过 $X$ 驱动器(确认是无故障的)在电柜侧互换,控制 $Z$ 轴后,同样发生故障。

综合以上判断,可以确认故障是由于 $Z$ 轴伺服的电缆连接引起的。仔细检查伺服的电缆连接,发现该铣床在出厂时的电枢线连接错误,即:驱动器的 L/M/N 端子未与插头的 A/B/C 连接端一一对应,相序存在错误;重新连接后,故障消失,$Z$ 轴可以正常工作。

[**例9**] FANUC 7M 系统的数控铣床,开机时,系统 CRT 显示"系统处于'急停'状态"和"伺服驱动系统未准备好"报警。分析在 FANUC 7M 系统中,引起这两种报警的常见原因有:数控系统的铣床参数丢失或伺服驱动系统存在故障。

检查铣床参数正常,但速度控制单元上的报警指示灯均未亮,表明伺服驱动系统未准备好,且故障原因在速度控制单元。

进一步检查发现,$Z$ 轴伺服驱动器上的 30A(晶闸管主回路)和 1.3A(控制回路)熔断器均已经熔断,说明 $Z$ 轴驱动器主回路存在短路。

分析驱动器主回路存在短路的原因,通常都是由于晶闸管被击穿引起的。利用万用表注意检查主回路的晶闸管,发现其中的两只晶闸管已被击穿,造成了主回路的短路。更换晶闸管后,驱动器恢复正常。

[**例10**] FANUC 6M 加工中心,自动加工过程中,出现 ALM402,ALM403,ALM441 报警。分析 FANUC 6M 出现以上报警点的含义如下:

(1)ALM402 附加轴(第 4 轴)速度控制单元过载报警;

(2)ALM403 第 4 轴速度控制单元未准备好报警;

(3)ALM441 第 4 轴位置跟随误差超过报警。

由于该铣床的第 4 轴(A 轴)为数控转台,根据报警的含义,检查 A 轴速度控制单元及伺服,发现该轴伺服表面温度明显过高,证明 A 轴事实上存在过载。

为了分清故障部位,在回转台上取下了伺服,旋转 A 轴蜗杆,发现蜗杆已被完全夹紧。考虑到该轴有液压夹紧机构,在松开 A 轴液压夹紧机构后再试验,蜗杆仍无法转动,由此确认故障是由于 A 轴机械负载过重引起的。

打开 A 轴转台检查,发现转台内部的夹紧装置及检测开关位置调节不当,使 A 轴在松开状态下,仍然无法转动。重新调整转台夹紧装置及检测开关后,再次试验,报警消失,铣床恢复正常。

[**例11**] FANUC 7M 系统的加工中心,开机时,系统出现 ALM05,07 和 37 号报警。分析 FANUC 7M 出现以上报警点的含义如下:

(1) ALM05 系统处于"急停"状态

(2) ALM07 伺服驱动系统未准备好

(3) ALM37 系统中速度控制单元未准备好,可能的原因是:

①过载;

②伺服变压器过热;

③伺服变压器保护熔断器熔断;

④输入单元的 EMG(IN1) 和 EMG(IN2) 之间的触点开路;

⑤输入单元交流 100V 熔断器熔断(F5);

⑥伺服驱动器与 CNC 间的信号电缆连接不良;

⑦伺服驱动器的主接触器(MCC)断开。

ALM37 报警的含义是"位置跟随误差超差"。

综合分析以上故障,当速度控制单元出现故障时,一般均会出现 ALM 37 报警,因此,故障维修应针对 ALM 37 报警进行。

在确认速度控制单元与 CNC、伺服的连接无误后,考虑到铣床中使用的 $X,Y,Z$ 伺服驱动系统的结构和参数完全一致,为了迅速判断故障部位,加快维修进度,维修时首先将 $X,Z$ 两个轴的 CNC 位置控制器输出连线 XC($Z$ 轴)和 XF($Y$ 轴)以及测速反馈线的 XE($Z$ 轴)和 XH($Y$ 轴)进行了对调。经过以上调换后开机,发现故障现象不变,说明本故障与 CNC 无关。

在此基础上,为了进一步判别故障部位,维修时再次将 $Y,Z$ 轴速度控制单元进行了整体对调。经试验,故障仍然不变,从而进一步排除了速度控制单元的原因,将故障范围缩小到 $Y$ 轴直流伺服上。

为此,拆开了直流伺服,经检查发现,该装置的内装测速发电动机与伺服间的连接齿轮存在松动,其余部分均正常。将其连接紧固后,故障排除。

[**例 12**] FANUC 系统数控铣床,在运行过程中,系统显示 ALM31 报警。分析 FANUC 系统显示 ALM 31 报警的含义是"坐标轴的位置跟随误差大于规定值"。

通过系统的诊断参数 DGN800,DGN801,DGN802 检查,发现铣床停止时 DGN 800($X$ 轴的位置跟随误差)在-1 与-2 之间变化;DGN801($Y$ 轴的位置跟随误差)在 +1 与−1 之间变化;但 DGN802($Z$ 轴的位置跟随误差)始终为"0"。由于伺服系统的停止时闭环动态调整过程,其位置跟随误差不可以始终为"0",现象表明 $Z$ 轴位置测量回路可能存在故障。

为进一步判定故障部位,采用交换法,将 $Z$ 轴和 $X$ 轴驱动器与反馈信号互换,即:利用系统的 $X$ 轴输出控制 $Z$ 轴伺服,此时,诊断参数 DGN800 数值变为"0",但 DGN802 开始有了变化,这说明系统的 $Z$ 轴输出以及位置测量输入接口无故障。故障最大的可能是 $Z$ 轴伺服的内装式编码器的连接电缆存在不良。

通过示波器检查 $Z$ 轴的编码器,发现该编码器输出信号不良;更换新的编码器,铣床即恢复正常。

[例13] FANUC 6M 系统的卧式加工中心,在 4 轴旋转时(不论手动或回参考点),出现 ALM403,ALM441 报警。分析 FANUC 6M 系统出现以上报警点的含义如下:

(1)ALM403 第 4 轴速度控制单元未准备好;

(2)ALM441 第 4 轴位置跟随误差超差。

检查机床的实际情况,发现机床配用的是齿牙盘回转工作台,工作台的回转应首先抬起转台后,才能进行。

检查该机床的实际动作,当按下 4 轴方向键后,转台有"抬起"动作,但回转动作一开始即出现以上报警。

现场分析,估计报警的原因是由于工作台抬起不到位引起的。进一步检查,确认以上原因,重新调整转台抬起行程,确保抬起到位后,故障排除,铣床恢复正常。

[例14] 解除"500 过行程:+X"报警的基本步骤:

①进给轴选择旋钮拨到"X"轴处;

②进给倍率选择旋钮拨到"×1"处;

③旋转手摇脉冲发生器使 X 轴向负方向移动,离开极限位置;

④按下 MDI 键盘上的"RESET"键,报警信息消失。

[例15] 90 号报警(返回参考点位置异常)的排除方法。

报警条件:当返回参考点位置偏差过大或 CNC 没有收到伺服电动机编码器转信号,出现 90 号报警。

解除步骤:

①确认 DGN300 中的值(允许位置偏差量)大于 128,否则提高进给速度,改变倍率。

②确认电动机回转是否大于 1 转。小于 1 转,说明返回的起始位置过近。调整到远一些。

③确认编码器的电压是否大于 4.75V(拆下电动机后罩,测编码器印制板的 +5V 与 0V 两点之间电压),如果低于 4.75V,更换电池。

④如果不是上述问题,一定是硬件出了问题,更换编码器。

[例16] 401 号报警(伺服准备信号报警)。

报警条件:伺服放大器的准备信号(VRDY)没有接通,或者运行时信号关断。

解除步骤:

①PSM 控制电源是否接通;

②急停是否解除;

③最后的放大器 JX1B 插头上是否有终端插头;

④MCC 是否接通,如果除了 PSM 连接的 MCC 外,还有外部 MCC 顺序电路,同样要检查;

⑤驱动 MCC 的电源是否接通;

⑥断路器是否接通；

⑦PSM 或 SPM 是否发生报警。

# 第七节　数控系统维护与保养

数控系统是数控铣床电气控制系统的核心。每台铣床的数控系统在运行一定时间后，某些元器件难免出现一些损坏或者故障。为了尽可能地延长元器件的使用寿命，防止各种故障出现，特别是恶性事故的发生，就必须对数控系统进行日常的维护与保养，主要包括数控系统的使用检查和数控系统的日常维护。

## 一、数控系统的使用检查

为了避免数控系统在使用过程中发生一些不必要的故障，数控铣床的操作人员在使用数控系统以前，应当仔细阅读有关操作说明书，详细了解所用数控系统的性能，熟练掌握数控系统和铣床操作面板上各个按键、按钮和开关的作用以及使用注意事项。一般来说，数控系统在通电前后要进行检查。

### 1. 数控系统在通电前的检查

为了确保数控系统正常工作，当数控铣床在第一次安装调试或者是在铣床搬运后第一次通电运行之前，可以按照下述顺序检查数控系统：

①确认交流电源的规格是否符合数控装置的要求，主要检查交流电源的电压、频率和容量。

②认真检查数控装置与外界之间的全部连接电缆是否按随机提供的连接技术手册的规定，正确而可靠地连接。数控系统的连接是指针对数控装置及其配套的进给和主轴伺服驱动单元而进行的，主要包括外部电缆的连接和数控系统电源的连接。在连接前要认真检查数控系统装置与 MDI/CRT 单元、位置显示单元、电源单元、各印刷电路板和伺服单元等，如发现问题应及时采取措施或更换。同时要注意检查连接中的连接件和各个印刷线路板是否紧固，是否插入到位，各个插头有无松动，紧固螺钉是否拧紧，因为由于不良而引起的故障最为常见。

③确认 CNC 装置内的各种印刷线路板上的硬件设定是否符合数控装置的要求。

④认真检查数控铣床的保护接地线。数控铣床要有良好的地线，以保证设备、人身安全和减少电气干扰，伺服单元、伺服变压器和强电柜之间都要连接保护接地线。

只有经过上述各项检查，确认无误后，数控装置才能通电运行。

### 2. 数控系统在通电后的检查

①首先要检查数控装置中各个风扇是否正常运转，否则会影响到数控装置的散热问题。

②确认各个印刷线路或模块上的直流电源是否正常,是否在允许的波动范围之内。

③进一步确认 CNC 装置的各种参数。包括系统参数、PLC 参数、伺服装置的数字设定等,这些参数应符合随机所带的说明书要求。

④当数控装置与铣床联机通电时,应在接通电源的同时,做好按压紧急停止按钮的准备,以备出现紧急情况时随时切断电源。

⑤在手动状态下,低速进给移动各个轴,并且注意观察铣床移动方向和坐标值显示是否正确。

⑥进行几次返回铣床参考点的动作,这是用来检查数控铣床是否有返回参考点的功能,以及每次返回参考点的位置是否完全一致。

⑦数控系统的功能测试。按照数控铣床数控系统的使用说明书,用手动或者编制数控程序的方法来测试数控系统应具备的功能。例如:快速点定位、直线插补、圆弧插补、刀具半径补偿、刀具长度补偿、固定循环、用户宏程序等功能以及 M,S,T 辅助机能。

只有通过上述各项检查,确认无误后,数控装置才能正式运行。

## 二、数控装置的日常维护与保养

(1)制定并且执行数控系统的日常维护的规章制度　根据不同数控铣床的性能特点,制定其数控系统的日常维护的规章制度,并且在使用和操作中要严格执行。

(2)应尽量少开数控柜门和强电柜门　在机械加工车间的空气中往往含有油雾、尘埃,它们一旦落入数控系统的印刷线路板或者电气元件上,容易引起元器件的绝缘电阻下降,甚至导致线路板或者电气元件的损坏。所以,在工作中应尽量少开数控柜门和强电柜门。

(3)定时清理数控装置的散热通风系统,以防止数控装置过热　散热通风系统是防止数控装置过热的重要装置。为此,应每天检查数控柜上各个冷却风扇运转是否正常,每半年或者一季度检查一次风道过滤器是否有堵塞现象,如果有则应及时清理。

(4)注意数控系统的输入/输出装置的定期维护

(5)定期检查和更换直流电动机电刷　在 20 世纪 80 年代生产的数控铣床,大多数采用直流伺服电动机,这就存在电刷的磨损问题,为此对于直流伺服电机需要定期检查和更换直流电机电刷。

(6)经常监视数控装置用的电网电压　数控系统对工作电网电压有严格的要求。例如 FANUC 公司的数控系统,允许电网电压在额定值的 85%～110%的范围内波动,否则会造成数控系统不能正常工作,甚至会引起数控系统内部电子元件的损坏。为此要经常检测电网电压,并控制波动在额定值的 $-15\%$～$+10\%$内。

　　(7)存储器用电池的定期检查和更换　通常,数控系统中部分 CMOS 存储器中的存储内容在断电时靠电池供电保持。一般采用锂电池或者可充电的镍镉电池。当电池电压下降到一定值时,就会造成数据丢失,因此要定期检查电池电压。当电池电压下降到限定值或者出现电池电压报警时,就要及时更换电池。更换电池时一般要在数控系统通电状态下进行,防止存储参数丢失。一旦数据丢失,在调换电池后,可重新就参数输入。

　　(8)CNC 系统长期不用时的维护　当数控铣床长期闲置不用时,也要定期对数控系统进行维护保养。在铣床未通电时,用备份电池给芯片供电,保持数据不变。铣床上电池在电压过低时,通常会在显示屏幕上给出报警提示。在长期不使用时,要经常通电检查是否有报警提示,并及时更换备份电池。经常通电可以防止电器元件受潮或印刷板受潮短路或断路等,长期不用的铣床,每周至少通电两次以上。具体做法是:

　　首先,应经常给数控系统通电,在铣床锁住不动的情况下,让铣床空运行。其次,在空气湿度较大的梅雨季节,应天天给 CNC 系统通电,这样可利用电器元件本身的发热来驱走数控柜内的潮气,以保证电器元件的性能稳定可靠。生产实践证明,如果长期不用的数控铣床,过了梅雨天后则往往一开机就容易发生故障。

　　此外,对于采用直流伺服电动机的数控铣床,如果闲置半年以上不用,则应将电动机的电刷取出来,以避免由于化学腐蚀作用而导致换向器表面的腐蚀,确保换向性能。

　　(9)备用印刷线路板的维护　对于已购置的备用印刷线路板应定期装到数控装置上通电运行一段时间,以防损坏。

　　(10)CNC 发生故障时的处理　一旦数控系统发生故障,操作人员应采取急停措施,停止系统运行,并且保护好现场。并且协助维修人员做好维修前期的准备工作。

# 第八节　BEIJING—FANUC 0i Mate—MB 报警表

## 一、程序错误(P/S 报警)(表 7-1)

表 7-1　程序错误(P/S 报警)

| 序号 | 信　息 | 内　容 |
|------|--------|--------|
| 000 | 请关闭电源 | 设置了需要关闭电源的参数后必须关闭电源 |
| 001 | TH 奇偶校验报警 TH 报警 | (输入了不正确的奇偶校验字符)。请纠正纸带 |
| 002 | TV 奇偶校验报警 TV 报警 | (程序段中的字符数是奇数)。TV 检查有效时,此报警将发生 |
| 003 | 数字位太多 | 输入了超过允许位数的数据 |

**续表 7-1**

| 序号 | 信　息 | 内　容 |
|---|---|---|
| 004 | 地址没找到 | 在程序段的开始无地址而输入了数字或字符"-"。修改程序 |
| 005 | 地址后面无数据 | 地址后面无适当数据而是另一地址或 EOB 代码。修改程序 |
| 006 | 非法使用负号 | 符号"-"输入错误(在不能使用负号的地址后输入了"-"符号或输入了两个或多个"-"符号)。修改程序 |
| 007 | 非法使用小数点 | 小数点"."输入错误(在不允许使用的地址中输入了"."符号,或输入了两个或多个"."符号)。修改程序 |
| 009 | 输入非法地址 | 在有效信息区输入了不能使用的字符。修改程序 |
| 010 | 不正确的 G 代码 | 使用了不能使用的 G 代码或指令了无此功能的 G 代码。修改程序 |
| 011 | 无进给速度指令 | 在切削进给中未指令进给速度或进给速度不当。修改程序 |
| 014 | 不能指令 G95 | 没有螺纹切削/同步进给功能时,指令了同步进给 |
| 015 | 指令了太多的轴 | 超过了允许的同时控制轴数 |
| 020 | 超出半径公差 | 在圆弧插补(G02 或 G03)中,起始点和圆弧中心之间距离与终点和圆弧中心之间距离差值超过了参数 3410 中指定的值 |
| 021 | 指令了非法平面轴 | 在圆弧插补中,指令了不在所选平面内(用 G17,G18,G19)的轴。修改程序 |
| 022 | 没有圆弧半径 | 在圆弧插补中,不管是 R(指定圆弧半径),还是 I,J 和 K(指定从起始点到中心的距离)都没有被指令 |
| 025 | 在 G02, G03 中不能指令 F0 | 在圆弧插补中,指令了 F1 位数或 F0。修改程序 |
| 027 | 在 G43,G44 中没有轴指令 | 在刀具长度补偿 C 的程序段 G43 和 G44 中,没有指定轴地址。补偿未被取消,但另一轴加了刀具长度补偿 C。修改程序 |
| 028 | 非法的平面选择 | 在平面选择指令中,同一方向上指令了两个或更多的轴。修改程序 |
| 029 | 非法偏置值 | 由 H 代码指定的补偿值太大。修改程序 |
| 030 | 非法补偿号 | 由 D/H 代码指定的刀具长度补偿号或刀具半径补偿号太大;另外,由 P 代码指定的工件坐标系号也太大。修改程序 |
| 031 | G10 中有非法 P 指令 | 由 G10 设定偏置量时,偏置号的指令 P 值过大或未被指定。修改程序 |

续表 7-1

| 序号 | 信　息 | 内　容 |
|---|---|---|
| 032 | G10 中有非法补偿值 | 由 G10 设定偏置量时或由系统变量写入偏置量时,偏置量过大 |
| 033 | 在 CRC 中无结果 | 刀具补偿 C 方式中的交点不能确定。修改程序 |
| 034 | 圆弧指令时不能启动或取消刀补 | 刀具补偿 C 方式中 G02 或 G03 指令时企图启动或取消刀补。修改程序 |
| 036 | 不能指令 G31 | 在刀具补偿方式中,指令了跳转切削(G31)。修改程序 |
| 037 | 在 CRC 中不能改变平面 | 由 G17,G18 或 G19 选择的平面在刀具补偿 C 中被改变。修改程序 |
| 038 | 在圆弧程序段中的干涉 | 在刀具补偿 C 方式中,将出现过切,因为圆弧起始点或终止点与圆弧中心相同。修改程序 |
| 041 | 在 CRC 中有干涉 | 在刀具补偿 C 方式中,将出现过切。刀具补偿方式下连续指令了两个没有移动指令只有停刀指令的程序段。修改程序 |
| 042 | 在 CRC 中不允许指令 G45~G48 | 在刀具半径补偿中,指令了刀具偏置(G45~G48)。修改程序 |
| 044 | 在固定循环中不允许指令 G27~G30 | 在固定循环方式中,指令了 G27~G30 中的一个。修改程序 |
| 045 | 地址 Q 未发现(G73,G83) | 在固定循环 G73,G83 中,没有指定每次切深(Q)。修改程序 |
| 046 | 非法的参考点返回指令 | 在第2、第3和第4参考点返回指令中,指令了 P2,P3 和 P4 之外的指令 |
| 050 | 在螺纹切削程序段中不允许 CHF,CNR | 在螺纹切削程序段中,指定了倒角和拐角 R。修改程序 |
| 051 | 在 CHF,CNR 之后错误移动 | 在倒角或拐角 R 后面的程序段中指定了错误的移动指令或移动距离。修改程序 |
| 052 | 在 CHF,CNR 之后不是 G01 代码 | 倒角或拐角 R 后面的程序段,不是 G01,G02 或 G03 指令。修改程序 |
| 053 | 太多的地址指令 | 在没有 CHF,CNR 功能的系统中,指令了逗号;在有 CHF,CNR功能的系统中,逗号之后指令了 R 或 C 之外的符号。修改程序 |
| 055 | CHF,CNR 中错误的移动量 | 在任意倒角或拐角 R 的程序段中,移动距离小于倒角或拐角 R 值 |
| 058 | 未发现终点 | 在任意倒角或拐角 R 的程序段中,指定轴不在所选择的平面内。修改程序 |

**续表 7-1**

| 序号 | 信　息 | 内　容 |
|------|--------|--------|
| 059 | 未发现程序号 | 在外部程序号检索或外部工件号检索中,未发现指定程序号;或者指定的程序在背景中被编辑;或者内存中没有非模态宏程序调用的程序。请检查程序号和外部信号,或中止背景编辑 |
| 060 | 未发现顺序号 | 在顺序号搜寻中未发现指令的顺序号。检查顺序号 |
| 070 | 存储器容量不足 | 内存不足。删除不必要的程序,重试 |
| 071 | 未发现数据 | 未发现要搜寻的地址,或在程序检索中未发现指定程序号的程序。检查数据 |
| 072 | 太多的程序数量 | 存储的程序数量超过 63(基本)、125(选择)、200(选择)或 400(选择)个。删除不要的程序,重新执行程序存储 |
| 073 | 程序号已经使用 | 被指令的程序号已经使用。改变程序号或删除不要的程序,重新执行程序存储 |
| 074 | 非法程序号 | 程序号为 1~9999 之外的数。改变程序号 |
| 075 | 保护 | 企图存储一个被保护的程序号 |
| 076 | 没有定义地址 P | 在 M98,G65 或 G66 的程序段中未指令地址 P(程序号)。修改程序 |
| 077 | 子程序嵌套错误 | 子程序调用超过了 5 重。修改程序 |
| 078 | 未发现序号 | 在 M98,M99,M65 或 G66 的程序段中未发现由地址 P 指定的程序号或顺序号,没有发现由 GOTO 语句指定的顺序号,或者调用的程序在背景程序中被编辑。修改程序或中止背景编辑 |
| 079 | 程序校验错误 | 在存储器或程序校对中,存储器中的程序与从外部输入/输出设备读到的程序不一致。检查存储器中的和外部设备的程序 |
| 080 | G37 没有到达信号 | 在自动刀具长度测量功能中(G37),测量位置到达信号(XAE,YAE,ZAE)未在参数 6254(值 ε)指定的范围内输出。设置和操作错误 |
| 081 | G37 中未发现补偿号 | 刀具长度自动测量(G37)中未指定 H 代码。(自动刀具长度测量功能)修改程序 |
| 082 | G37 中不允许指令 H 代码 | 在同一程序段中指定了 H 代码和自动刀具补偿指令(G37)。修改程序 |
| 083 | G37 中非法轴指令 | 在自动刀具长度测量中,指定了无效轴或指令为增量值。修改程序 |
| 085 | 通信错误 | 当使用阅读机/穿孔机接口向存储器输入数据时,出现溢出、奇偶或帧格式的错误。输入数据位数或波特率的设置或输入/输出设备不正确 |

续表 7-1

| 序号 | 信 息 | 内 容 |
|------|-------|-------|
| 086 | DR 信号断开 | 当使用阅读机/穿孔机接口向存储器输入数据时,阅读机/穿孔机的就绪信号(DR)关闭。输入/输出设备的电源关闭或未连接电缆或 P. C. B. 故障 |
| 087 | 缓冲区溢出 | 当使用阅读机/穿孔机接口向存储器输入数据时,尽管指定了读入终止指令,但在读入 10 个字节后,输入仍不中断。输入/输出设备或 P. C. B. 故障 |
| 090 | 参考点返回未完成 | 参考点返回的起点太接近于参考点或速度太慢使得不能执行参考点返回。参考点离起点要足够远或为参考点返回指定适当快的速度 |
| 091 | 参考点返回未完成 | 在自动运行的中止状态,不能进行手动参考点返回 |
| 092 | 不在参考点的轴 | G27(参考点返回检查)指令不能返回到参考点 |
| 094 | 不允许 P 型(坐标改变) | 程序再启动时,不能指定 P 型(自动运行被中断之后,执行坐标系设定操作)。按照操作说明书进行正确的操作 |
| 095 | P 型不允许(EXT OF-SCHG) | 程序再启动时,不能指定 P 型(自动运行被中断之后,外部改变了工件偏移量)。按照操作说明书进行正确的操作 |
| 096 | P 型不允许(WRK OF-SCHG) | 程序再启动时,不能指定 P 型(自动运行被中断之后,外部改变了工件偏移量)。按照操作说明书进行正确的操作 |
| 097 | P 型不允许(自动执行) | 程序再启动时,不能指定 P 型(急停后或 P/S 报警 94-97 复位后,未执行自动运行)。执行自动运行 |
| 098 | 在顺序返回中发现 G28 | 通电后、急停后或程序中有 G28,但未回参考点即执行程序再启动。执行返回参考点操作 |
| 099 | 检索之后不允许执行 MDI | 在程序再启动中,检索完成后,用 MDI 给出了移动指令 |
| 100 | 参数写入有效 | 在参数(设置)屏幕上,PWE(参数写入有效)被设置为 1。将该参数设置为 0,然后再启动系统 |
| 101 | 请清除存储器 | 当用程序编辑操作对内存执行写入操作时,关闭了电源。如果该报警出现,按住<PROG>键,同时再按住<RESET>键清除存储器,但是只删除编辑的程序,存储被删除的程序 |
| 109 | G08 中格式错误 | 在 G08 代码中 P 后指定了除 0 或 1 之外的值或没有值被指定 |
| 110 | 数据溢出 | 固定小数点显示数据的绝对值超过了允许范围。修改程序 |
| 111 | 计算数据溢出 | 计算结果在允许范围($-10^{47}$ 到 $-10^{-29}$,0 和 $10^{-29}$ 到 $10^{47}$)之外 |
| 112 | 被零除 | 指定的除数为零(包括 $\tan 90°$) |

续表 7-1

| 序号 | 信 息 | 内 容 |
|---|---|---|
| 113 | 不正确指令 | 在用户宏程序中指定了不能用的功能指令。修改程序 |
| 114 | 宏程序格式错误 | <公式>的格式出错。修改程序 |
| 115 | 非法变量号 | 用户宏程序中指定了不能作为变量号的值。修改程序 |
| 116 | 写保护变量 | 赋值语句的左边的变量不允许赋值。修改程序 |
| 118 | 括号嵌套错误 | 括弧的嵌套超过了上限(五重)。修改程序 |
| 119 | 非法自变量 | SQRT 的自变量、BCD 的自变量为负数或在 BIN 变量中的每一行为 0~9 之外的值。修改程序 |
| 122 | 四重的宏模态-调用 | 宏模态-调用的嵌套层次为 4 重。修改程序 |
| 123 | DNC 中不能使用宏指令 | 在 DNC 操作期间,使用了宏指令。修改程序 |
| 124 | 缺少结束状态 | DO-END 没有一一对应。修改程序 |
| 125 | 宏程序格式错误 | <公式>格式错误。修改程序 |
| 126 | 非法循环数 | 对 DO n 循环,条件 1≤n≤3 不满足。修改程序 |
| 127 | NC 指令和宏指令在同一程序段 | NC 指令和用户宏指令语句共存。修改程序 |
| 128 | 非法宏指令顺序号 | 在分支指令中的顺序号不是 0~9999,或未被检索到。修改程序 |
| 129 | 非法自变量地址 | <自变量赋值>的地址不对。修改程序 |
| 130 | 非法轴操作 | PMC 的轴控制指令输出到了由 CNC 控制的轴。CNC 的轴控制指令输出到了 PMC 控制的轴。修改程序 |
| 131 | 太多的外部报警信息 | 出现 5 个或 5 个以上的外部报警信息。检查 PMC 梯形图 |
| 132 | 未发现报警号 | 外部报警信息的报警号不存在。检查 PMC 梯形图 |
| 133 | EXT. 报警信息中非法数据 | 外部报警信息或外部操作信息中部分数据错误。检查 PMC 梯形图 |
| 135 | 非法角度指令 | 分度工作台的分度角不是角度单位的倍数。修改程序 |
| 136 | 非法轴指令 | 在分度工作台分度中,同 B 轴一起指令了另一轴。修改程序 |
| 139 | 不能改变 PMC | 控制轴 PMC 轴控制选择轴错误。修改程序 |
| 141 | CRC 中不能指令 G51 | 刀具偏置方式中 G51(缩放)被指令。修改程序 |
| 142 | 非法比例率 | 指令了 1~999999 之外的比例缩放倍率。修正比例缩放比例设置(G51Pp.. 或参数 5411,5421) |
| 143 | 缩放运动数据溢出 | 比例缩放结果,移动距离,坐标值和圆弧半径超过最大指令值。修正程序或比例缩放倍率 |

续表 7-1

| 序号 | 信　息 | 内　容 |
|------|--------|--------|
| 144 | 非法平面选择 | 坐标旋转平面和圆弧或刀具半径补偿 C 平面必须一样。修改程序 |
| 148 | 非法数据设定 | 自动拐角减速速度在判断角范围设定值之外。修改参数 (No. 1710～No. 1714) |
| 149 | G10 L3 中格式错误 | 扩展型刀具寿命管理中 Q1, Q2, P1, P2 以外的代码被指定为寿命计数类型 |
| 150 | 非法刀具组号 | 刀具组号超出最大允许值。修改程序 |
| 151 | 未发现刀具组号 | 铣床程序中指令的刀具组未设置。修改程序或参数值 |
| 152 | 刀具数据不能存储 | 一组内的刀具号超出最大允许值。修改刀具号 |
| 153 | 未发现 T 代码 | 程序中指定的刀号 T 未在刀具寿命数据中存储。或者换刀方式 D 中只指令了 M06, 未指定刀号。修改程序 |
| 154 | 未用寿命组中刀具 | 未指令刀组时指令了 H99 或 D99 |
| 155 | M06 中非法 T 代码 | 加工程序中, 在同一程序段的 M06 和 T 代码与使用的刀组不一致。修改程序 |
| 156 | 未发现 P, L 指令 | 在设置刀具组的程序开始部分, 没有指定 P 和 L |
| 157 | 太多的刀具组 | 设置的刀具组号超过最大允许值, 见参数 GS1, GS2 (No. 6800 第 0 位和第 1 位)。修改程序 |
| 158 | 非法刀具寿命数据 | 设置的刀具寿命太长。修改设置值 |
| 159 | 刀具数据设定未完成 | 设定寿命数据时电源断电。重新设置 |
| 176 | G107 中有不正确的 G 代码 | 在圆柱插补方式中不能指令下述任意一种 G 代码: 1. 定位 G 代码, 如 G28, G73, G74, G76, G81～G89 等, 包括在快速移动循环时指定的这些代码; 2. 设定坐标系的 G 代码 G52, G92; 3. 选择坐标系的 G 代码 G53, G54～59。修改程序 |
| 177 | 和校验错误 (G05 方式) | 和校验错误。修改程序 |
| 178 | 在 G41, G42 方式指令了 G05 | 在 G41, G42 方式中指令了 G05。修改程序 |
| 179 | 参数 No. 7510 设定错误 | 参数 No. 7510 设定的控制轴数超过了最大值。修改程序 |
| 180 | 通讯错误 (远程缓冲) | 发生远程缓冲连接报警。确认电缆号、参数及 I/O 设备 |
| 190 | 非法轴选择 | 恒表面切削速度控制中, 指定轴是错误的 (见参数 No. 3770); 指定轴的指令 P 中有非法数据。修改程序 |

续表 7-1

| 序号 | 信　息 | 内　容 |
|---|---|---|
| 194 | 同步控制方式中的主轴指令 | 在串行主轴的同步控制方式中指定了轮廓控制方式、主轴定位方式、(Cs 轴控制)方式或刚性攻螺纹方式。修改程序提前解除串行主轴同步控制方式 |
| 197 | 主轴方式中指令了 C 轴控制 | 当信号 CON(DGN＝G027♯7)关闭时,程序指定了沿 Cs 轴的移动。修改程序或在梯形图程序找出信号未接通的原因 |
| 199 | 宏程序字未定义 | 未定义宏程序字。修改程序 |
| 200 | 非法 S 方式指令 | 刚性攻螺纹中,S 值在范围之外或未被指定,或 S 的最大值用参数(No. 5241～No. 5243)指定。改变参数设置或修改程序 |
| 201 | 刚性攻螺纹中未发现进给速度 | 刚性攻螺纹中无 F 值。修改程序 |
| 202 | 位置 LSI 溢出 | 刚性攻螺纹中,主轴的分配值太大 |
| 203 | 刚性攻螺纹中程序不对 | 刚性攻螺纹中,程序中的 M 代码(M29)或 S 指令的位置不正确。修改程序 |
| 204 | 非法轴操作 | 刚性攻螺纹中,在 M 代码(M29)程序段和 G84(G74)程序段之间指定轴的移动。修改程序 |
| 205 | 刚性方式 DI 信号关闭 | 指令了 M 代码(M29)执行 G84(或 G74)时,刚性攻螺纹信号(DGN-G61♯1)不是 1。检查梯形图 |
| 206 | 不能改变平面(刚性攻螺纹) | 在刚性方式指令了平面的切换。修改程序 |
| 207 | 攻螺纹数据不对 | 在刚性攻螺纹中指定的距离太短或太长 |
| 210 | 不能指令 M198,M99 | 1. 在计划调度方式指令了 M198 和 M199 或在 DNC 操作中执行了 M198;<br>2. 在多重型腔加工固定循环中,指定了宏程序中断并且执行了 M99 |
| 212 | 非法平面选择 | 指令了倒角或拐角 R 或在平面中有一附加轴。修改程序 |
| 213 | 同步控制方式中有非法指令 | 在简易同步控制中出现下述报警:<br>1. 程序指定了从动轴的移动指令;<br>2. 程序指令了手动连续进给/手动进给/增量进给指令到从动轴;<br>3. 程序指定了自动参考点返回指令但开机后并未进行手动参考点返回;<br>4. 主动轴和从动轴之间的位置误差超过了参数 No. 8313 的设定值 |

**续表 7-1**

| 序号 | 信　息 | 内　容 |
|---|---|---|
| 214 | 同步控制方式中有非法指令 | 在同步控制中执行了坐标系设定或平移型的刀具补偿。修改程序 |
| 224 | 返回参考点 | 在自动运行启动之前，未执行参考点返回 |
| 231 | G10 或 L50 中的非法格式 | 在程序参数输入的指定格式中,下述错误出现:<br>1. 地址 N 或 R 未被输入;<br>2. 未指定参数号;<br>3. 轴号太大;<br>4. 轴号被指定到不是轴型的参数中;<br>5. 轴号未被指定在轴型参数中;<br>6. 当有口令保护时,企图修改参数 No.3202 的第 4 位(NE9)和 No.3210(PSSWD)。<br>修改程序 |
| 232 | 指令的螺旋插补轴太多 | 3 个轴或更多轴被指定为螺旋插补轴 |
| 233 | 设备忙 | 其他操作正在使用与 RS-232-C 口连接的设备 |
| 239 | BP/S 报警 | 正在进行背景编辑时执行穿孔操作 |
| 240 | BP/S 报警 | 在 MDI 操作期间进行背景编辑 |
| 253 | 不能执行 G05 | 在先行控制方式(G08 P1)中指定了使用高速远程缓冲(G05)或高速循环加工(G05)的二进制输入操作。在指定这些指令前,先指令 G08 P0 取消先行控制方式 |
| 5010 | 记录结束 | 指令了记录结束符(%) |
| 5020 | 程序再启动参数错误 | 程序再启动的参数设定错误 |
| 5046 | 非法参数(线性补偿) | 指定了非法的线性补偿参数,可能的原因如下:<br>1. 没有与指定的移动轴名或补偿轴参数对应的轴;<br>2. 多于 128 个点的螺距误差补偿点没有按顺序排列;<br>3. 线性补偿点没有按顺序排列;<br>4. 线性补偿点不在最大正向坐标和最大负向坐标的螺距误差补偿点的范围内;<br>5. 对各个补偿点指定的补偿值太小或太大 |
| 5073 | 无小数点 | 必须指定小数点的指令未指令小数点 |
| 5074 | 地址重复错误 | 在一个程序段中同一地址出现过多次。或者程序段中有两个或更多属于同一组的 G 代码 |
| 5110 | 非法 G 代码(G05.1 Q1方式) | 在 AI 先行控制方式中指令了非法 G 代码 |
| 5111 | 非法 G 代码(G05.1 Q1方式) | 当指令 AI 先行控制方式时,存在一个非法的非模态 G 代码 |

续表 7-1

| 序号 | 信　息 | 内　容 |
|------|--------|--------|
| 5112 | 不能指令 G08（G05.1 Q1） | 在 AI 先行控制方式中指定了先行控制(G08) |
| 5114 | 不是停止位置(G05.1 Q1) | 在手动干预后重新启动程序时,没有恢复手动干预的坐标值 |
| 5134 | FSSB:接通准备超时 | 初始化期间不能接通 FSSB |
| 5135 | FSSB:方式错误 | FSSB 的方式错误 |
| 5136 | FSSB:放大器数量少 | FSSB 识别的放大器数量小于指定的控制轴数 |
| 5137 | FSSB:结构错误 | FSSB 检测到一个结构错误 |
| 5138 | FSSB:轴的设定未完成 | 在自动设定模式下没有执行轴的设定。在 FSSB 设定画面执行轴的设定 |
| 5139 | FSSB:错误 | 伺服初始化没有正常结束,可能是光缆损坏,或者是从放大器到另外一个模块的连接有错误。检查光缆和连接状态 |
| 5156 | 非法轴操作(AICC) | 在 AI 先行控制方式中,改变了控制轴选择信号(PMC 轴控制);在 AI 先行控制方式中,改变了简易同步轴选择信号 |
| 5157 | 参数为 0(AICC) | 最大切削进给参数设置为 0(参数 No. 1422 或 No. 1432),插补前加/减速的参数设置为 0(参数 No. 1770 或 No. 1771)。正确设置参数 |
| 5197 | FSSB:接通超时 | 在 CNC 允许接通 FSSB 时,不能接通 FSSB |
| 5198 | FSSB:不能读取 ID | 数据由于一个临时分配错误不能读取放大器的初始 ID 信息 |
| 5220 | 参考点调整方式 | 设定了自动设定参考点的参数(参数 No. 1819♯2＝1),执行自动设定(手动将铣床移动到参考点,然后执行手动返回参考点操作)。补充说明:自动设定完成后,参数 No. 1819♯2 自动变为 0 |
| 5222 | SRAM 纠正错误 | 不能纠正 SRAM 的纠正错误。原因:在存储器初始化期间发生错误;措施:更换主印刷版(SRAM 模块) |
| 5227 | 未找到文件 | 在与内置手持文件盒通讯时,没有找到指定文件 |
| 5228 | 文件同名 | 内置手持文件盒中有相同的文件名 |
| 5229 | 写保护 | 内置手持文件盒中的软盘处于写保护状态 |
| 5231 | 文件过多 | 在与内置手持文件盒通讯时,文件数量超过了限制 |
| 5232 | 数据溢出 | 内置手持文件盒中的软盘空间不足 |
| 5235 | 通讯错误 | 在与内置手持文件盒通讯时,发生了通讯错误 |

续表 7-1

| 序号 | 信　息 | 内　容 |
|------|--------|--------|
| 5237 | 读取错误 | 不能读取内置手持文件盒中的软盘内容。可能是软盘已损坏或者是磁头太脏,也可能是手持文件盒已损坏 |
| 5238 | 写入错误 | 不能向内置手持文件盒中的软盘执行写入。可能是软盘已损坏或者是磁头太脏,也可能是手持文件盒已损坏 |
| 5257 | MDI 方式中不允许 G41,G42 | 在 MDI 方式中,指定了 G41,G42(刀具半径补偿 C:M 系列,刀尖补偿:T 系列;取决于参数 No.5008 的第 4 位的设置) |
| 5303 | 触摸屏错误 | 触摸屏发生了错误,原因如下:<br>1. 持续按压触摸屏;<br>2. 在电源接通过程中按压了触摸屏。<br>排除上述原因后重新接通电源 |
| 5306 | 方式切换错误 | 使用非模态宏程序调用时,开始并没有正常切换方式 |
| 5311 | FSSB:连接错误 | 1. 当在参数 No.1023 中设置的某个奇数号的轴与紧随其后的那个偶数号的轴没有通过 FSSB 连接在同一个放大器上时会出现该报警;<br>2. 当系统不满足高速 HRV 控制的限制要求、两个 FSSB 的电流控制周期不同、指定的脉冲发生器模块连接到不同通道的 FSSB 时,会出现该报警 |

## 二、背景编辑报警(表 7-2)

表 7-2　背景编辑报警

| 序号 | 信　息 | 内　容 |
|------|--------|--------|
| ??? | BP/S 报警 | BP/S 报警号与普通编辑时出现的 P/S 报警号相同(P/S 报警 No.070,No.071,No.072,No.073,No.074,No.085~No.087)。修改程序 |
| 140 | BP/S 报警 | 在后台企图选择或删除在前台已选择的程序。正确使用背景编辑 |

注:背景编辑中的报警显示在背景编辑画面的键输入行,而并非显示在通常的报警画面。用 MDI 键盘可以使其复位。

## 三、绝对脉冲编码器(APC)报警(表 7-3)

表 7-3　绝对脉冲简码器(APC)报警

| 序号 | 信　息 | 内　容 |
|------|--------|--------|
| 300 | n-轴原点返回 | n-轴(n=1~3)要求手动返回参考点 |
| 301 | APC 报警:n-轴通信 | n-轴(n=1~3)APC 通信错误,数据传输失败。可能原因包括 APC 错误,电缆,或伺服接口模块故障 |

续表 7-3

| 序号 | 信 息 | 内 容 |
|---|---|---|
| 302 | APC 报警:n-轴超时 | n-轴(n=1～3)APC 超时错误,数据传输失败。可能原因包括 APC 错误,电缆,或伺服接口模块故障 |
| 303 | APC 报警:n-轴数据格式 | n-轴(n=1～3)APC 数据格式错误,数据传输失败。可能原因包括 APC 错误,电缆,或伺服接口模块故障 |
| 304 | APC 报警:n-轴奇偶 | n-轴(n=1～3)APC 奇偶错误,数据传输失败。可能原因包括 APC 错误,电缆,或伺服接口模块故障 |
| 305 | APC 报警:n-轴脉冲错误 | n-轴(n=1～3)APC 脉冲错误报警,APC 报警,APC 或电缆错误 |
| 306 | APC 报警:n-轴电池电压为 0 | n-轴(n=1～3)APC 电池电压太低,以致数据不能被保存,APC 报警,电池或电缆错误 |
| 307 | APC 报警:n-轴电池电压低 1 | n-轴(n=1～3)APC 电池电压低必须更换电池,APC 报警。更换电池 |
| 308 | APC 报警:n-轴电池电压低 2 | n-轴(n=1～3)APC 电池电压低必须更换电池(包括电源关闭),APC 报警。更换电池 |
| 309 | APC 报警:n 轴返回参考点不可能 | 在电动机还从未转动过时即执行铣床返回参考点。应先将电动机转几转,关掉电源然后开机再执行参考点返回 |

## 四、串行脉冲编码器报警

### 1. 串行脉冲编码器(SPC)报警(表 7-4)

表 7-4 串行脉冲编码(SPC)报警

| 序号 | 信 息 | 内 容 |
|---|---|---|
| 360 | n-轴:校验和异常(内装) | 内装脉冲编码器发生校验和错误 |
| 361 | n-轴:相位数据异常(内装) | 内装脉冲编码器发生相位数据错误 |
| 362 | n-轴:回转数据异常(内装) | 内装脉冲编码器发生旋转速度计数错误 |
| 363 | n-轴:时钟异常(内装) | 内装脉冲编码器发生时钟错误 |
| 364 | n-轴:软相位报警(内装) | 数字伺服软件在内装脉冲编码器内检测到无效数据 |
| 365 | n-轴:灯损坏(内装) | 内装脉冲编码器发生灯错误 |
| 366 | n-轴:脉冲遗漏(内装) | 内装脉冲编码器发生脉冲错误 |
| 367 | n-轴:计数遗漏(内装) | 内装脉冲编码器发生计数错误 |
| 368 | n-轴:串行数据错误(内装) | 不能接收来自内装脉冲编码器的通讯数据 |
| 369 | n-轴:数据传输错误(内装) | 接收到的来自内装脉冲编码器的通讯数据发生 CRC 错误或停止位错误 |

**续表 7-4**

| 序号 | 信　息 | 内　容 |
|------|--------|--------|
| 380 | n-轴:灯损坏(分离) | 分离型检测器错误 |
| 381 | n-轴:相位异常 | 分离型直线尺发生相位数据错误 |
| 382 | n-轴:计数遗漏(分离) | 分离型检测器发生计数错误 |
| 383 | n-轴:脉冲遗漏(分离) | 分离型检测器发生脉冲错误 |
| 384 | n-轴:软相位报警(分离) | 数字伺服软件在分离型检测器内检测到无效数据 |
| 385 | n-轴:串行数据错误(分离) | 不能接收来自分离型检测器的通讯数据 |
| 386 | n-轴:数据传输错误(分离) | 接收到的来自分离型检测器的通讯数据发生 CRC 错误或停止位错误 |
| 387 | n-轴:编码器异常(分离) | 分离型检测器发生错误。联系检测器生产商 |

**2. 串行脉冲编码器报警的详细信息**(表 7-5)

**表 7-5　串行脉冲编码器报警的详细信息**

| 序　号 | | 代　号 | 内　容 |
|--------|------|--------|--------|
| 202 | ♯6 | CSA | 校验和检查报警 |
| | ♯5 | BLA | 电池电压低报警 |
| | ♯4 | PHA | 相位数据错误报警 |
| | ♯3 | PCA | 速度计数故障报警 |
| | ♯2 | BZA | 电池零电压报警 |
| | ♯1 | CKA | 时钟报警 |
| | ♯0 | SPH | 软相位数据故障报警 |
| 203 | ♯7 | DTE | 数据错误报警 |
| | ♯6 | CRC | CRC 错误报警 |
| | ♯5 | STB | 停止位错误报警 |
| | ♯4 | PRM | 参数错误报警。在此情况下,还会出现伺服参数错误报警(No. 417) |

# 五、伺服报警之一

**1. 伺服报警之一**(表 7-6)

**表 7-6　伺服报警之一**

| 序号 | 信　息 | 内　容 |
|------|--------|--------|
| 401 | 伺服报警:n - 轴 VRDY OFF | n-轴(轴 1~3)伺服放大器 READY 信号(DRDY)断开 |
| 402 | 伺服报警:SV 卡不存在 | 没有轴控制卡 |

续表 7-6

| 序号 | 信 息 | 内 容 |
|---|---|---|
| 403 | 伺服报警:卡/软件不匹配 | 轴控制卡和伺服软件的组合错误。可能的原因有:没有提供正确的轴控制卡,在 Flash Memory 中没有安装正确的伺服软件 |
| 404 | 伺服报警:n-轴 VRDY ON | 尽管 n-轴(1～3)READY 信号(MCON)断开,伺服放大器 READY 信号(DRDY)仍为 1;或当电源打开时,即使 MCON 断开,DRDY 仍接通。检查伺服接口模块和伺服放大器的连接 |
| 405 | 伺服报警:零点返回错误 | 位置控制系统错误。在参考点返回中由于 NC 或伺服系统错误,可能不能正确执行返回参考点。用手动参考点返回再试 |
| 407 | 伺服报警:超差 | 在简易同步控制中发生了如下错误:同步轴间的铣床坐标位置偏差超过了参数 No.8314 的设定值 |
| 409 | 伺服报警:n-轴转矩报警 | 检测到伺服电动机负载异常,或者在 Cs 方式中检测到主轴电动机负载异常 |
| 410 | 伺服报警:n-轴超差 | 当 n-轴(轴 1～3)停止时位置误差超过了参数 No.1829 的设定值。参阅排除故障步骤 |
| 411 | | 当 n-轴(轴 1～3)移动时位置误差超过了参数 No.1828 的设定值。参阅排除故障步骤 |
| 413 | 伺服报警:n-轴 LSI 溢出 | n-轴(轴 1～3)的误差寄存器中的数值超过了 $\pm 2^{31}$。这个错误通常是由于参数设置不正确造成的 |
| 415 | 伺服报警:n-轴移动太快 | 在 n-轴(轴 1～3)中定的速度高于 524288000 单位/秒。这个错误是由于 CMR 设置不正确造成的 |
| 417 | 伺服报警:n-轴参数不正确 | n-轴(轴 1～3)在下面任一条件下产生报警(数字伺服系统报警):<br>1. 参数 No.2020(电动机型号)设置的值超出指定范围;<br>2. 没有给参数 No.2022(电动机旋转方向)设置正确的值(111 或-111);<br>3. 参数 No.2023(电动机每转速度反馈脉冲数)设置了非法数据(小于 0 的值,等等);<br>4. 参数 No.2024(电动机每转位置反馈脉冲数)设置了非法数据(小于 0 的值,等等);<br>5. 没有设置参数 No.2084 和 No.2085(柔性齿轮比);<br>6. 参数 1023(伺服轴号)设定值不在<1～控制轴数>范围内,或者是没有按照大小顺序设置(例如:4 没有设在 3 的后面) |

续表 7-6

| 序号 | 信 息 | 内 容 |
|---|---|---|
| 420 | 伺服报警:n-轴同步转矩 | 简易同步控制中,主动轴和从动轴之间的转矩差超过了参数 No.2031 的设定值 |
| 421 | 伺服报警:n-轴超差(D) | 双位置反馈时,全闭环误差和半闭环误差的差值过大。检查双位置转换系数参数 No.2078 和 No.2079 中的设定值 |
| 422 | 伺服报警:n-轴 | PMC 轴控制的转矩控制中,超过指定的允许速度 |
| 423 | 伺服报警:n-轴 | PMC 轴控制的转矩控制时累积的行程距离超过参数的设定值 |
| 430 | n-轴:SV 电动机过热 | 伺服电动机过热 |
| 431 | n-轴:CNV. 过载 | PSM 或 $\beta$ 系列 SVU:发生过热 |
| 432 | n-轴:CNV. 低电压控制 | PSMR 或 $\alpha$ 系列 SVU:控制电压过低 |
| 433 | n - 轴: CNV. 低电压 DC LINK | PSM,PSMR,$\alpha$ 系列 SVU 或 $\beta$ 系列 SVU:DC LINK 电压过低 |
| 434 | n-轴:INV. 低电压控制 | SVM:控制电压过低 |
| 435 | n - 轴: INV. 低电压 DC LINK | SVM:DC LINK 电压过低 |
| 436 | n-轴:软过热(OVC) | 数字伺服软件检测到软过热状态(OVC) |
| 437 | n-轴:CNV. 过电流 | PSM:输入回路有过大的电流 |
| 438 | n-轴:INV. 电流异常 | SVM,$\alpha$ 系列 SVU 或 $\beta$ 系列 SVU:电动机电流过大 |
| 439 | n - 轴: CNV. 过电压 DC LINK | PSM,PSMR,$\alpha$ 系列 SVU 或 $\beta$ 系列 SVU:DC LINK 电压过高 |
| 440 | n-轴:CNV. EX DECEL-E RATION POW | PSM:再生放电量过大;$\alpha$ 系列 SVU:再生放电量过大,或者再生放电回路异常 |
| 441 | n-轴:异常电流偏差 | 数字伺服软件在伺服电动机检测回路检测到异常状态 |
| 442 | n-轴:CNV. 充电故障 | PSM 或 PSMR:DC LINK 的备用放电回路异常 |
| 443 | n-轴:CNV. 冷却风扇故障 | PSM,PSMR 或 $\beta$ 系列 SVU:内部风扇故障 |
| 444 | n-轴:INV. 冷却风扇故障 | SVM:内部风扇故障 |
| 445 | n-轴:软断线报警 | 数字伺服软件检测到脉冲编码器断线 |
| 446 | n-轴:硬断线报警 | 硬件检测到内装脉冲编码器断线 |
| 447 | n-轴:硬断线(外部) | 硬件检测到分离型检测器断线 |
| 448 | n 轴:不匹配的反馈报警 | 内置脉冲编码器的反馈数据的符号与分离型检测器的反馈数据符号不相同 |

续表 7-6

| 序号 | 信　　息 | 内　　容 |
|------|---------|---------|
| 449 | n 轴：INV. IPM 报警 | SVM 或 α 系列 SVU：IPM（智能电源模块） |
| 453 | n-轴：SPC 软断线报警 | α 脉冲编码器的软件断线报警。关闭 CNC 电源，将脉冲编码器的电缆重新连接，再接通电源，如果该报警不能消除，更换脉冲编码器 |
| 456 | n-轴：非法电流环 | 指定了非法的电流控制周期。使用的放大器脉冲模块不匹配高速 HRV，或者系统不满足使用高速 HRV 控制的限制条件 |
| 457 | n-轴：非法高速 HRV（250$\mu$s） | 电流控制周期为 250$\mu$s 时，指定了高速 HRV 控制功能 |
| 458 | n-轴：电流环错误 | 指定的电流控制周期与实际的电流控制周期不匹配 |
| 459 | n-轴：高速 HRV 设定错误 | 当在参数 No. 1023 中设置的某个奇数号的轴与紧随其后的那个偶数号的轴连接在一个放大器上时，其中只有一个轴支持高速 HRV 功能而另一个轴不支持高速 HRV 功能 |
| 460 | n-轴：FSSB 断线 | FSSB 的通讯突然中断，可能的原因有以下几点：<br>1. FSSB 通讯电缆未连接好或损坏；<br>2. 放大器的电源突然断电；<br>3. 放大器发生低电压报警 |
| 461 | n-轴：非法放大器接口 | 2 轴放大器的两个轴都被指定为快速接口 |
| 462 | n-轴：发送 CNC 数据失败 | 由于 FSSB 通讯错误，子单元不能接收到正确的数据 |
| 463 | n-轴：发送子单元数据失败 | 由于 FSSB 通讯错误，CNC 不能接收到正确的数据 |
| 464 | n-轴：ID 数据写入失败 | 试图在放大器维护画面上写入维护信息，但是写入失败 |
| 465 | n-轴：ID 数据读取失败 | 电源接通时，不能读取放大器初始 ID 信息 |
| 466 | n-轴：电动机/放大器组合 | 放大器最大额定电流与电动机的最大额定电流不匹配 |
| 467 | n-轴：非法的轴设定 | 当一个轴单独使用一个 DSP 时（对应于两个普通轴），在轴设定画面指定了以下所示的无效的伺服功能：<br>1. 自学习控制（参数 No. 2008＃5=1）；<br>2. 高速电流环（参数 No. 2004＃0=1）；<br>3. 高速接口轴（参数 No. 2005＃4=1） |
| 468 | n-轴：高速 HRV 设定错误（放大器） | 当对某个控制轴指定了高速 HRV 控制功能时，该轴连接的放大器没有使用高速 HRV 控制功能 |

## 2. 伺服报警之一的详细信息（表 7-7）

### 表 7-7 伺服报警之一的详细信息

| 序 号 | 代 号 | | 数 值 | 内 容 |
|---|---|---|---|---|
| 200 | ♯7 | OVL | | 发生过载 |
| | | | 1 | 发生伺服报警 No.400 |
| | ♯6 | LV | | 伺服广大器中发生低电压 |
| | ♯5 | OVC | | 数字伺服内部发生过电流 |
| | ♯4 | HCA | | 伺服放大器发生异常电流 |
| | ♯3 | HVA | | 伺服放大器中发生过电压 |
| | ♯2 | DCA | | 伺服放大器中发生再生放电回路 |
| | ♯1 | FBA | | 发生断线 |
| | | | 1 | 伺服报警产生 No.416 |
| | ♯0 | OFA | | 数字伺服内部发生溢出 |
| 201 | ♯7 | ALD | 0 | 电动机过热 |
| | | | 1 | 放大器过热 |
| | ♯4 | EXP | 1 | 内置编码器断线（硬件） |
| | | | 0 | |
| | ♯7 | ALD | 1 | 分离型脉冲编码器断线（硬件） |
| | ♯4 | EXP | 1 | |
| | ♯7 | ALD | 0 | 脉冲编码器断线（软件） |
| | ♯4 | EXP | 0 | |
| 204 | ♯6 | OFS | | 数字伺服中发生电流变换错误 |
| | ♯5 | MCC | | 伺服放大器上的电磁接触器触点熔焊 |
| | ♯4 | LDA | | LED指示串行脉冲编码器C故障 |
| | ♯3 | PMS | | 反馈电缆故障造成反馈脉冲错误 |

# 六、超程报警（表 7-8）

### 表 7-8 超程报警

| 序 号 | 信 息 | 内 容 |
|---|---|---|
| 500 | 超程：＋n | 超过 n-轴＋向行程极限 I（参数 No.1320 或 1326 注） |
| 501 | 超程：-n | 超过 n-轴—向行程极限 I（参数 No.1321 或1327 注） |

**续表 7-8**

| 序　号 | 信　息 | 内　容 |
|---|---|---|
| 502 | 超程:＋n | 超过 n-轴＋向行程极限 II(参数 No.1322) |
| 503 | 超程:－n | 超过 n-轴—向行程极限 II(参数 No.1323) |
| 506 | 超程:＋n | 超过 n-轴＋向硬限位 |
| 507 | 超程:－n | 超过 n-轴—向硬限位 |

注:当信号 EXLM(行程限位切换信号)为 1 时,参数 1326 和 1327 有效。

# 七、伺服报警之二(表 7-9)

**表 7-9　伺服报警之二**

| 序　号 | 信　息 | 内　容 |
|---|---|---|
| 600 | n-轴:INV. DC LINK 过电流 | SVM 或 β系列 SVU:DC LINK 电流过大 |
| 601 | n-轴:INV. 辐射风扇故障 | SVM 或 β系列 SVU:排热风扇故障 |
| 602 | n-轴:INV. 过热 | SVM:伺服放大器过热 |
| 603 | n-轴:INV. IPM 报警 | SVM 或 β系列 SVU:IPM(智能电源模块)检测到过热报警条件 |
| 604 | n-轴:放大器通讯错误 | PSM 和 SVM 之间的通信异常 |
| 605 | n-轴:CNV. 外部放电 POW. | PSMR:电动机再生电源过高 |
| 606 | n-轴:INV. 辐射风扇故障 | PSM 或 PSMR:排热风扇故障 |
| 607 | n-轴:CNV. 单相故障 | PSM 或 PSMR:输入电源的一相异常 |

# 八、过热报警(表 7-10)

**表 7-10　过热报警**

| 序　号 | 信　息 | 内　容 |
|---|---|---|
| 700 | 过热:控制单元 | 控制单元过热。检查风扇电动机和清扫空气过滤器 |
| 701 | 过热:风扇电动机 | 控制单元柜顶部的风扇电动机过热。检查风扇电机或在需要时更换电动机 |

# 九、刚性攻螺纹报警(表 7-11)

**表 7-11　刚性攻螺纹报警**

| 序　号 | 信　息 | 内　容 |
|---|---|---|
| 740 | 刚性攻螺纹报警:超差 | 刚性攻螺纹过程中,主轴停止时的位置偏差超过设定值 |
| 741 | 刚性攻螺纹报警:超差 | 刚性攻螺纹过程中,主轴移动时的位置偏差超过设定值 |
| 742 | 刚性攻螺纹报警:LSI 溢出 | 刚性攻螺纹过程中,主轴侧出现 LSI 溢出 |

## 十、主轴报警

### 1. 主轴报警（表 7-12）

表 7-12 主轴报警

| 序 号 | 信 息 | 内 容 |
|---|---|---|
| 749 | S-主轴 LSI 错误 | 通电后，系统运行时出现串行主轴通信错误。可能有以下原因：<br>1. 光缆连接故障、电缆未连接或被切断；<br>2. 主 CPU 板或第 2 选择板故障；<br>3. 主轴放大器印刷板故障。<br>如果当 CNC 通电时出现该报警，或即使 CNC 复位也不能清除该报警，则应关闭 CNC 电源和主轴电源，再重新启动 |
| 750 | 主轴串行连接启动错误 | 当连接串行主轴的系统通电后，主轴控制单元未准备就绪时，出现该报警，可能有下述四个原因：<br>1. 光缆连接不当或主轴控制单元的电源关断；<br>2. 在主轴控制单元的 LED 显示 AL-24 或 SU-01 以外的报警时给 CNC 单元通电（此时，应切断主轴放大器的电源，再重新启动）；<br>3. 其他原因如硬件配置不对（在包括主轴在内的整个系统工作时不会出现该报警）；<br>4. 当参数 3701♯4（SP2）=1 时，第二主轴的情况请参考上述原因 1～3。<br>详细信息见诊断显示 No.409 |
| 752 | 第一主轴方式切换错误 | 当系统不能够正确进行方式切换时出现该报警。方式包括 Cs 轮廓控制、主轴定位、刚性攻螺纹和主轴控制方式。如果主轴控制单元不能正确响应由 NC 指定的方式切换指令，出现该报警 |
| 754 | 第一主轴异常转矩报警 | 检测到第一主轴电动机的负载异常 |
| 762 | 第二主轴方式切换错误 | 参见报警 No.752（对第二主轴） |
| 764 | 第二主轴异常转矩报警 | 参见报警 No.754（对第二主轴） |

## 2. 主轴报警 No. 750 的详细信息（表 7-13）

**表 7-13　主轴报警 No. 750 的详细信息**

| 序　号 | | 代　号 | 数值 | 内　容 |
|---|---|---|---|---|
| 409 | ♯3 | SPE | 0 | 在主轴串行控制中，串行主轴参数满足主轴单元的启动条件 |
| | | | 1 | 在主轴串行控制中，串行主轴参数不满足主轴单元的启动条件 |
| | ♯2 | S2E | 0 | 主轴串行控制启动时，第二主轴正常 |
| | | | 1 | 主轴串行控制启动时，第二主轴有故障 |
| | ♯1 | S1E | 0 | 主轴串行控制启动时，第一主轴正常 |
| | | | 1 | 主轴串行控制启动时，第一主轴有故障 |
| | ♯0 | SHE | 0 | 在 CNC 中串行通信模块正常 |
| | | | 1 | 在 CNC 中串行通信模块有故障 |

## 3. α 系列主轴放大器的报警（表 7-14）

**表 7-14　α 系列主轴放大器的报警**

| 报警号 | 信　息 | SPM 指示（＊1） | 故障位置及处理 | 说　明 |
|---|---|---|---|---|
| 749 | S-主轴 LSI 错误 | A1 | 更换 SPM 控制电路印刷板 | SPM 控制电路的 CPU 外围电路工作异常 |
| 750 | 主轴串行连接错误 | A0<br>A | 1. 更换 SPM 控制电路印刷板上的 ROM；<br>2. 更换 SPM 控制电路印刷板 | 程序未正常启动。SPM 的控制电路印刷板上的 ROM 版本号错误或硬件故障 |
| 9001 | SPN_n：电动机过热 | 01 | 1. 检查并改善散热器的散热条件和负载状态；<br>2. 若散热器的风扇不工作，请立即更换 | 电动机绕组内的恒温器动作；电动机的内部温度超过了正常范围；电动机的工作时间超过了连续额定时间，或者是冷却元件异常 |

续表 7-14

| 报警号 | 信　息 | SPM指示(＊1) | 故障位置及处理 | 说　明 |
|---|---|---|---|---|
| 9002 | SPN_n：EX 速度误差 | 02 | 1. 检查并改善切削条件以减小负载；<br>2. 修改参数 No. 4082 | 电动机未按指定速度运转；检测到过大的电动机的负载转矩；参数 No. 4082 设定的加/减速时间不足 |
| 9003 | SPN_n：DCLINK 保险熔断 | 03 | 1. 更换 SPM 单元；<br>2. 检查电机的绝缘状态；<br>3. 更换接口电缆 | PSM 就绪(指示 00)，但在 SPM 中 DC 整流电压过低；SPM 的 DC 保险丝的熔断(功率元件坏，或电动机接地故障)；JX1A/JX1B 电缆连接不当 |
| 9004 | SPN_n：输入保险/电源故障 | 04 | 检查 PSM 输入电源的状态 | PSM 电源缺相(PSM 报警显示:5) |
| 9006 | SPN_n：热传感器未连接 | 06 | 1. 检查并修改参数；<br>2. 更换反馈电缆 | 没有连接电动机的温度传感器 |
| 9007 | SPN_n：速度过高 | 07 | 检查是否是操作顺序错误(例如是否在主轴不能运行的情况下指定了主轴同步) | 电动机速度超过其额定值的 115%；在主轴定位方式中，累计的定位误差太大(在主轴同步期间，SFR 和 SRV 被关断) |
| 9009 | SPN_n：主回路过热 | 09 | 1. 改善散热器的散热条件；<br>2. 若散热器的风扇不工作，请立即更换 | 功率晶体管温升异常 |
| 9011 | SPN_n：电源回路过压 | 11 | 1. 检查选择的 PSM；<br>2. 检查输入电源电压和电动机减速时的功率，如果电压超过 253V(200V 系统)或 530V(400V 系统)，请提高电源的阻抗；<br>3. PSM 的 DC 部分过压(PSM 报警显示:7) | PSM 选择错误(超过 PSM 的最大输出功率) |

续表 7-14

| 报警号 | 信 息 | SPM 指示(＊1) | 故障位置及处理 | 说 明 |
|---|---|---|---|---|
| 9012 | SPN_n_:<br>电源回路过流 | 12 | 1. 检查电动机绝缘状况;<br>2. 检查主轴参数;<br>3. 更换 SPM 单元 | 电动机输出电流异常的高,电动机参数与电动机型号不匹配,电动机绝缘不好 |
| 9015 | SPN_n_:<br>主轴开关控制报警 | 15 | 1. 检查和修改梯形图;<br>2. 更换 MC 开关 | 主轴开关/输出开关的操作顺序不对;<br>MC 触点状态检查信号与指令不符 |
| 9016 | SPN_n_:<br>RAM 故障 | 16 | 更换 SPM 的控制印刷电路板 | SPM 控制电路工作异常(外部数据的 RAM 异常) |
| 9018 | SPN_n_:<br>程序校验和错误 | 18 | 更换 SPM 的控制印刷电路板 | SPM 控制电路工作异常(程序 ROM 数据异常) |
| 9019 | SPN_n_:<br>U 相电流偏差过大 | 19 | 更换 SPM 单元 | SPM 控制电路工作异常(U 相电流检测电路的初始值异常) |
| 9020 | SPN_n_:<br>V 相电流偏差过大 | 20 | 更换 SPM 单元 | SPM 控制电路工作异常(V 相电流检测电路的初始值异常) |
| 9021 | SPN_n_:<br>位置传感器极性错误 | 21 | 检查并修改参数(参数 No. 400#0,4001#4) | 有关位置传感器极性的参数设定错误 |
| 9024 | SPN_n_:<br>串行数据传送错误 | 24 | 1. 使 CNC-到- 主轴的电缆远离电源电缆;<br>2. 更换电缆 | CNC 电源关闭(正常关闭电源或电缆断线),传送到 CNC 的通信数据有错误 |
| 9026 | SPN_n_:<br>C 轴速度检测错误 | 26 | 1. 更换电缆;<br>2. 重新调整前置放大器 | Cs 轮廓控制中电动机侧的反馈信号幅度(JY2 接口)异常(未连接电缆,调整错误等) |

续表 7-14

| 报警号 | 信 息 | SPM 指示(*1) | 故障位置及处理 | 说 明 |
|---|---|---|---|---|
| 9027 | SPN_n：<br>未连接位置编码器 | 27 | 1. 更换电缆；<br>2. 重新调整 BZ 传感器信号 | 1. 主轴位置编码器(JY4接口)信号不正常；<br>2. MZ 或 BZ 的信号幅度(JY2接口)异常(未连接电缆,调整错误等) |
| 9028 | SPN_n：<br>未连接位置编码器 | 28 | 1. 更换电缆；<br>2. 重新调整前置放大器 | Cs 轮廓控制中位置检测信号(JY5接口)异常(未连接电缆,调整错误等) |
| 9029 | SPN_n：<br>未连接位置编码器 | 29 | 检查和调整负载 | 在某一时间段内持续有过大的负载(当电动机在激磁状态轴被锁住时也会出现该报警) |
| 9030 | SPN_n：<br>电源回路过流 | 30 | 检查和调整电源电压 | PSM 主输入回路中,出现过电流(PSM 报警显示:1)；电流不平衡；PSM 选择错误(超过PSM 的最大输出功率) |
| 9031 | SPN_n：<br>电动机锁住或 V-信号丢失 | 31 | 1. 检查和调整负载；<br>2. 更换电动机传感器电缆(JY2 或 JY5) | 电动机不能以指定速度旋转(持续存在未超过 SST电平的旋转指令)；速度检测信号异常 |
| 9032 | SPN_n：<br>RAM 故障串行 LSI | 32 | 更换 SPM 的控制印刷电路板 | SPM 控制电路工作异常(传送串行数据的 LSI 设备异常) |
| 9033 | SPN_n：<br>电源充电不足 | 33 | 1. 检查和调整电源电压；<br>2. 更换 PSM 单元 | 当放大器的接触器接通时,供电电路的直流电压充电不足(例如开路或充电电阻损坏) |

续表 7-14

| 报警号 | 信 息 | SPM 指示(＊1) | 故障位置及处理 | 说 明 |
|---|---|---|---|---|
| 9034 | SPN_n_: 参 数 设 定 错误 | 34 | 按照参数说明书修改参数; 若不知道参数号,连接主轴检查板,检查指示的参数号 | 参数数据超过设定的允许值 |
| 9035 | SPN_n_: 齿轮比设定超出范围 | 35 | 按照参数说明书修改参数 | 设定的齿轮比超过允许值 |
| 9036 | SPN_n_: 计 数 器 溢 出错误 | 36 | 检查位置增益值是否太大,修改该值 | 误差计数器溢出 |
| 9037 | SPN_n_: 主轴检测参数错误 | 37 | 根据参数说明书修改参数值 | 有关检测器的速度脉冲数的参数设定不正确 |
| 9039 | SPN_n_: 1 转 Cs 信号错误 | 39 | 1. 调整前置放大器的 1 转信号; 2. 检 查 电 缆 的屏蔽; 3. 更换电缆 | 在 Cs 轮廓控制期间 1 转信号和 AB 相脉冲的脉冲数的关系不对 |
| 9040 | SPN_n_: 未检测到 1 转 Cs 信号 | 40 | 1. 调整前置放大器的 1 转信号; 2. 检 查 电 缆 的屏蔽; 3. 更换电缆 | 在 Cs 轮廓控制期间没有产生 1 转信号 |
| 9041 | SPN_n_: 1 转位置编码器信号错误 | 41 | 1. 检 查 和 修 改参数; 2. 更换电缆; 3. 重新调整 BZ 传感器信号 | 1. 主轴位置编码器(JY4 接口)1 转信号异常; 2. MZ 或 BZ 传感器的 1 转信号(JY2 接口)异常; 3. 参数设定错误 |
| 9042 | SPN_n_: 未检测到 1 转位置编码器信号 | 42 | 1. 更换电缆; 2. 重新调整 BZ 传感器信号 | 1. 未检测到主轴位置编码器(JY4 接口)1 转信号; 2. MZ 或 BZ 传感器的 1 转信号(JY2 接口)异常 |

续表 7-14

| 报警号 | 信 息 | SPM 指示(＊1) | 故障位置及处理 | 说 明 |
|---|---|---|---|---|
| 9043 | SPN_n_: 未连接差值速度的位置编码器 | 43 | 更换电缆 | 3 型 SPM 的差值速度位置编码器信号(JY8 接口)异常 |
| 9044 | SPN_n_: 控制回路(A/D)错误 | 44 | 更换 SPM 控制印刷电路板 | 检测到 SPM 控制电路元件异常(A/D 转换器异常) |
| 9046 | SPN_n_: 螺纹 1 转信号位置编码器报警 | 46 | 1. 检查并修改参数; 2. 更换电缆; 3. 重新调整 BZ 传感器信号 | 螺纹切削过程中,检测到了与报警 41 号相同的异常情况 |
| 9047 | SPN_n_: 位置编码器信号异常 | 47 | 1. 更换电缆; 2. 重新调整 BZ 传感器信号; 3. 调整电缆布线(电源线附近) | 1. 主轴位置编码器(JY4 接口)的 A/B 相信号异常; 2. MZ 或 BZ 传感器的 A/B 相信号(JY2 接口)异常: A/B 相和 1-转信号之间的关系不正确(脉冲时间间隔不匹配) |
| 9049 | SPN_n_: 转换的差值速度过高 | 49 | 检查计算的差值速度值是否超过最大电动机速度值 | 在差值速度方式中,另一个主轴的速度转换为当前主轴的速度,该速度值超过了最大允许值(差值速度由另一个主轴的速度乘上齿轮比计算得到) |
| 9050 | SPN_n_: 主轴控制速度过高 | 50 | 检查计算值是否超过最大电动机速度 | 主轴同步方式中,速度指令计算值超过了允许值(电动机速度由指定的主轴速度乘上齿轮比计算得到) |

续表 7-14

| 报警号 | 信 息 | SPM 指示(＊1) | 故障位置及处理 | 说 明 |
|---|---|---|---|---|
| 9051 | SPN_n：DC-LINK 电压过低 | 51 | 1. 检查并调整电源电压；2. 更换 MC | 输入电源掉电（PSM 报警：瞬间电源故障或 MC 接触不良） |
| 9052 | SPN_n：ITP 信号异常Ⅱ | 52 | 1. 更换 SPM 控制电路板；2. 更换 CNC 中的主轴接口电路板 | NC 接口异常（ITP 信号停止） |
| 9053 | SPN_n：ITP 信号异常Ⅱ | 53 | 1. 更换 SPM 控制电路板；2. 更换 CNC 中的主轴接口电路板 | NC 接口异常（ITP 信号停止） |
| 9054 | SPN_n：过载电流 | 54 | 检查负载状态 | 检测到过载电流 |
| 9055 | SPN_n：电源线切换错误 | 55 | 1. 更换电磁接触器；2. 检查并修改顺序程序 | 用于选择主轴的电磁接触器的电源线状态信号或输出异常 |
| 9056 | SPN_n：内部冷却风扇停止 | 56 | 更换 SPM 单元 | SPM 控制电路的冷却风扇停止工作 |
| 9057 | SPN_n：减速时功率过大 | 57 | 1. 减少加/减速的次数；2. 检查冷却条件（外围温度）；3. 若风扇不工作更换电阻；4. 若电阻异常，更换电阻 | 再生放电电阻过载（PSMR 报警：8），恒温器动作或短期过载。未连接再生放电电阻或电阻不正常 |

**续表 7-14**

| 报警号 | 信　息 | SPM 指示（＊1） | 故障位置及处理 | 说　明 |
|---|---|---|---|---|
| 9058 | SPN_n_: PSM 过载 | 58 | 1. 检查 PSM 冷却状况；<br>2. 更换 PSM 单元 | PSM 的温升异常（PSM 报警显示:3） |
| 9059 | SPN_n_: PSM 内冷却风扇停止 | 59 | 更换 PSM 单元 | RSM 内的冷却风扇不工作(PSM 报警显示:2) |
| 9062 | SPN_n_: 电动机 VC-MD 溢出 | 62 | 检查并修改参数（No. 4021，No. 4056～No. 4059） | 指定的电动机速度过大 |
| 9066 | SPN_n_: 放大器模块通信 | 66 | 1. 更换电缆；<br>2. 检查并调整连线 | 检测到放大器间的通信错误 |
| 9073 | SPN_n_: 未连接电动机传感器 | 73 | 1. 更换电缆；<br>2. 检查屏蔽情况；<br>3. 检查并调整连线；<br>4. 调整传感器 | 没有发出传感器反馈信号 |
| 9074 | SPN_n_: CPU 检验错误 | 74 | 更换 SPM 控制印刷电路板 | 检验 CPU 时发现错误 |
| 9075 | SPN_n_: CRC 错误 | 75 | 更换 SPM 控制印刷电路板 | CRC 检验时发现错误 |
| 9079 | SPN_n_: 初始化检测错误 | 79 | 更换 SPM 控制印刷电路板 | 初始化检验时发现错误 |
| 9081 | SPN_n_: 1 转电动机编码器信号错误 | 81 | 1. 检查和修改参数；<br>2. 更换反馈电缆；<br>3. 调整传感器 | 不能正确检测到电动机传感器的转信号 |

**续表 7-14**

| 报警号 | 信 息 | SPM 指示(＊1) | 故障位置及处理 | 说 明 |
|---|---|---|---|---|
| 9082 | SPN_n_:<br>无电动机编码器信号 | 82 | 1. 更换反馈电缆；<br>2. 调整传感器 | 电动机传感器的转信号没有发出 |
| 9083 | SPN_n_:<br>电动机传感器信号错误 | 83 | 1. 更换反馈电缆；<br>2. 调整传感器 | 电动机传感器的反馈信号错误 |
| 9084 | SPN_n_:<br>未连接主轴传感器 | 84 | 1. 更换反馈电缆；<br>2. 检查屏蔽情况；<br>3. 检查连接情况；<br>4. 检查和调整参数；<br>5. 调整传感器 | 主轴传感器的反馈信号没有发出 |
| 9085 | SPN_n_:<br>主轴传感器1转信号错误 | 85 | 1. 检查和调整参数；<br>2. 更换反馈电缆；<br>3. 调整传感器 | 不能正确检测到主轴传感器的1转信号 |
| 9086 | SPN_n_:<br>无1转主轴编码器信号 | 86 | 1. 更换反馈电缆；<br>2. 调整传感器 | 主轴传感器的1转信号没有发出 |
| 9087 | SPN_n_:<br>主轴传感器信号错误 | 87 | 主轴传感器的1转信号没有发出 | 主轴传感器的反馈信号错误 |
| 9088 | SPN_n_:<br>冷却风扇错误 | 88 | 更换 SPM 外部冷却风扇 | 外部冷却风扇不工作 |

注:1. 发生串行主轴报警时,在 CNC 上显示 n,表示发生报警的主轴号(n=1;第一主轴;n=2;第二主轴)。

2. SPM 中红色和黄色指示灯表示的意义是不同的。红色灯亮时,SPM 显示2位数的报警号;黄色灯亮时,表示是操作顺序错误(例如,当急停状态尚未解除时即送出主轴的旋转指令)。参考表 7-15。

## 4. α 系列主轴放大器的错误代码(串行主轴)(表 7-15)

### 表 7-15　α 系列主轴放大器上错误代码(串行主轴)

| SPM 显示 | 故障位置及处理 | 说　明 |
|---|---|---|
| 01 | 检查 * ESP 和 MRDY 信号的顺序。对于 MRDY 信号,注意关于使用 MRDY 信号的参数的设置(参数 No. 4001＃0) | 虽然未输入 * ESP 信号(有两种信号类型的急停信号:包括 PMC 信号和 PSM 触点信号)和 MRDY(铣床就绪信号),但是 SFR(正转信号)/SRF(反转信号)/ORCM(定向指令)被输入 |
| 02 | 检查主轴电动机速度检测器的参数(参数 No. 4011＃2,＃1 和＃0) | 当主轴电动机有高分辨率磁性的脉冲编码器(Cs 传感器)时(参数 No. 4001 的第 6 位和第 5 位分别设定为 0 和 1),速度检测器应设为 128/rev(参数 No. 4011 的第 2 位,第 1 位和第 0 位分别被设定为 0,0 和 1);然而,设定值不是 128/rev。此时,电动机不能激磁 |
| 03 | 检查 Cs 控制的检测器的参数(参数 No. 4001 的第 5 位和参数 No. 4018 的第 4 位) | 虽然未设置使用高分辨率磁性脉冲编码器(参数 No. 4001＃5=1)或使用 Cs 控制功能的参数(参数 No. 4018＃4=1),但是却输入了 Cs 控制指令。此时,电动机不能激磁 |
| 04 | 检查关于位置编码器信号的参数(参数 No. 4001＃2) | 虽然未设置使用位置编码器信号的参数(参数 No. 4001＃2=1),但输入了伺服方式(刚性攻螺纹、主轴定位)或主轴同步指令。此时,电动机不能激磁 |
| 05 | 检查是否选择了定向功能的软件 | 未选择定向功能,却输入了定向指令 ORCM |
| 06 | 检查是否选择了主轴输出切换软件并检查动力线状态信号(RCH) | 未选择输出切换功能但却选择了低速绕组(RCH=1) |
| 07 | 检查梯形图(CON,SFR,SRV) | 指令了 Cs 轮廓控制方式,但未输入 SFR/SRV 信号 |
| 08 | 检查梯形图(SFR,SRV) | 虽然指令了伺服方式(刚性攻螺纹、主轴定位),但却没有输入 SFR/SRV 信号 |
| 09 | 检查梯形图(SPSYC,SFR,SRV) | 指令了主轴同步方式,但未输入 SFR/SRV 信号 |
| 10 | 在执行 C 轴控制指令时,不能指令其他运行方式;必须先取消 Cs 控制方式才能进入其他方式 | 在 Cs 轮廓控制方式中指定了另一运行方式(伺服方式、主轴同步或定向) |

续表 7-15

| SPM 显示 | 故障位置及处理 | 说　明 |
|---|---|---|
| 11 | 在执行伺服方式的指令时,不能指令其他工作方式;进入其他工作方式前必须取消伺服方式 | 在伺服方式(刚性攻螺纹、主轴定位)中指定了另一种运行方式(Cs 控制、主轴同步或定向) |
| 12 | 主轴同步指令执行期间,不能指定另一运行方式;进入另一方式之前,应先取消主轴同步 | 执行主轴同步时指定了另一运行方式(Cs 轮廓控制方式、伺服方式或定向) |
| 13 | 定向指令执行期间,不能指定另一运行方式;进入另一方式之前,应先取消定向指令 | 执行定向指令时指定了另一运行方式(Cs 控制方式、伺服方式或同步) |
| 14 | 输入 SFT 或 SRV 信号 | SFT 和 SRV 信号同时被输入 |
| 15 | 检查参数 No.4000 的第 5 位和 PMC 信号(CON) | 参数 No.4000 的第 5 位设为 1 指定为差值速度控制方式,但却指定了 Cs 轮廓控制 |
| 16 | 检查参数 No.4000 的第 5 位和 PMC 信号(DEFMD) | 参数 No.4000 的第 5 位设为 0 指定不是差值速度方式,但却输入了差值速度方式指令(DEFMD) |
| 17 | 检查参数 No.4011 的第 0,1 和 2 位 | 速度检测器参数(参数 No.4011♯2、♯1 和♯0)的设置无效(相应的速度检测器不存在) |
| 18 | 检查参数 No.4001 第 2 位和 PMC 信号(ORCM) | 参数 No.4001 的第 2 位设置为 0 表示不使用位置编码器信号,但却输入了使用位置编码器的定向指令(ORCMA) |
| 19 | 执行定向指令期间,不能指定另一运行方式;进入另一方式之前,应先取消定向指令 | 执行磁传感器法定向时,指令了另一运动方式 |
| 20 | 检查参数 No.4001 的第 5 位,No.4014 的第 5 位和 No.4018 的第 4 位 | 同时设定了从属操作方式功能(参数 4014 的第 5 位=1),使用高分辨率磁脉冲编码器(参数 4001 的第 5 位=1),Cs 轮廓控制功能(参数 4018 的第 4 位=1);这些功能不能同时设定 |
| 21 | 在正常运行方式中输入了从属操作方式指令(SLV) | 执行位置控制(如:伺服方式或定向)时输入了从属操作方式指令(SLV) |
| 22 | 在正常操作方式中输入了位置控制指令 | 在从属操作方式中(SLVS=1)中输入了位置控制指令(如:伺服方式或定向) |
| 23 | 检查参数 No.4004 的第 5 位和 PMC 信号(SLV) | 参数 No.4014♯5 被设定为 0 表示不使用从属操作方式功能,但却输入了从属操作方式指令(SLV) |

**续表 7-15**

| SPM 显示 | 故障位置及处理 | 说　明 |
|---|---|---|
| 24 | 检查 PMC 信号(INCMD),首先指定绝对位置执行定向 | 先在增量操作方式(INCMD=1)中执行定向,然后才输入绝对位置指令(INCMD=0) |
| 25 | 检查主轴放大器规格和参数设定(参数 No.4018 的第 4 位) | 未使用 4 型主轴放大器 SPM,但却设定了使用传感器的 Cs 轮廓控制功能,参数 No.4018♯4=1 |

注:1. SPM 中红色和黄色指示灯表示的意义是不同的。黄灯亮时,错误代码用 2 位数显示,错误代码不在 CNC 上显示。红灯亮时 SPM 指示出串行主轴的报警号。参考表 7-14。

2. PSM 触点信号位于 PSM 上的 ESP2 和 ESP1 之间,触点打开:急停,触点闭合:正常运行。

# 十一、系统报警(表 7-16)

**表 7-16　系统报警**

| 序号 | 信　息 | 内　容 |
|---|---|---|
| 900 | ROM 奇偶错误 | CNC、用户宏程序或伺服的 ROM 奇偶性错误。按照指示的 ROM 顺序号对 Flash ROM 重新进行写入操作 |
| 910 | SRAM 奇偶错误(0 字节) | 纸带存储器 SRAM 模块的 RAM 奇偶错误。进行存储器全清操作或更换模块;进行完该操作后,重新设置包括参数在内的所有数据 |
| 911 | SRAM 奇偶错误(1 字节) | 纸带存储器 SRAM 模块的 RAM 奇偶错误。进行存储器全清操作或更换模块;进行完该操作后,重新设置包括参数在内的所有数据 |
| 912 | DRAM 奇偶错误(字节 0) | DRAM 模块 RAM 奇偶错误。更换 DRAM 模块 |
| 913 | DRAM 奇偶错误(字节 1) | |
| 914 | DRAM 奇偶错误(字节 2) | |
| 915 | DRAM 奇偶错误(字节 3) | |
| 916 | DRAM 奇偶错误(字节 4) | |
| 917 | DRAM 奇偶错误(字节 5) | |
| 918 | DRAM 奇偶错误(字节 6) | |
| 919 | DRAM 奇偶错误(字节 7) | |
| 920 | 伺服报警(1~4 轴) | 伺服模块发生监控报警或 RAM 奇偶性校验错误。更换主 CPU 板的伺服控制模块 |

续表 7-16

| 序号 | 信　息 | 内　容 |
|---|---|---|
| 926 | FSSB 报警 | 更换主 CPU 板的伺服控制模块 |
| 930 | CPU 中断 | CPU 错误(异常中断)。主 CPU 板故障 |
| 935 | SRAM ECC 错误 | 程序存储器 RAM 发生错误。更换主印刷电路板(SRAM 模块),执行全清操作,然后重新设置所有的参数和其他数据 |
| 950 | PMC 系统报警 | PMC 内部发生错误。主 CPU 板上的 PMC 控制模块或选择板故障 |
| 951 | PMC-RC 看门狗报警 | PMC-RC(看门狗报警)发生错误。选择板可能损坏 |
| 970 | PMCLSI 内发生 NMI | 对于 PMC-SA1,母板上的 PMC 控制 LSI 设备发生错误( I/O RAM 奇偶错误)。更换母板 |
| 971 | SLC 内发生 NMI | 对于 PMC-SA1,检测到未连接 I/O Link。检查 I/O Link |
| 972 | 其他模块内发生 NMI | 在非主 CPU 板内发生了的 NMI |
| 973 | 非屏蔽中断 | 未知原因的 NMI(非屏蔽中断)。主 CPU 板或选择板可能损坏 |
| 974 | F-BUS 错误 | FANUC 总线发生总线错误。主 CPU 板或选择板可能损坏 |
| 975 | BUS 错误(主) | 主 CPU 板错误。主 CPU 板或选择板可能损坏 |
| 976 | L-BUS 错误 | 局部总线发生总线错误。主 CPU 板或选择板可能损坏 |

注:使用复位键并不能复位时报警。

# 第八章  数控铣工操作技能和理论知识试题与模拟试卷

## 第一节  数控铣工操作技能练习题

### 一、数控铣工技能操作练习题1(图 8-1)

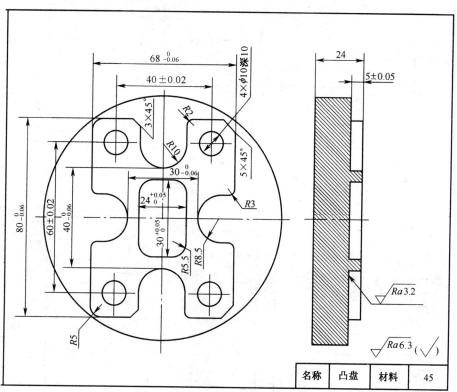

**图 8-1  数控铣工技能操作练习题 1**

二、数控铣工技能操作练习题 2（图 8-2）

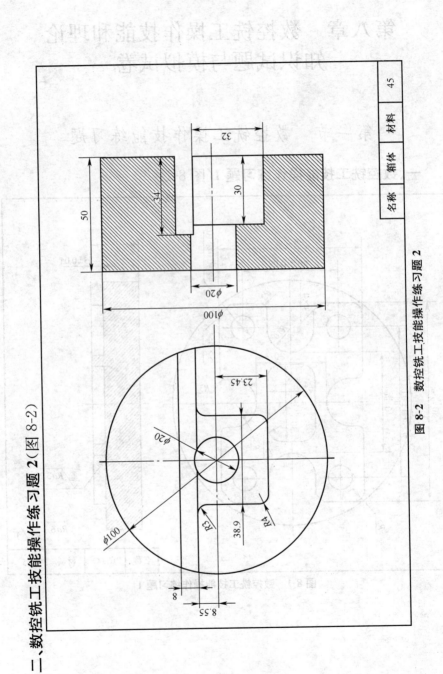

图 8-2 数控铣工技能操作练习题 2

三、数控铣工技能操作练习题 3（图 8-3）

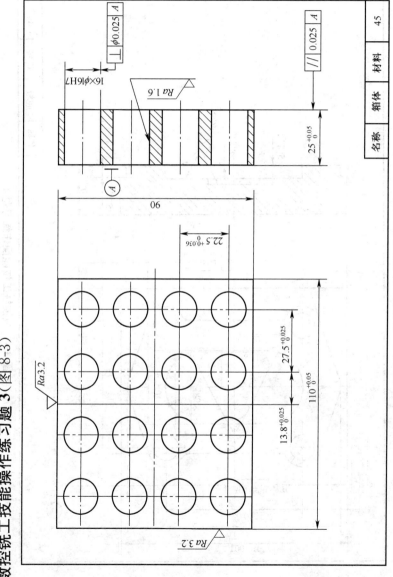

图 8-3 数控铣工技能操作练习题 3

四、数控铣工技能操作练习题 4（图 8-4）

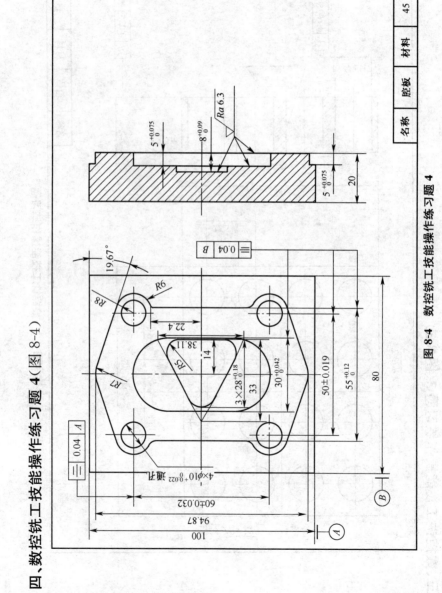

图 8-4　数控铣工技能操作练习题 4

**五、数控铣工技能操作练习题 5（图 8-5）**

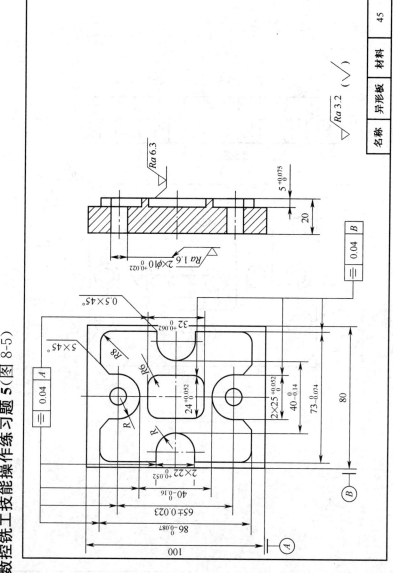

图 8-5 数控铣工技能操作练习题 5

## 六、数控铣工技能操作练习题 6（图 8-6）

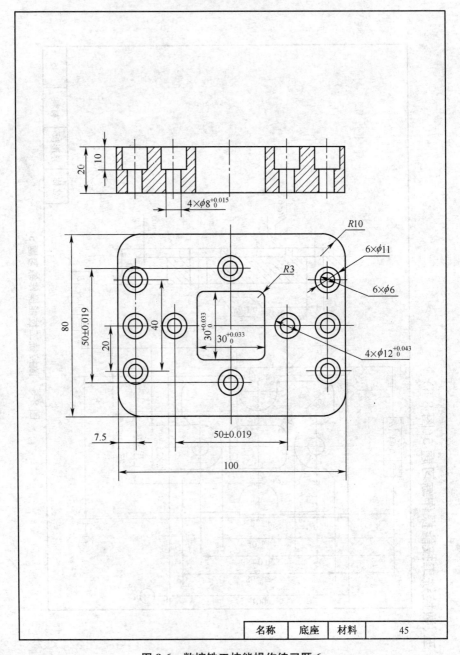

| 名称 | 底座 | 材料 | 45 |
|------|------|------|-----|

**图 8-6 数控铣工技能操作练习题 6**

## 七、数控铣工技能操作练习题 7(图 8-7)

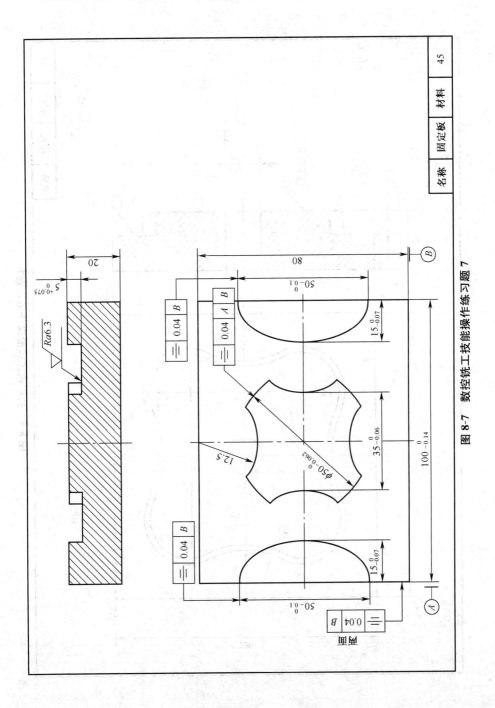

图 8-7 数控铣工技能操作练习题 7

## 八、数控铣工技能操作练习题 8(图 8-8)

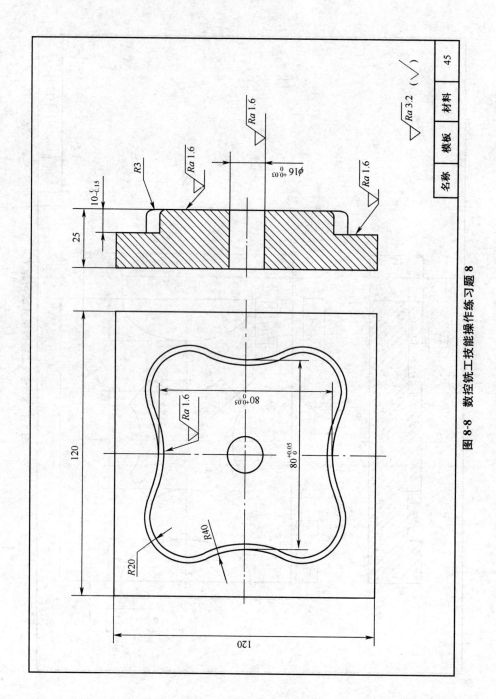

图 8-8 数控铣工技能操作练习题 8

# 第二节 数控铣工操作技能模拟试题

## 一、数控铣工高级操作技能模拟试题一

### 1. 考试要求和评分

(1)操作内容 完成图示件一和件二的加工。加工内容包括轮廓铣削、孔的钻削和镗削(铰削),最终保证两件任意孔位的完好配合。

(2)操作要点及注意事项

1)确认考场所提供的材料的尺寸及数量。

2)如所提供的材料异常,请向现场工作人员提出。

3)原则上,考试开始后不再另外提供加工材料。

4)不得使用工具一览表以外的工具。

5)为熟悉铣床的操作方法及特点,考试前设有练习时间,要求:

①练习时间为30分钟;

②铣床操作不清楚的地方请向现场工作人员提出;

③练习时间内只可做前四项准备;

④练习结束后,领取考场所提供的材料及工具并清除练习程序。

6)考试时间以试卷要求为准,如考生超过标准时间应按标准相应扣分。

7)宣布考试结束后,考生应整理铣床、工具及周围环境。

8)件一与件二需配合组装,所使用的工艺表、部件等全部交给现场工作人员。

(3)加工工艺(序)过程记录表(表8-1)

**表8-1 加工工艺(序)过程记录表**

| 准考证号 | | 姓 名 | | 性 别 | |
| --- | --- | --- | --- | --- | --- |
| 单 位 | | 鉴定等级 | | 试件名称 | |
| 设备型号 | | 装夹方式及定位基准 | | | |
| 工步号 | 工 步 | | 刀具号 | 刀具名称 | 切削用量 |
| | | | | | |
| | | | | | |
| | | | | | |
| | | | | | |
| | | | | | |
| | | | | | |
| | | | | | |
| | | | | | |
| | | | | | |
| | | | | | |

(4)考试题图(图8-9)

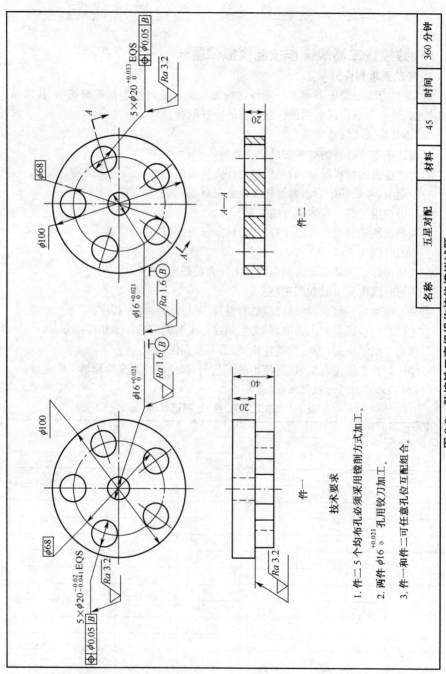

技术要求

1. 件二5个均布孔必须采用镗削方式加工。
2. 两件 $\phi16^{+0.021}_{0}$ 孔用铰刀加工。
3. 件一和件二可任意孔位互配组合。

图 8-9　数控铣工高级操作技能模拟试题一

| 名称 | 五星对配 | 材料 | 45 | 时间 | 360 分钟 |

(5)操作技能评分表

**数控铣工高级操作技能考核评分表**

姓名　　性别　　单位　　考件编号

①技能考试总成绩表(表8-2)。

**表8-2　技能考试总成绩表**

| 序号 | 项目名称 | 配分 | 得分 | 备　注 |
|------|----------|------|------|--------|
| 1 | 现场操作规范 | 40 | | |
| 2 | 工件加工 | 60 | | |
| 合计 | | 100 | | |

总评分人：　　　年　月　日

②现场操作规范评分表(表8-3)。

**表8-3　现场操作规范评分表**

| 序号 | 项目 | 考核内容 | 配分 | 得分 | 备　注 |
|------|------|----------|------|------|--------|
| 1 | 工艺准备(15分) | 1. 工艺路线安排 | 5 | | 考生现场制定并填写加工工艺(序)过程记录表 |
| 2 | | 2. 定位基准及装夹方法选择 | 4 | | |
| 3 | | 3. 切削用量的选择 | 3 | | |
| 4 | | 4. 刀具合理选用 | 3 | | |
| 5 | 工、量、刃具的使用维护(5分) | 1. 常用工、量、刃具合理使用与保养 | 5 | | 使用不当每次扣2分 |
| 6 | | 2. 正确使用夹具 | | | 使用不当每次扣1分 |
| 7 | 设备的使用与维护(10分) | 1. 读懂报警信息，排除常规故障 | 5 | | 操作不当每项扣2分 |
| 8 | | 2. 机床的日常维护与保养 | 5 | | 未做保养每项扣1分 |
| 9 | 安全文明生产(10分) | 1. 正确执行安全操作技术规程 | 10 | | 每犯一项规定扣2分 |
| 10 | | 2. 重大违规处罚 | | | 取消考核资格 |
| 合　计 | | | 40 | | |

监考评分人：　　　年　月　日

③加工零件评分表(表8-4)。

### 表 8-4  加工零件评分表

| 序号 | 项 目 | 考核内容 | 配分 | 得分 | 评分标准及扣分 |
|---|---|---|---|---|---|
| 1 | 主要项目 | 1. 销的检验：$\phi16$ 销插入后，两配合部件的外圆圆跳动误差在 0.15 以内 | 20 | | 超差不得分 |
| 2 | | 2. 配合的检验：部件一和部件二两件任意孔位的完好配合 | 15 | | |
| 3 | 一般项目 | 1. 件一与件二的各个部分尺寸公差应达到要求 | 10 | | 超差一处扣 2 分 |
| 4 | | 2. 两件配合后，件一与件二的顶面配合误差应在 ±0.05 以内 | 5 | | 超差不得分 |
| 5 | | 3. 表面粗糙度 Ra 3.2 | 5 | | 超差一处扣 1 分 |
| 6 | | 4. 表面粗糙度 Ra 1.6 | 5 | | 超差不得分 |

评分人：　　　年　月　日
核分人：　　　年　月　日

## 2. 数控铣工高级操作技能考试准备通知单

（1）材料准备（表 8-5，图 8-10，考场准备）

### 表 8-5  材料准备

| 名　　称 | 规　　格 | 数　　量 | 备　　注 |
|---|---|---|---|
| 45 | $\phi100mm\times20mm$ | 1 块/考生 | |
| 45 | $\phi100mm\times40mm$ | 1 块/考生 | |

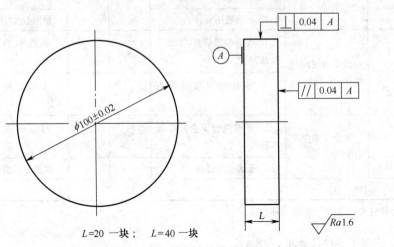

$L=20$ 一块；　$L=40$ 一块

**图 8-10  数控铣工高级操作技能模拟试题－备料毛坯**

（2）设备准备（表8-6，考场准备）

**表8-6　设备准备**

| 名　　称 | 规　　格 | 数　　量 | 备　　注 |
|---|---|---|---|
| 数控铣床 | 无 | 3台 | |
| 三爪卡盘 | 无 | 1套/铣床 | |
| 测量用柱销 | $\phi16$ | 3 | 两端带中心孔 |
| 平行垫铁 | 无 | 若干 | |
| 常用辅助工具 | 无 | 1套/铣床 | |

（3）工、量、刃、辅具准备（表8-7，考生准备）

**表8-7　工、量、刃、辅具准备**

| 序号 | 名　　称 | 型号/mm | 数量 | 备　　注 |
|---|---|---|---|---|
| 1 | 中心钻 | A3 | 自定 | |
| 2 | 麻花钻 | $\phi10,\phi15.8,\phi16$ | 自定 | |
| 3 | 铰刀 | $\phi16$ | 自定 | |
| 4 | 镗刀 | $\phi16\sim\phi22$ | 自定 | |
| 5 | 立铣刀 | $\phi12,\phi14,\phi16$ | 自定 | |
| 6 | 外径千分尺 | 0.01/0～25 | 1 | |
| 7 | 游标卡尺 | 0.02/0～200 | 1 | |
| 8 | 深度尺 | 0.02/0～200 | 1 | |
| 9 | 百分表及表座 | 0.01/0～10 | 1套 | |
| 10 | 内径百分表 | $\phi18\sim\phi35$ | 1 | |
| 11 | 常用工具 | 自选 | 自定 | |

## 二、数控铣工高级操作技能模拟试题二

### 1. 考核时限

（1）基本时间　6小时；

（2）时间允差　30分。

每超过10min，从总分中扣除5分，不足10min的按10min计。超过30min的不计成绩。

### 2. 内容及操作要求

完成图示部件一和部件二的加工。加工内容包括轮廓铣削、孔的钻削和铰削，最终保证两件任意位置的完好配合。

**3. 操作内容及注意事项(略)**

**4. 加工工艺(序)过程记录表**(表 8-8)

表 8-8  加工工艺(序)过程记录表

| 准考证号 | | 姓　名 | | 性　别 | |
|---|---|---|---|---|---|
| 单　位 | | 鉴定等级 | | 试件名称 | |
| 设备型号 | | 装夹方式及定位基准 | | | |
| 工步号 | 工　　步 | | 刀具号 | 刀具名称 | 切削用量 |
| | | | | | |
| | | | | | |
| | | | | | |
| | | | | | |
| | | | | | |
| | | | | | |
| | | | | | |
| | | | | | |
| | | | | | |
| | | | | | |
| | | | | | |
| | | | | | |
| | | | | | |
| | | | | | |
| | | | | | |

**5. 考试题图**(图 8-11)

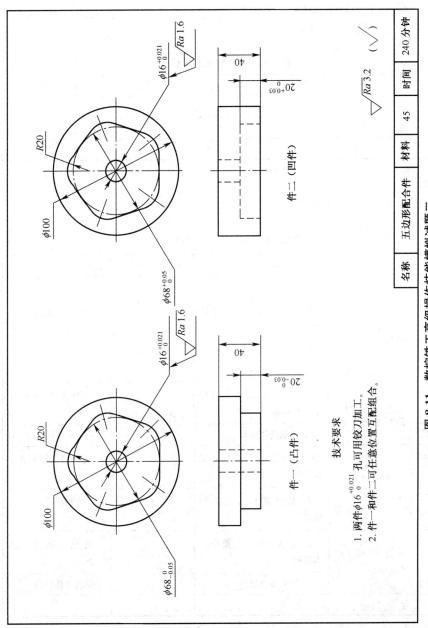

**技术要求**

1. 两件$\phi 16^{+0.021}_{0}$ 孔可用铰刀加工。
2. 件一和件二可任意位置互配组合。

| 名称 | 互边形配合件 | 材料 | 45 | 时间 | 240 分钟 |
| --- | --- | --- | --- | --- | --- |

图 8-11  数控铣工高级操作技能模拟试题二

## 6. 操作技能评分表

### 数控铣工高级操作技能考核评分表

姓名　　性别　　单位　　考件编号

(1)技能考试总成绩表(表8-9)

#### 表8-9　技能考试总成绩表

| 序号 | 项目名称 | 配分 | 得分 | 备　注 |
|---|---|---|---|---|
| 1 | 现场操作规范 | 40 | | |
| 2 | 工件加工 | 60 | | |
| | 合　计 | 100 | | |

总评分人：　　　　年 月 日

(2)现场操作规范评分表(表8-10)

#### 表8-10　现场操作规范评分表

| 序号 | 项　目 | 考核内容 | 配分 | 得分 | 备　注 |
|---|---|---|---|---|---|
| 1 | 工艺准备(15分) | 1. 工艺路线安排 | 5 | | 考生现场制定并填写加工工艺(序)过程记录表 |
| 2 | | 2. 定位基准及装夹方法选择 | 4 | | |
| 3 | | 3. 切削用量的选择 | 3 | | |
| 4 | | 4. 刀具合理选用 | 3 | | |
| 5 | 工、量、刃具的使用维护(5分) | 1. 常用工、量、刃具合理使用与保养 | 5 | | 使用不当每次扣2分 |
| 6 | | 2. 正确使用夹具 | | | 使用不当每次扣1分 |
| 7 | 设备的使用与维护(10分) | 1. 读懂报警信息,排除常规故障 | 5 | | 操作不当每项扣2分 |
| 8 | | 2. 机床的日常维护与保养 | 5 | | 未做保养每项扣1分 |
| 9 | 安全文明生产(10分) | 1. 正确执行安全操作技术规程 | 10 | | 每犯一项规定扣2分 |
| 10 | | 2. 重大违规处罚 | | | 取消考核资格 |
| | 合　计 | | 40 | | |

监考评分人：　　　　年 月 日

(3)加工零件评分表(表8-11)

**表 8-11　加工零件评分表**

| 序号 | 项　目 | 考核内容 | 配分 | 得分 | 评分标准及扣分 |
|------|--------|----------|------|------|----------------|
| 1 | 主要项目 | 1. 销的检验：$\phi16$ 柱销插入后，两配合部件的外圆圆跳动误差在 0.15 以内 | 20 | | 超差不得分 |
| 2 | | 2. 配合的检验：部件一和部件二两件任意位置的完好配合 | 15 | | |
| 3 | 一般项目 | 1. 件一与件二的各个部分尺寸公差应达到 IT8 级 | 10 | | 超差一处扣 2 分 |
| 4 | | 2. 两件配合后，件一与件二的顶面配合误差应在 $\pm0.05$ 以内 | 5 | | 超差不得分 |
| 5 | | 3. 表面粗糙度 $Ra$ 3.2 | 5 | | 超差一处扣 1 分 |
| 6 | | 4. 表面粗糙度 $Ra$ 1.6 | 5 | | 超差不得分 |

评分人：　　　　年　月　日
核分人：　　　　年　月　日

# 三、数控铣工高级操作技能模拟试题三

## 1. 内容及操作要求

完成图示零件加工。

## 2. 操作要点及注意事项(略)

## 3. 加工工艺(序)过程记录表(略)

## 4. 数控铣床/加工中心加工工艺卡（表 8-12）

**表 8-12　数控铣床/加工中心加工工艺卡**

| 工种 | | 图号 | | 单位 | | | 得分 | |
|------|--|------|--|------|--|--|------|--|
| 竞赛批次 | | | 机床编号 | | 姓名 | | 日期 | |
| 加工时间 | | （定额时间，210分钟。到时间停止加工） | | | | | | |
| 序号 | 加工内容 | | 刀具 | | | 切削参数 | | |
| 1 | | | | | | | | |
| 2 | | | | | | | | |
| 3 | | | | | | | | |
| 4 | | | | | | | | |
| 5 | | | | | | | | |
| 6 | | | | | | | | |
| 7 | | | | | | | | |
| 8 | | | | | | | | |
| 9 | | | | | | | | |
| 10 | | | | | | | | |
| 11 | | | | | | | | |
| 12 | | | | | | | | |
| 13 | | | | | | | | |
| 14 | | | | | | | | |

## 5. 考试题图(图 8-12)

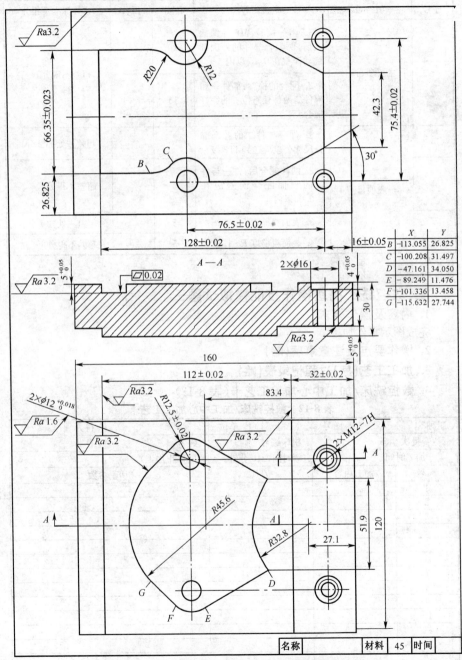

| | X | Y |
|---|---|---|
| B | −113.055 | 26.825 |
| C | −100.208 | 31.497 |
| D | −47.161 | 34.050 |
| E | −89.249 | 11.476 |
| F | −101.336 | 13.458 |
| G | −115.632 | 27.744 |

| 名称 | | 材料 | 45 | 时间 | |

**图 8-12　数控铣工高级操作技能模拟试题三**

## 6. 评分标准(表 8-13,总分 100 分)

表 8-13 评分标准

| 姓名 | | 工种 | 数控铣 | | 图号 | | 总得分 | |
|---|---|---|---|---|---|---|---|---|
| 批次 | | | 机床编号 | | | 单位 | | |

| 序号 | 考核项目 | 考核内容及要求 | | 评分标准 | 配分 | 检测结果 | 扣分 | 得分 | 备注 |
|---|---|---|---|---|---|---|---|---|---|
| 1 | 型腔岛屿 | $R12.5\pm0.02$ | IT | 超差 0.01 扣 2 分 | 10 | | | | |
| | | | Ra | 降一级扣 2 分 | 4 | | | | |
| | | $32\pm0.02$ | IT | 超差 0.01 扣 2 分 | 4 | | | | |
| | | $112\pm0.02$ | IT | 超差 0.01 扣 2 分 | 4 | | | | |
| | | | Ra | 降一级扣 2 分 | 2 | | | | |
| | | 深 $5+^{0.05}_{0}$ | IT | 超差 0.02 扣 2 分 | 8 | | | | |
| | | | Ra | 降一级扣 2 分 | 4 | | | | |
| | | 腔底平面度(0.02) | | 超差 0.01 扣 1 分 | 4 | | | | |
| 2 | 孔 | 孔距 $75.4\pm0.02$ $76.5\pm0.02$ | IT | 超差 0.01 扣 2 分 | 2 | | | | |
| | | 销孔 $\phi12+^{0.033}_{0}$ | IT | 超差 0.01 扣 2 分 | 2 | | | | |
| | | | Ra | 降一级扣 2 分 | 2 | | | | |
| 3 | 螺纹孔 | M12—7H | IT | 超一处扣 2 分 | 2 | | | | |
| | | 沉孔深 $4+^{0.05}_{0}$ | IT | 超差 0.2 扣 1 分 | 2 | | | | |
| 4 | 凸台 | $75.4\pm0.02$ | IT | 超差 0.01 扣 1 分 | 4 | | | | |
| | | | Ra | 降一级扣 1 分 | 2 | | | | |
| | | $128\pm0.02$ | IT | 超差 0.01 扣 1 分 | 5 | | | | |
| | | | Ra | 降一级扣 2 分 | 4 | | | | |
| | | $66.35\pm0.023$ | IT | 超差 0.01 扣 1 分 | 3 | | | | |
| | | | Ra | 降一级扣 2 分 | 2 | | | | |
| | | 深 $5+^{0.05}_{0}$ | IT | 超差 0.01 扣 2 分 | 6 | | | | |
| | | | Ra | 降一级扣 1 分 | 4 | | | | |
| 5 | 所有轮廓接刀痕迹 | | | $\geqslant0.03$ 扣 2 分/处 | | | | | |
| 6 | 过切处理 | 过切 0.2~0.5 扣 5 分/处 | | | | | | | |
| | | 过切 0.5(含 0.5)以上扣 15 分/处 | | | | | | | |
| 7 | 安全文明生产 | 1. 着装规范,未受伤; 2. 刀具、工具、量具放置合理; 3. 工件装夹、刀具安装规范; 4. 正确使用量具; 5. 卫生和设备保养; 6. 关机后机床停放位置合理 | | 总扣 2 分; 每违反一条酌情扣 1 分,扣完为止 | | | | | |

续表 8-13

| 姓名 | | 工种 | 数控铣 | 图号 | | 总得分 | | | |
|---|---|---|---|---|---|---|---|---|---|
| 批次 | | | 机床编号 | | | 单位 | | | |
| 序号 | 考核项目 | 考核内容及要求 | | 评分标准 | 配分 | 检测结果 | 扣分 | 得分 | 备注 |
| 8 | 规范操作 | 1. 机前的检查和开机顺序正确；<br>2. 机床参考点运用正确；<br>3. 正确对刀,建立工件坐标系；<br>4. 正确设置参数；<br>5. 正确仿真校验 | | 总扣2分；<br>每违反一条酌情扣1分,扣完为止 | | | | | |
| 9 | 工艺合理 | 填写工序卡,工艺不合理,视情况酌情扣分(详见工序卡)。<br>1. 工件定位和夹紧合理；<br>2. 加工顺序合理；<br>3. 刀具选择合理 | | 总扣5分；<br>每违反一条酌情扣2分,扣完为止 | | | | | |
| 10 | 程序编制 | 1. 指令正确,程序完整；<br>2. 正确使用宏程序 | | 总扣6分；<br>每违反一条酌情扣3分,扣完为止 | | | | | |
| 11 | 自动加工 | 1. 禁止手摇、点动、步进加工；<br>2. 禁止 MDI 方式下加工 | | 总扣5分 | | | | | |
| 12 | 其他项目 | 发生重大事故(人身和设备安全事故等)、严重违反工艺原则和情节严重的野蛮操作等,取消考试资格 | | | | | | | |
| 记录 | | 监考人 | | 检验员 | | | 考评人 | | |

## 四、数控铣工高级操作技能模拟试题四

### 1. 内容及操作要求

完成图示零件加工。

### 2. 操作要点及注意事项(略)

### 3. 加工工艺(序)过程记录表(略)

### 4. 数控铣床/加工中心加工工艺卡(略)

### 5. 考试题图(图 8-13)

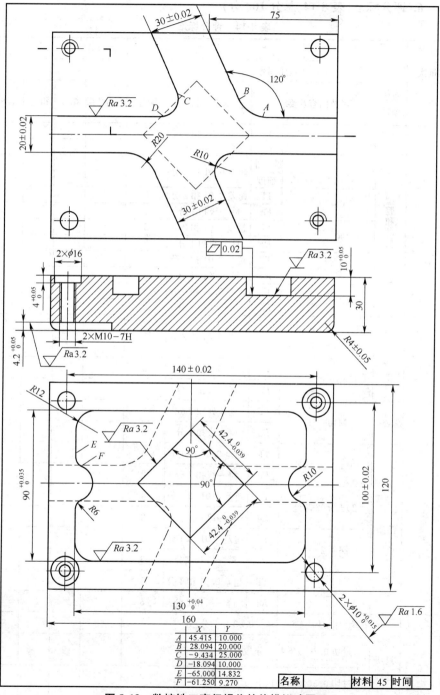

|   | X | Y |
|---|---|---|
| A | 45.415 | 10.000 |
| B | 28.094 | 20.000 |
| C | -9.434 | 25.000 |
| D | -18.094 | 10.000 |
| E | -65.000 | 14.832 |
| F | -61.250 | 9.270 |

| 名称 |  | 材料 45 | 时间 |
|---|---|---|---|

**图 8-13　数控铣工高级操作技能模拟试题四**

## 6. 评分标准(表 8-14,总分 100 分)

### 表 8-14 评分标准

| 姓名 | | 工种 | | 数控铣 | 图号 | | 总得分 | | | |
|---|---|---|---|---|---|---|---|---|---|---|
| 批次 | | | 机床编号 | | | 单位 | | | | |

| 序号 | 考核项目 | 考核内容及要求 | | 评分标准 | 配分 | 检测结果 | 扣分 | 得分 | 备注 |
|---|---|---|---|---|---|---|---|---|---|
| 1 | 型腔和岛屿 | $10^{+0.05}_{0}$ | IT | 超差 0.01 扣 1 分 | 6 | | | | |
| | | | Ra | 降一级扣 1 分 | 4 | | | | |
| | | | 腔底平面度 | 超差 0.01 扣 1 分 | 2 | | | | |
| | | $130^{+0.04}_{0}$ | IT | 超差 0.01 扣 2 分 | 5 | | | | |
| | | | Ra | 降一级扣 1 分 | 2 | | | | |
| | | $90^{+0.035}_{0}$ | IT | 超差 0.01 扣 2 分 | 5 | | | | |
| | | | Ra | 降一级扣 1 分 | 2 | | | | |
| | | $42.4^{0}_{-0.039}$ | IT | 超差 0.01 扣 2 分 | 2 | | | | |
| | | | Ra | 降一级扣 1 分 | 2 | | | | |
| | | $42.4^{0}_{-0.039}$ | IT | 超差 0.01 扣 2 分 | 5 | | | | |
| | | | Ra | 降一级扣 1 分 | 2 | | | | |
| 2 | 孔 | 孔距 140±0.02,100±0.02 | IT | 超差 0.01 扣 2 分 | 2 | | | | |
| | | 销孔 $\phi 10^{+0.015}_{0}$ | IT | 超差 0.01 扣 2 分 | 2 | | | | |
| | | | Ra | 降一级扣 1 分 | 2 | | | | |
| 3 | 螺纹孔 | M10—7H | IT | 超一处扣 2 分 | 2 | | | | |
| | | | Ra | 降一级扣 1 分 | 2 | | | | |
| 4 | 凸型 | 30±0.02 两处 | IT | 超差 0.01 扣 1 分 | 4 | | | | |
| | | | Ra | 降一级扣 1 分 | 2 | | | | |
| | | 20±0.02 两处 | IT | 超差 0.01 扣 1 分 | 4 | | | | |
| | | | Ra | 降一级扣 2 分 | 2 | | | | |
| | | 深 $4.2^{+0.05}_{0}$ | IT | 超差 0.01 扣 1 分 | 5 | | | | |
| | | | Ra | 降一级扣 2 分 | 3 | | | | |
| | | R4±0.05 | IT | 超差 0.01 扣 1 分 | 5 | | | | |
| | | | Ra | 降一级扣 2 分 | 5 | | | | |
| 5 | 所有轮廓接刀痕迹 | | | ≥0.03 扣 2 分/处 | | | | | |
| 6 | 过切处理 | | | 过切 0.2～0.5 扣 5 分/处 | | | | | |
| | | | | 过切 0.5(含 0.5)以上扣 15 分/处 | | | | | |

（续）

| 姓名 | | 工种 | | 数控铣 | 图号 | | 总得分 | | | |
|---|---|---|---|---|---|---|---|---|---|---|
| 批次 | | | 机床编号 | | | 单位 | | | | |
| 序号 | 考核项目 | 考核内容及要求 | | 评分标准 | | 配分 | 检测结果 | 扣分 | 得分 | 备注 |
| 7 | 安全文明生产 | 1. 着装规范，未受伤；<br>2. 刀具、工具、量具放置合理；<br>3. 工件装夹、刀具安装规范；<br>4. 正确使用量具；<br>5. 做卫生、设备保养；<br>6. 关机后机床停放位置合理 | | 总扣2分；<br>每违反一条酌情扣1分，扣完为止 | | | | | | |
| 8 | 规范操作 | 1. 机前的检查和开机顺序正确；<br>2. 机床参考点；运用正确；<br>3. 正确对刀，建立工件坐标系；<br>4. 正确设置参数；<br>5. 正确仿真校验 | | 总扣2分；<br>每违反一条酌情扣1分。扣完为止 | | | | | | |
| 9 | 工艺合理 | 填写工序卡。工艺不合理，视情况酌情扣分(详见工序卡)。<br>1. 工件定位和夹紧合理；<br>2. 加工顺序合理；<br>3. 刀具选择合理 | | 总扣5分；<br>每违反一条酌情扣2分，扣完为止 | | | | | | |
| 10 | 程序编制 | 1. 指令正确，程序完整；<br>2. 正确使用宏程序 | | 总扣6分；<br>每违反一条酌情扣3分，扣完为止 | | | | | | |
| 11 | 自动加工 | 1. 禁止手摇、点动、步进加工；<br>2. 禁止 MDI 方式下加工 | | 总扣5分 | | | | | | |
| 12 | 其他项目 | 发生重大事故(人身和设备安全事故等)、严重违反工艺原则和情节严重的野蛮操作等，取消实操考试资格 | | | | | | | | |
| 记录 | | 监考人 | | 检验员 | | | 考评人 | | | |

# 第三节　数控铣工中级理论知识模拟试卷

## 一、数控铣工中级理论知识模拟试卷一

（一）判断题

（　）1. 数控铣床的控制系统属于直线控制系统。

（　）2. 在卧式铣床上加工表面有硬皮的毛坯零件时,应采用逆铣切削。

（　）3. 执行铣削工件前,宜依程序内容将刀具移至适当位置。

（　）4. 弹簧筒夹用于夹持直柄铣刀,亦可用于夹持锥柄铣刀。

（　）5. 端铣刀直径愈小,每分钟铣削转数宜愈高。

（　）6. 铣削速度＝π×铣刀直径×每分钟回转数。

（　）7. 平铣刀的刀刃螺旋角愈大,同时铣削的刀刃数则愈少。

（　）8. 端铣刀之柄径须配合筒夹内径方可确实夹紧。

（　）9. 安装或拆卸铣刀时,宜用抹布承接以防刀具伤及手指。

（　）10. 较硬工件宜以低速铣削。

（　）11. 铣削中发生紧急状况时,必须先按紧急停止开关。

（　）12. 使用螺旋铣刀可减少切削阻力,且较不易产生振动。

（　）13. 在可能情况下,铣削平面宜尽量采用较大直径铣刀。

（　）14. 球形端铣刀适用于重铣削。

（　）15. 面铣刀的切除率多大于端铣刀。

（　）16. 端铣刀可以铣削盲孔。

（　）17. T形槽铣刀在铣削时,只有圆外围的刃口与工件接触。

（　）18. 端铣刀可采用较大铣削深度,较小进给方式进行铣削。

（　）19. 端铣刀不仅可用端面刀刃铣削,亦可用柱面刀刃铣削。

（　）20. 铣刀材质一般常用高速钢或碳钢。

（　）21. 铸铁工件宜采用逆铣削。

（　）22. 顺铣削是铣刀回转方向和工件移动方向相同。

（　）23. 铣刀直径 100mm,以 25m/min 的速度铣削,其每分钟转数为 40。

（　）24. 铣刀直径 50mm,以 30m/min 的速度铣削,其每分钟回转数为 80。

（　）25. 6 刃之面铣刀,以 80rpm 铣削,如每一刀刃进刀为 0.2mm,则进给量为每分钟 96mm。

（　）26. 切削液之主要目的为冷却与润滑。

（　）27. 精铣削时,在不考虑螺杆背隙情况下,顺铣削法较不易产生振动。

（　）28. 铣刀寿命与每刃进给量无关。

（　）29. 逆铣削法较易得到良好的加工表面。

（　）30. 铣刀的材质优劣是影响铣削效率的主要因素之一。

（　）31. 铣削中产生振动,其可能原因为虎钳或工件未固定好。

（　）32. 铣削铸铁宜采用 K 类碳化物刀具。

（　）33. 各种铣削刀具在装于主轴前,宜做好刀具预校工作。

（　）34. 选用面铣刀的切削条件时,必须考虑工件的材质及硬度。

（　）35. 欲得较佳的加工表面时,宜选用刃数多的铣刀。

（　）36. 面铣刀直径 100mm,以 300rpm 旋转时,切削速度为 94m/min。

（　）37. 直径 100mm 的 4 刃面铣刀以 350rpm 旋转，若进给速率（F）为 250mm/min，则每刃的进给量为 0.71mm/min。

（　）38. 铣削常用之进给率用 mm/rev 表示。

（　）39. 铣削常用之进给率可以用 mm/min 表示。

（　）40. 铣削平面如有异常振动时，减少进给量可以改善。

（　）41. 铣削鸠尾槽须先在工件上以立铣刀铣出直槽，再用鸠尾铣刀铣削。

（　）42. 粗铣一般采用逆铣削为佳。

（　）43. 铣床上钻小孔宜先钻中心孔为佳。

（　）44. 向下铣削亦称顺铣，是指铣刀的回转方向与工件移动方向相反。

（　）45. 在长方体工件上铣削 T 形槽时，可用 T 形槽铣刀直接铣切。

（　）46. 铣刀直径 50mm、每分钟回转数 200，则切削速度为 31.4m/min。

（　）47. 利用端铣刀铣削平面时，若工件平面呈现段差，宜更换端铣刀。

（　）48. 粗铣加工时，端铣刀刃数之选择，以较少为宜。

（　）49. 工作图注明 25±0.02mm 之孔直径，则钻头直径选用 $\phi 25$。

（　）50. 铰削完成时，必须逆转退刀，以免伤及铰刀刀刃。

（二）填空题

1. 铣削过程中所选用的切削用量称为铣削用量，铣削用量包括铣削宽度、铣削深度、_____、进给量。

2. 铣刀的分类方法很多，若按铣刀的结构分类，可分为整体铣刀、镶齿铣刀和_____铣刀。

3. 切削液的种类很多，按其性质，可分为三大类：水溶液、_____、切削油。

4. 在精铣垂直面时，基准面应贴紧钳口，圆棒应放在活动钳口处_____。

5. 粗铣平面时，因加工表面质量不均，选择铣刀时直径要_____一些。精铣时，铣刀直径要_____，最好能包容加工面宽度。

6. 在数控铣床上加工整圆时，为避免工件表面产生刀痕，刀具从起始点沿圆弧表面的_____进入，进行圆弧铣削加工；整圆加工完毕退刀时，顺着圆弧表面的_____退出。

7. 铣削平面轮廓曲线工件时，铣刀半径应_____工件轮廓的_____凹圆半径。

8. 走刀路线是指加工过程中，_____相对于工件的运动轨迹和方向。

9. 数控机床按控制运动轨迹可分为_____、点位直线控制和_____等几种。按控制方式又可分为_____、_____和半闭环控制等。

10. 对刀点既是程序的_____，也是程序的_____。为了提高零件的加工精度，对刀点应尽量选在零件的_____基准或工艺基准上。

（三）选择题

1. 数控铣床能够（　　）。

A. 车削工件　　　　　B. 磨削工件　　　　　C. 刨削工件　　　　　D. 铣、钻工件

2. 数控铣床一般采用半闭环控制方式,它的位置检测器是(　　　)。

A. 光栅尺　　　　　B. 脉冲编码器　　　　　C. 感应同步器　　　　　D. 接触传感器

3. 铣床主轴精度属于(　　　)。

A. 运动精度　　　　　B. 几何精度　　　　　C. 尺寸精度　　　　　D. 以上都不正确

4. 若铣出的键槽槽底与工件轴线不平行,原因是(　　　)。

A. 工件上素线与工作台面不平行　　　　　B. 工件侧素线与进给方向不平行

C. 工件铣削时轴向位移　　　　　D. 工件铣削时径向位移

5. 周铣时用(　　　)方式进行铣削,铣刀的耐用度较高,获得加工面的表面粗糙度值也较小。

A. 对称铣　　　　　B. 逆铣　　　　　C. 顺铣　　　　　D. 立铣

6. 粗铣时选择切削用量应先选择较大的(　　　),这样才能提高效率。

A. $F$　　　　　B. $a_p$　　　　　C. $V$　　　　　D. $F$ 和 $V$

7. 铣刀中的尖齿刀具在刃磨时应(　　　)。

A. 刃磨前刀面　　　　　B. 刃磨后刀面

C. 前后刀面同时刃磨　　　　　D. 刃磨侧刀面

8. 下列叙述中,除(　　　)外,均适于在数控铣床上进行加工。

A. 轮廓形状特别复杂或难于控制尺寸的零件

B. 大批量生产的简单零件

C. 精度要求高的零件　　　　　D. 小批量多品种的零件

9. 铣刀直径为 50mm,铣削铸铁时其切削速度为 20m/min,则其主轴转速为每分钟(　　　)。

A. 60 转　　　　　B. 120 转　　　　　C. 240 转　　　　　D. 480 转

10. 精细平面时,宜选用的加工条件为(　　　)。

A. 较大切削速度与较大进给速度　　　　　B. 较大切削速度与较小进给速度

C. 较小切削速度与较大进给速度　　　　　D. 较小切削速度与较小进给速度

11. 铣削宽度为 100mm 之平面切除效率较高的铣刀为(　　　)。

A. 面铣刀　　　　　B. 槽铣刀　　　　　C. 端铣刀　　　　　D. 侧铣刀

12. 以直径 12mm 的端铣刀铣削 5mm 深的孔,结果孔径为 12.55mm,其主要原因是(　　　)。

A. 工件松动　　　　　B. 刀具松动

C. 虎钳松动　　　　　D. 刀具夹头的中心偏置

13. 精铣的进给率应比粗铣(　　　)。

A. 大　　　　　B. 小　　　　　C. 不变　　　　　D. 无关

14. 在铣削工件时,若铣刀的旋转方向与工件的进给方向相反称为(　　　)。

A. 顺铣　　　　　B. 逆铣　　　　　C. 横铣　　　　　D. 纵铣

15. 主刀刃与铣刀轴线之间的夹角称为（　　）。

A. 螺旋角　　　　　B. 前角　　　　　C. 后角　　　　　D. 主偏角

16. 在铣削铸铁等脆性金属时，一般（　　）。

A. 加以冷却为主的切削液　　　　　B. 加以润滑为主的切削液

C. 不加切削液　　　　　D. 可加可不加

17. 数控铣床上进行手动换刀时最主要的注意事项是（　　）。

A. 对准键槽　　　　　B. 擦干净连接锥柄

C. 调整好拉钉　　　　　D. 不要拿错刀具

**(四)问答题**

1. 简述铣削难加工材料应采取哪些改善措施?

2. 数控铣床由哪些部分组成? 数控装置的作用是什么?

3. 确定铣刀进给路线时,应考虑哪些问题?

4. 零件图铣削工艺分析包括哪些内容?

5. 制订数控铣削加工工艺方案时应遵循哪些基本原则?

6. 确定铣刀进给路线时,应考虑哪些问题?

## 二、数控铣工中级理论知识模拟试卷一参考答案

(一)判断题

1. × 2. √ 3. √ 4. × 5. √ 6. √ 7. × 8. √ 9. √ 10. √ 11. √
12. √ 13. √ 14. × 15. √ 16. √ 17. √ 18. √ 19. √ 20. × 21. √ 22. √
23. × 24. × 25. √ 26. √ 27. √ 28. × 29. × 30. √ 31. √ 32. √ 33. √
34. √ 35. √ 36. √ 37. √ 38. √ 39. √ 40. √ 41. √ 42. √ 43. √ 44. ×
45. × 46. √ 47. √ 48. √ 49. × 50. ×

(二)填空题

1. 铣削速度　　　2. 机械夹固式　　　3. 乳化液　　　4. 固定
5. 小　大　　　6. 切线方向　切线方向　7. 小于　最小　8. 刀具刀位点
9. 点位控制　轮廓控制　开环　闭环　10. 起点　原点　设计

(三)选择题

1. D 2. B 3. A 4. A 5. C 6. B 7. B 8. B 9. B 10. B 11. A
12. B 13. B 14. B 15. A 16. C 17. B

(四)问答题

1. 答:应采取如下改善措施:

(1)选择合适的、切削性能好的刀具材料;

(2)选择合理的铣刀几何参数;

(3)采用合适的切削液;

(4)选择合理的铣削用量。

对一些塑性变形大、热强度高和冷硬程度严重的材料,尽可能采用顺铣。端铣也尽量采用不对称顺铣。

2. 答:数控铣床一般由控制介质、数控装置、伺服系统、机床本体四部分组成。数控装置的作用是把控制介质存储的代码通过输入和读带,转换成代码信息,用来控制运算器和输出装置,由输出装置输出放大的脉冲来驱动伺服系统,使机床按规定要求运行。

3. 答:进给路线的确定与工件表面状况、要求的零件表面质量、机床进给机构的间隙、刀具耐用度以及零件轮廓形状等有关。

4. 答:图样分析主要内容有:数控铣削加工内容的选择、零件结构工艺分析、零

件毛坯的工艺性分析、加工方案分析等。

5.答:应遵循一般的工艺原则并结合数控铣削的特点,认真而详细地制订好零件的数控铣削加工工艺。其主要内容有:分析零件图纸、确定工件在铣床上的装夹方式、各轮廓曲线和曲面的加工顺序、刀具的进给路线以及刀具、夹具和切削用量的选择等。

6.答:数控铣削加工中进给路线对零件的加工精度和表面质量有直接的影响,因此,确定好进给路线是保证铣削加工精度和表面质量的工艺措施之一。进给路线的确定与工件表面状况、要求的零件表面质量、机床进给机构的间隙、刀具耐用度以及零件轮廓形状有关。

## 三、数控铣工中级理论知识模拟试卷二

注意事项:

1.请在试卷的标封处填写您的工作单位、姓名和准考证号。

2.请仔细阅读题目,按要求答题;保持卷面整洁,不要在标封区内填写无关内容。

3.考试时间为90分钟。

| 题 号 | 一 | 二 | 三 | 四 | 总分 | 审核人 |
|---|---|---|---|---|---|---|
| 分 数 | | | | | | |

| 得 分 | |
|---|---|
| 评分人 | |

(一)填空题(第1~10题。每题2分,满分20分)

1.数控机床的组成部分包括控制介质、输入装置、_____、驱动装置和检测装置、辅助控制装置及机床本体。

2.轮廓控制数控机床,不仅可完成点位及点位直线控制数控机床的加工功能,而且能够对_____坐标轴进行插补,因而具有各种轮廓切削加工功能。

3.标准中规定_____运动方向为 $Z$ 坐标方向,$+Z$ 为刀具远离工件的方向。

4.一般数控加工程序的编制分为三个阶段完成,即工艺处理、_____和编程调试。

5.为了保障人身安全,在正常情况下,电气设备和安全电压规定为_____。

6.周铣时用_____方式进行铣削,铣刀的耐用度较高,获得加工面的表面粗糙度值也较小。

7.精度高的数控机床的加工精度和定位精度一般是由_____决定的。

8.标准中统一规定:$+X$ 表示_____正向运动的指令。

9.一般维修应包含两方面的含义,一是日常的维护,二是_____。

10. 刀库选刀方式一般采用_____移动原则。

| 得　分 | |
|---|---|
| 评分人 | |

(二)判断题(第1~30题。将判断结果填入括号中,正确的填"√",错误的填"×"。每题1.0分,满分30分)

(　)1. 数控机床开机后,必须先进行返回参考点操作。

(　)2. 退火的目的是:改善钢的组织,提高强度,改善切削加工性能。

(　)3. GCr15钢中铬含量是15%。

(　)4. 通常机床的进给运动只有一个。

(　)5. 脉冲当量是数控装置每发出一个脉冲信号,反映到机床移动部件上的移动量。

(　)6. 对于盘式刀库来说,每次选刀运动或正转或反转都不会超过90°角。

(　)7. 穿孔纸带、磁盘、磁带都可以作为输入介质进行信息输入。

(　)8. 刀具前角越大,切屑越不易流出,切削力越大,但刀具的强度越高。

(　)9. 滚珠丝杠副消除轴向间隙的目的主要是减小摩擦力矩。

(　)10. 进行刀补就是将编程轮廓数据转换为刀具中心轨迹数据。

(　)11. 对于指令中的模态代码只有出现同组其他代码时其功能才失效。

(　)12. 在轮廓加工中,主轴的径向和轴向跳动精度不影响工件的轮廓精度。

(　)13. 恒线速控制的原理是当工件的直径越大,进给速度越慢。

(　)14. 镗削不锈钢、耐热钢材料,采用极压切削油能减少切削热的影响,提高刀具寿命,切削表面粗糙值减少。

(　)15. 换刀点应设置在被加工零件的轮廓之外,并要求有一定余量。

(　)16. HNC—21/22T系统中,G32螺纹加工指令中F值是每分钟进给指令。

(　)17. 精加工时首先应该选取尽可能大的背吃刀量。

(　)18. 实际切削层面积就是切削宽度与切削厚度的乘积。

(　)19. 调质钢,一般指碳含量在0.15%~0.60%的中碳钢。

(　)20. 加工任一斜线段的轨迹,理想轨迹都不可能与实际轨迹完全重合。

(　)21. 逐点比较法是软件插补法。

(　)22. 欠定位是不完全定位。

(　)23. 被加工零件轮廓上的内转角尺寸要尽量统一。

(　)24. 编写曲面加工程序时,步长越小越好。

(　)25. 目前,CAD/CAM得到广泛应用,宏程序逐渐失去了应用价值。

(　)26. 数控铣床的G41/G42是对刀尖圆弧半径进行补偿。

(　)27. 立式加工中心与卧式加工中心相比,加工范围较宽。

(　)28. 加工中心与数控铣床相比具有高精度的特点。

（ ）29. 数控加工程序的顺序段号必须顺序排列。

（ ）30. 为保证工件轮廓表面粗糙度,最终轮廓应在一次走刀中连续加工出来。

| 得 分 | |
|-------|--|
| 评分人 | |

（三）选择题（第 1～30 题。选择正确的答案,将相应的字母填入题内的括号中。每题 1.0 分,满分 30 分）

1. 世界上第一台数控机床是（ ）年研制出来的。

    A. 1930      B. 1947      C. 1952      D. 1958

2. 对于盘式刀库来说,每 180°角次选刀运动或正转或反转都不会超过（ ）。

    A. 180°角      B. 90°角      C. 360°角      D. 任意角度

3. 只读存储器的英文缩写是（ ）。

    A. CRT      B. PIO      C. ROM      D. RAM

4. 长 V 形架对圆柱定位,可限制工件的（ ）自由度。

    A. 二个      B. 三个      C. 四个      D. 五个

5. 用水平仪检验机床导轨的直线度时,若把水平仪放在导轨的右端;气泡向右偏 2 格;若把水平仪放在导轨的左端,气泡向左偏 2 格,则此导轨是（ ）状态。

    A. 中间凸      B. 中间凹      C. 不凸不凹      D. 扭曲

6. 一般情况,制作金属切削刀具时,硬质合金刀具的前角（ ）高速钢刀具的前角。

    A. 大于      B. 等于      C. 小于      D. 都有可能

7. 闭环控制系统的位置检测装置装在（ ）。

    A. 传动丝杠上          B. 伺服电动机轴上

    C. 机床移动部件上          D. 数控装置中

8. 某轴直径为 $\phi30mm$,当实际加工尺寸为 $\phi29.979mm$ 时,允许的最大弯曲值为（ ）mm。

    A. 0      B. 0.01      C. 0.021      D. 0.015

9. 按照机床运动的控制轨迹分类,加工中心属于（ ）。

    A. 点位控制      B. 直线控制      C. 轮廓控制      D. 远程控制

10. 一般而言,增大工艺系统的（ ）才能有效地降低振动强度。

    A. 刚度      B. 强度      C. 精度      D. 硬度

11. 数控机床中把脉冲信号转换成机床移动部件运动的组成部分称为（ ）。

    A. 控制介质      B. 数控装置      C. 伺服系统      D. 机床本体

12. 数控机床的联动轴数是指机床数控装置的（ ）同时达到空间某一点的坐标数目。

    A. 电动机      B. 主轴      C. 坐标轴      D. 工件

13. 只要数控机床的伺服系统是开环的,一定没有(　　)装置。

A. 检测　　　　　B. 反馈　　　　　C. 输入通道　　　D. 输出通道

14. G19 表示在(　　)平面内加工。

A. XY　　　　　　B. ZX　　　　　　C. YZ　　　　　　D. 任意面

15. 在轮廓加工中,当零件轮廓有拐角时,刀具容易产生"超程",解决的办法是再编程时,在接近拐角前适当地(　　)进给速度,过拐角后再逐渐恢复。

A. 增加　　　　　B. 降低　　　　　C. 不变　　　　　D. 任意

16. (　　)是指机床上一个固定不变的极限点。

A. 机床原点　　　B. 工件原点　　　C. 换刀点　　　　D. 对刀点

17. 选择数控机床的精度等级应根据被加工工件(　　)的要求来确定。

A. 关键部位加工精度　　　　　　B. 一般精度

C. 长度　　　　　　　　　　　　D. 外径

18. DDA 法圆弧插补时,Y 轴被积函数值等于(　　)的瞬时值。

A. 动点 X 坐标　B. 动点 Y 坐标　C. 动点 Z 坐标　D. 不确定

19. 采用鉴幅测量时所加励磁电压应为(　　)。

A. 同频同幅同相位　　　　　　　B. 同频同幅相位不同

C. 同频不同幅同相位　　　　　　D. 完全相等

20. 光栅尺是(　　)。

A. 一种极为准确的直接测量位移的工具

B. 一种数控系统的功能模块

C. 一种能够间接检测直线位移或角位移的伺服系统反馈元件

D. 一种能够间接检测直线位移的伺服系统反馈元件

21. 数控机床的旋转轴之一 B 轴是绕(　　)直线轴旋转的轴。

A. X 轴　　　　　B. Y 轴　　　　　C. Z 轴　　　　　D. W 轴

22. 同步带传动是一种综合了(　　)传动优点的新型传动。

A. 三角带、齿轮　B. 带、链　　　　C. 链、齿轮　　　D. 齿轮、齿条

23. 机床坐标系判定方法采用右手直角的笛卡尔坐标系。增大工件和刀具距离的方向是(　　)。

A. 负方向　　　　B. 正方向　　　　C. 任意方向　　　D. 条件不足不确定

24. 为提高工件的径向尺寸精度,X 向的脉冲当量取 Z 向的(　　)。

A. 一半　　　　　B. 1 倍　　　　　C. 1.5 倍　　　　D. 2 倍

25. 加工中心用刀具与数控铣床用刀具的区别是(　　)。

A. 刀柄　　　　　B. 刀具材料　　　C. 刀具角度　　　D. 拉钉

26. 加工中心编程与数控铣床编程的主要区别(　　)。

A. 指令格式　　　B. 换刀程序　　　C. 宏程序　　　　D. 指令功能

27. Z 轴方向尺寸相对较小的零件加工,最适合用(　　)加工。

A. 立式加工中心　B. 卧式加工中心　C. 卧式铣床　D. 车削加工中心

28. 宏程序中的♯110属于(　　)。

A. 公共变量　　　B. 局部变量　　　C. 系统变量　D. 常数

29. 有些零件需要在不同的位置上重复加同样的轮廓形状,应采用(　　)。

A. 比例加工功能　B. 镜像功能　　　C. 旋转功能　D. 子程序调用功能

30. 以圆弧规测量工件凸圆弧,若仅二端接触,是因为工件的圆弧半径(　　)。

A. 太大　　　　　B. 太小　　　　　C. 准确　　　　　D. 大小不均匀

| 得　分 | |
|--------|--|
| 评分人 | |

(四)简答题(第1～4题。每小题5分,满分20分)

1. 什么是顺铣? 什么是逆铣?

2. 一般数控机床对进给伺服系统有哪些要求?

3. 逆圆的起点为 $S(4,3)$,终点为 $E(0,5)$。试用逐点比较法对它进行插补,并画出刀具运动轨迹。

4. 刀具半径补偿的作用是什么？使用刀具半径补偿有哪几步？在什么移动指令下才能建立和取消刀具半径补偿功能？

## 四、数控铣工中级理论知识模拟试卷二参考答案

(一)填空题

1. 数控装置　2. 两个及两个以上　3. 平行于机床主轴的刀具的　4. 数学处理
5. 24V　6. 顺铣　7. 检测装置　8. 刀具相对于工件　9. 故障维修　10. 近路

(二)判断题

1. √　2. ×　3. ×　4. ×　5. √　6. ×　7. √　8. ×　9. ×　10. √
11. √　12. ×　13. ×　14. √　15. √　16. ×　17. ×　18. ×　19. ×　20. √
21. √　22. ×　23. √　24. √　25. ×　26. ×　27. ×　28. ×　29. ×　30. √

(三)选择题

1. C　2. A　3. C　4. C　5. B　6. C　7. C　8. C　9. C　10. A

11. C  12. C  13. B  14. C  15. B  16. A  17. A  18. A  19. C  20. A
21. B  22. B  23. B  24. A  25. A  26. B  27. A  28. A  29. D  30. A

（四）简答题

1. 答：顺铣：铣削时，铣刀切入工件时切削速度方向与工件进给方向相同，这种铣削称为顺铣。

逆铣：铣削时，铣刀切入时切削速度方向与工件进给方向相反，这种铣削称为逆铣。

2. 答：(1)精度高；(2)快速响应，无超调；(3)调速范围宽。

3. 答：总步数 $N=|Xe-Xs|+|Ye-Ys|=6$。开始时刀具处于圆弧起点 $S(4,3)$ 处，F0=0。根据上述插补方法可获得如下表所示的插补过程，对应的插补轨迹如下图。

| 脉冲个数 | 第一拍 偏差判别 | 第二拍 进给 | 第三拍 | | 第四拍 终点判别 |
|---|---|---|---|---|---|
| | | | 偏差计算 | 坐标修正 | |
| 0 | $F \geqslant 0$ $F \leqslant 0$ | $-\Delta X$ $+\Delta Y$ | F0= $\dfrac{F-2X+1}{F+2Y+1}$ | $X0=4, Y0=3$ | $i=0, N=4+2=6$ |
| 1 | F0=0 | $-\Delta X$ | $F1=0-2\times4+1=-7$ | $X1=3, Y1=3$ | $i=0+1=1<6$ |
| 2 | F1=$-7<0$ | $+\Delta Y$ | $F2=-7+2\times3+1=0$ | $X2=3, Y2=4$ | $i=1+1=2<6$ |
| 3 | F2=0 | $-\Delta X$ | $F3=0-2\times3+1=-5$ | $X3=2, Y3=4$ | $i=2+1=3<6$ |
| 4 | F3=$-5<0$ | $+\Delta Y$ | $F4=-5+2\times4+1=4$ | $X4=2, Y4=5$ | $i=3+1=4<6$ |
| 5 | F4=$4>0$ | $-\Delta X$ | $F5=4-2\times2+1=1$ | $X5=1, Y4=5$ | $i=4+1=5<6$ |
| 6 | F5=$1>0$ | $-\Delta X$ | $F6=1-2\times1+1=0$ | $X6=0, Y6=0$ | $i=5+1=6=N$ |

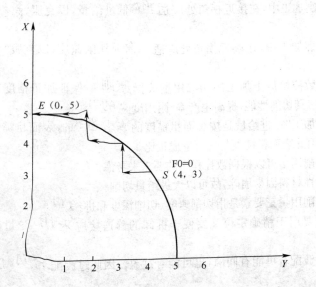

4. 答:作用:利用刀具半径补偿功能可以按照零件的轨迹进行编程,可以省去计算刀具中心轨迹的坐标值的过程。加工时,只需预先将刀具半径值输入 NC 系统中,便会自动计算出刀具的中心轨迹。

刀具半径补偿过程分:建立、执行、撤销三个阶段。

在 G01 或 G00 移动指令下建立和撤销刀补。

## 五、数控铣工中级理论知识模拟试卷三

( )1. 生产企业要消除潜在的危险因素,必须首先对管理者进行安全教育。

( )2. 车间日常工艺管理中首要任务是组织职工学习工艺文件,进行遵守工艺纪律的宣传教育,并例行工艺纪律的检查。

( )3. 机械加工的工艺过程是由一系列的工步组合而成,毛坯依次地通过这些工步而变为成品。

( )4. 工艺基准是为了生产的目的而选定的,它仅仅是在制造零件的过程中才起作用。按其用途不同,工艺基准可分为定位基准、装配基准以及度量基准三种。

( )5. 任何一种机械加工方法,均没有必要把零件尺寸、形状等做得绝对准确。

( )6. 塑性材料一般是指延伸率大,强度不是很高的材料。

( )7. 切削刃上任一点的切削平面是通过该点而又垂直于合成运动的平面。

( )8. 工件和刀具沿主运动方向之相对速度称为走刀量。

( )9. 切削速度越高则切屑带走的热量比例亦越高,要减少工件热变形采用高速切削为好。

( )10. 数控机床使用的刀具是希望寿命长,而不是耐用度高。

( )11. 车削加工中,主轴转速应根据允许的切削速度和工件的直径来选择。

( )12. 铣削加工中,主轴转速应根据允许的切削速度和刀具的直径来选择。

( )13. 轮廓加工中,在接近拐角处应适当降低进给量,以克服"超程"或"欠程"现象。

( )14. 轮廓加工中,在接近拐角处应适当降低切削速度,以克服"超程"或"欠程"现象。

( )15. 在数控机床上加工的切削用量选择原则是:保证加工精度和表面粗糙度,充分发挥刀具切削性能,提高生产率,耐用度高的刀具等。

( )16. 精加工时,进给量是按表面粗糙度的要求选择的,表面粗糙度小应选较小的进给量,因此表面粗糙度与进给量成正比。

( )17. 切削用量可以根据数控程序的要求来考虑。

( )18. 脆性材料因易崩碎,故可以大进给量切削。

( )19. 切削用量三要素是指切削速度、切削深度和进给量。

( )20. 既要用于精确定位又要便于拆卸的静连接应采用过盈量较小的过盈配合。

( )21. 过渡配合可能有间隙,也可能有过盈。因此过渡配合可能是间隙配合,

也可能是过盈配合。

（　　）22. 用一个精密的塞规可以检查加工孔的质量。

（　　）23. 一台数控机床可以同时加工多个相同的零件，也可同时加工多个工序的不同零件。

（　　）24. 数控机床因其加工的自动化程度高，所以除了刀具的进给运动外，对于零件的装夹、刀具的更换、切屑的排除均需自动完成。

（　　）25. 数控技术是综合了计算机、自动控制、电机、电气传动、测量、监控和机械制造等学科的内容。

（　　）26. 在轮廓加工拐角处应注意进给速度太高时会出现"超程"，进给速度太低时会出现"欠程"。

（　　）27. 所有零件只要是对称几何形状的均可采用镜像加工功能。

（　　）28. 对于具有几个相同几何形状的零件，编程时只要编制某一个几何形状的加工程序即可。

（　　）29. 可编程控制器是一个程序存储式控制装置，所以编制用户的控制程序是不可少的。

（　　）30. 点位控制数控机床只允许在各个自然坐标轴上移动，在运动过程中进行加工。

（　　）31. 轮廓控制数控机床进给运动是在各个自然坐标轴上移动，在运动过程中进行加工。

（　　）32. 曲面上的任意点之间必须通过圆弧段连接起来进行插补加工称为轮廓控制方式。

（　　）33. 加工中心主轴的特有装置是主轴准停和自动换刀。

（　　）34. 加工中心主轴的特有装置是主轴准停和拉刀换刀。

（　　）35. 数控铣床加工时保持工件切削点的线速度不变的功能称为恒线速度控制。

（　　）36. 合理选择数控机床是十分重要的，对于非常复杂的曲面零件应选用加工中心。

（　　）37. 插补运动的实际插补轨迹始终不可能与理想轨迹完全相同。

（　　）38. 控制系统中某一级的信息向其前级的传递称为反馈。

（　　）39. 车削加工中心必须配备动力刀架。

（　　）40. RS232 是数控系统中的异步通信接口。

（　　）41. 加工中心主轴的特有装置是定向装置和拉刀装置。

（　　）42. 主轴准停的三种实现方式是机械、磁感应开关、编码器方式。

（　　）43. 数控系统性能常指运动指令功能、准备指令功能、操作功能。

（　　）44. 数控机床的电源应具有稳压装置。

（　　）45. 数控机床加工质量较好的原因是因为数控机床的坐标进给运动分辨率

可以达到 0.01mm,甚至更小。

(  )46. 检查孔的塞规可分通规和止规两种,测量时需联合使用。

(  )47. 数控机床几何精度要求应比同类型普通机床的几何精度要求高。

(  )48. 数控机床的失动量可以通过螺距误差补偿来解决。

(  )49. 在数控机床上加工零件的形状误差取决于程序的正确性。

(  )50. 在数控机床上用圆弧插补加工一个圆,一般是直径越大加工误差亦越大。

(  )51 全闭环的数控机床的定位精度主要取决于检测装置的精度。

(  )52. 数控机床的运动精度主要取决于伺服驱动元件和机床传动机构精度、刚度和动态特性。

(  )53. 能任意角度分度的齿盘定位的分度工作台其制造精度要求很高。

(  )54. 在开环和半闭环数控机床上,定位精度主要取决于进给丝杠的精度。

(  )55. 铣床导轨在垂直平面内的误差对铣床加工产生影响非常小。

(  )56. 主轴准停的目的之一是便于减少孔系的尺寸分布误差。

(  )57. 数控机床性能评价指标主要是主轴系统、进给系统、自动换刀系统。

(  )58. 主轴误差包括径向跳动、轴向窜动、角度摆动。

(  )59. 车床加工端面时,对端面凹凸不作任何规定。

(  )60. 工件在夹具中或机床上定位时,据以确定加工表面与机床刀具的相对位置的表面(平面或曲面)称为定位基准。

(  )61. 无论在普通机床或数控机床上加工,首先要分析加工基准。根据基准的作用不同,我们常把基准分为设计基准、工艺基准、粗基准、辅助精基准。

(  )62. 粗基准在各道工序中使用时都应认真分析,选择最佳方案。

(  )63. 毛坯上增加的工艺凸台是为了便于装夹。

(  )64. 当工件的定位基准与工序基准重合时,可以防止基准不重合误差的产生。

(  )65. 用来加强工件的安装刚度而不能限制工件自由度的支承称为基本支承。

(  )66. 模具铣刀就是立铣刀。

(  )67. 模具铣刀是由立铣刀发展而成。

(  )68. 在用立铣刀切削平面轮廓时,对于外轮廓铣刀半径应小于轮廓的最小曲率半径。

(  )69. 在用立铣刀切削平面轮廓时,对于内轮廓铣刀半径应大于轮廓的最小曲率半径。

(  )70. 数控加工首先编制好程序,然后根据程序选择合适的刀具进行加工。

(  )71. 若普通机床上的一把刀只能加工一个尺寸的孔,而在数控机床这把刀可加工尺寸不同的无数个孔。

(  )72. 加工中心上使用的刀具有重量限制。

（　　）73. 数控机床对刀具的要求是高的耐用度、高的交换精度和快的交换速度。

（　　）74. 自动换刀装置的形式有回转刀架换刀、更换主轴换刀、更换主轴箱换刀、带刀库的自动换刀系统。

（　　）75. 主轴准停的目的之一是为了让镗孔后能够退刀。

（　　）76. 数控机床和普通机床一样都是通过刀具切削完成对零件毛坯的加工，因此二者的工艺路线是相同的。

（　　）77. 由于数控铣削加工零件时，加工过程是自动的，所以选择毛坯余量时，要考虑充足的余量和尽可能的均匀。

（　　）78. 刀具相对于工件的运动轨迹和方向称加工路线。

（　　）79. 为保证凸轮的工作表面有较好的表面质量，对外凸轮廓，按顺时针方向铣削，对内凹轮廓按逆时针方向铣削。

（　　）80. 为保证凸轮的工作表面有较好的表面质量，对外凸轮廓，按逆时针方向铣削，对内凹轮廓按顺时针方向铣削。

（　　）81. 确定数控机床的零件加工工艺路线是指切削过程中刀具的运动轨迹和运动方向。

（　　）82. 在加工 $Z-X$ 平面上的轮廓时应从 $Y$ 方向切入和切出工件。

（　　）83. 在加工内轮廓时，粗加工用环切法，精加工用行切法。

（　　）84. 在加工内轮廓时，粗加工、精加工都用行切法。

（　　）85. 在孔系加工时，粗加工应选用最短路线的工艺方案，精加工应选用同向进给路线的工艺方案。

（　　）86. 在孔系加工时，粗加工应选用最短进给路线的工艺方案，精加工亦选用最短路线的工艺方案。

（　　）87. 在孔系加工时，粗加工应选用同向进给路线的工艺方案，精加工亦选用同向进给路线的工艺方案。

（　　）88. 在编制加工中心的程序时应正确选择"对刀点"的位置，要避免刀具交换时碰工件或夹具。

（　　）89. 因为数控加工零件的尺寸一致性好，所以数控机床加工的零件均采用完全互换性进行装配。

（　　）90. 技术测量主要研究对零件进行测量和检验的问题。

（　　）91. 测量零件的正确度高，则该零件的精确度亦高。

（　　）92. 数控加工的零件表面质量是与数控系统的指令脉冲有关。

（　　）93. 影响数控机床加工质量主要是操作人员失误。

（　　）94. 单孔加工时应遵循先中心钻后钻头钻孔，接着镗孔或铰孔的路线。

（　　）95. 只要 G 指令格式应用正确定能加工出合格零件。

（　　）96. 插补法加工圆时，如两半圆错开则表示两轴速度增量不一致。

（　　）97. 插补法加工圆周时，如圆度误差与坐标轴方向一致，则表示系统内有间隙。

( )98. 平行孔系的加工方法常有找正法、镗模法、坐标法。

( )99. 增量式位置检测装置的数控机床开机后必须回零。

( )100. 数控铣床取消刀补应采用 G40 代码,例如:G40 G02 X20 Y0 R10;该程序段执行后刀补被取消。

### 六、数控铣工中级理论知识模拟试卷三参考答案

1. × 2. √ 3. × 4. √ 5. √ 6. √ 7. √ 8. × 9. √ 10. ×
11. √ 12. √ 13. √ 14. × 15. √ 16. √ 17. √ 18. × 19. √ 20. √
21. √ 22. × 23. √ 24. √ 25. √ 26. √ 27. √ 28. √ 29. √ 30. √
31. √ 32. √ 33. √ 34. √ 35. √ 36. √ 37. √ 38. √ 39. √ 40. √
41. √ 42. √ 43. √ 44. √ 45. √ 46. √ 47. √ 48. √ 49. √ 50. ×
51. √ 52. √ 53. √ 54. √ 55. √ 56. √ 57. √ 58. √ 59. √ 60. √
61. × 62. √ 63. √ 64. √ 65. √ 66. √ 67. √ 68. √ 69. √ 70. √
71. √ 72. √ 73. √ 74. √ 75. √ 76. √ 77. √ 78. √ 79. √ 80. √
81. √ 82. √ 83. √ 84. √ 85. √ 86. √ 87. √ 88. √ 89. √ 90. √
91. × 92. × 93. √ 94. √ 95. √ 96. √ 97. √ 98. √ 99. √ 100. ×

### 七、数控铣工中级理论知识模拟试卷四

(一)判断题

( )1. 数控机床操作最关键的问题是编程序,编程技术掌握好就可成为一个高级数控机床操作工。

( )2. 需要进行对称切削时,可选镜像切削开关,用相同的程序进行对称加工。

( )3. G92 是设定新工件坐标系的运动指令。

( )4. 数控机床采用多把刀具加工零件时,只需第一把刀对好刀建立工件坐标系即可。

( )5. 使用工件坐标系(G54~G59)时,就不能再用坐标系设定指令(G92)。

( )6. 工件坐标系设定的两种方法,是 G92 建立工件坐标系和 G54~G59 设定工件坐标系。

( )7. 不具备刀具半径补偿功能的数控机床,在加工工件时需要计算假想刀尖轨迹或刀具中心轨迹与工件轮廓尺寸的差值。

( )8. B 功能刀具补偿,可以自动完成轮廓之间的转接。

( )9. 固定循环在 G17 是用 $X,Y$ 轴定位,在 G18 是用 $Z,X$ 轴定位。

( )10. 固定循环是预先给定一系列操作,用来控制机床的位移或主轴运转。

( )11. 为了防止尘埃进入数控装置内,所以电气柜应做成完全密封的。

( )12. 数控装置内落入了灰尘或金属粉末,则容易造成元器件间绝缘电阻下降,从而导致出现故障和元件损坏。

( )13. 正确使用数控机床能防止设备非正常磨损,延缓劣化进程,及时发现和

消除隐患于未然。

（　）14. 保证数控机床各运动部件间的良好润滑就能提高机床寿命。

（　）15. 直齿圆柱齿轮常用改变中心距和错齿的方法消除侧面间隙。

（　）16. 由于数控机床具有良好的抗干扰能力。电网电压波动不会对其产生影响。

（　）17. 伺服系统发生故障的三种表现形式：软件报警、硬件报警、无任何显示报警。

（　）18. 数控系统的参数是依靠电池维持的，一旦电池电压出现报警，就必须立即关机，更换电池。

（　）19. 液压系统工作时会产生压力损失和流量损失。

（　）20. 在编辑过程中出现"NOT READY"报警，则多数原因是急停按钮起了作用。

（　）21. 插补法加工圆周时，如圆度误差与坐标轴成 45°，则表示系统增益不一致。

（　）22. 主轴变频器的故障常有过压、欠压、过流。

（　）23. 自动换刀装置只要满足换刀时间短、刀具重复定位精度高的基本要求即可。

（　）24. 数控系统出现故障后，如果了解了故障的全过程并确认通电对系统无危险时，就可通电进行观察、检查故障。

（　）25. 数控机床具有机、电、液集于一体的特点，因此只要掌握机械或电子或液压技术的人员，就可作为机床维护人员。

（　）26. 通常车间生产过程仅仅包含以下四个组成部分：基本生产过程、辅助生产过程、生产技术准备过程、生产服务过程。

（　）27. 定期检查、清洗润滑系统、添加或更换油脂油液，使丝杆、导轨等运动部件保持良好的润滑状态，目的是降低机械的磨损速度。

（　）28. 数控机床编程人员在编程的过程中，必须对加工工艺过程、工艺路线、刀具、切削用量等进行正确、合理的确定和选择。

（　）29. 获得规定的加工精度的方法有多种，其中试切法可以反复测量试切，因此对操作工人的技术熟练要求不高。

（　）30. 数控机床操作面板上有超调开关，操作人员加班时可随意调节主轴或进给的倍率。

（二）单项选择题

1. 在机械加工车间中直接改变毛坯的形状、尺寸和材料性能，使之变为成品的这个过程，是该车间的重要工作，我们称之为（　　）。

　A. 生产过程　　　B. 加工过程　　　C. 工艺过程　　　D. 工作过程

2. 尺寸链的特点为封闭性、（　　）。

A. 制约性　　　　　B. 连续性　　　　　C. 完整性

3. 技术测量主要研究对零件的(　　)进行测量。

A. 尺寸　　　　　B. 形状　　　　　C. 几何参数　　　　D. 表面粗糙度

4. 孔 $\phi25$ 上偏差 $+0.021$,下偏差 $0$;与轴 $\phi25$ 上偏差 $-0.020$,下偏差 $-0.033$ 相配合时,其最大间隙是(　　)。

A. 0.02　　　　　B. 0.033　　　　　C. 0.041　　　　　D. 0.054

5. 基本尺寸为 200,上偏差 $+0.27$,下偏差 $+0.17$,则在程序中应用(　　)尺寸编入。

A. 200.17　　　　　B. 200.27　　　　　C. 200.22　　　　　D. 200

6. 数控机床与普通机床相比对切削刀具的要求(　　)。

A. 相同　　　　　B. 较低　　　　　C. 较高

7. 数控机床替代传统机床的最主要原因是(　　)。

A. 替代人的加工操作　　　　　B. 替代人的重复劳动

C. 替代人的加工方法

8. 对数控机床反向间隙要严加控制的是(　　)。

A. 点位控制机床　　B. 直线控制机床　　C. 轮廓控制机床

9. 为了保证数控机床能满足不同的工艺要求,并能够获得最佳切削速度,主传动系统的要求是(　　)。

A. 无级调速　　　　　　　　　B. 变速范围宽

C. 分段无级变速　　　　　　　D. 变速范围宽且能无级变速

10. 数控机床利用插补功能加工的零件的表面粗糙度要比普通机床加工同样零件的表面粗糙度(　　)。

A. 差　　　　　B. 相同　　　　　C. 好

11. 数控机床的准停功能主要用于(　　)。

A. 换刀和加工中　　B. 退刀　　　　　C. 换刀和让刀

12. CAD 是(　　)的缩写。

A. 计算机虚拟设计　　　　　　B. 计算机辅助制造

C. 计算机辅助设计

13. CAM 是(　　)的缩写。

A. 计算机虚拟制造　　　　　　B. 计算机辅助制造

C. 计算机辅助设计

14. 数控系统中系统程序存放在(　　)。

A. EPROM　　　　　B. EEPROM　　　　C. RAM

15. 数控机床几何精度检查时首先应该进行(　　)。

A. 连续空运行试验　　　　　　B. 安装水平的检查与调整

C. 数控系统功能试验

16. 数控机床进给系统减少摩擦阻力和动静摩擦之差,是为了提高数控机床进给系统的(    )。

    A. 传动精度　　　　　　　　　　B. 运动精度和刚度

    C. 快速响应性能和运动精度　　　D. 传动精度和刚度

17. 全闭环进给伺服系统的数控机床,其定位精度主要取决于(    )。

    A. 伺服单元　　　　　　　　　　B. 检测装置的精度

    C. 机床传动机构的精度　　　　　D. 控制系统

18. 基准中最主要的是设计基准、装配基准、度量基准和(    )。

    A. 粗基准　　　　B. 精基准　　　　C. 定位基准　　　　D. 原始基准

19. 工件安装时的定位精度高低与安装方法有关,下列三种方法中定位精度最高的是(    ),最低的是(    )。

    A. 直接安装找正　　B. 通用夹具安装　　C. 专用夹具安装　　D. 按划线安装

20. 若零件上每个表面均要加工,则应选择加工余量和公差(    )的表面作为粗基准。

    A. 最小的　　　　B. 最大的　　　　C. 符合公差范围

21. 加工空间曲面、模具型腔或凸模成形表面常选用(    )。

    A. 立铣刀　　　　B. 面铣刀　　　　C. 模具铣刀　　　　D. 成形铣刀

22. 加工变斜角零件的变斜角面应选用(    )。

    A. 面铣刀　　　　B. 成形铣刀　　　　C. 鼓形铣刀　　　　D. 立铣刀

23. 加工各种直的或圆弧形的凹槽、斜角面、特殊孔等应选用(    )。

    A. 模具铣刀　　　　B. 成形铣刀　　　　C. 立铣刀　　　　D. 键槽铣刀

24. 影响刀具寿命的因素有(    )。

    A. 工件材料、刀具材料、刀具几何参数、切削用量

    B. 工件材料、刀具材料、刀具几何参数

    C. 工件材料、刀具材料、切削速度

25. 立铣刀切出工件表面时,必须(    )。

    A. 法向切出　　　　B. 切向切出　　　　C. 无需考虑

26. 选择对刀点时应选在零件的(    )。

    A. 设计基准上　　　　B. 零件边缘上　　　　C. 任意位置

27. 高精度孔加工完成后退刀时应采用(    )。

    A. 不停主轴退刀　　B. 主轴停后退刀　　C. 让刀后退刀

28. 数控铣床精加工轮廓时应采用(    )。

    A. 切向进刀　　　　B. 顺铣　　　　C. 逆铣　　　　D. 法向进刀

29. 数控机床加工位置精度高的孔系零件时最好采用(    )。

    A. 依次定位　　　　B. 同向定位　　　　C. 切向进刀　　　　D. 先粗后精

30. 孔系加工时,孔距精度与数控系统的固定循环功能(    )。

A. 有关　　　　　B. 无关　　　　　C. 有点关系

31. 加工中心可以理解为是一台（　　　）能够完成多种不同加工（钻、铣、镗等）的机床。

A. 不改变事先编制好的程序　　　　　B. 不改变工件装卡的情况

C. 不改变操作人员

32. 对于孔系加工要注意安排加工顺序，安排得当可避免（　　　）而影响位置精度。

A. 重复定位误差　　B. 定位误差　　　　C. 反向间隙

33. 套的加工方法是：孔径较小的套一般采用（　　　）方法，孔径较大的套一般采用（　　　）方法。

A. 钻、铰　　　　　　　　　　　　B. 钻、半精镗、精镗

C. 钻、扩、铰　　　　　　　　　　D. 钻、精镗

34. 数控铣床上进行手动换刀时最主要的注意事项是（　　　）。

A. 对准键槽　　　　　　　　　　　B. 擦干净连接锥柄

C. 调整好拉钉　　　　　　　　　　D. 不要拿错刀具

35. 执行直线插补指令 G01 与（　　　）无关。

A. 进给率　　　　B. 坐标平面的选择　　　C. 起点坐标

36. G02 X20 Y20 R−10 F100;所加工的一般是（　　　）。

A. 整圆　　　　　　　　　　　　　B. 夹角≤180°的圆弧

C. 180°＜夹角＜360°的圆弧

37. 执行下列程序后，累计暂停进给时间是（　　　）。

N1 G91 G00 X120.0 Y80.0;

N2 G43 Z−32.0 H01;

N3 G01 Z−21.0 F120;

N4 G04 P2000;

N5 G00 Z21.0;

N6 X30.0 Y−50.0;

N7 G01 Z−41.0 F120;

N8 G04 X20;

N9 G49 G00 Z55.0;

N10 M02;

A. 22 秒　　　　　B. 20 秒　　　　C. 2020 秒　　　　D. 2.02 秒

38. 执行下列程序后，钻孔深度是（　　　）。

G90 G01 G43 Z−50 H01 F100;（H01 补偿值−2.00mm）

A. 48mm　　　　　B. 52mm　　　　C. 50mm

39. 某数控机床在执行了下列程序后，停止不动。该终点的机床坐标位置是

（　　）。

N1 G90 G00 X30.0 Y-80.0；

N2 G92 X0 Y0；

N3 G90 G00 X100.Y30.0；

N4 G01 X40.0 Y60.0；

　　A.（40,60）　　　　B.（70,-20）　　　　C.（170,10）

40. 数控加工在轮廓拐角处产生"欠程"现象,应采用（　　）方法控制。

　　A. 提高进给速度　　B. 修改坐标点　　C. 减速或暂停

41. 在"机床锁定"（FEED HOLD）方式下,进行自动运行,（　　）功能被锁定。

　　A. 进给　　　　　　B. 刀架转位　　　　C. 主轴　　　　D. 冷却

42. 数控机床的手动操作不能实现斜线插补、圆弧插补和（　　）。

　　A. 曲线进给　　　　B. 回刀架参考点　　C. 直线进给

43. 非模态调用宏程序的指令是（　　）。

　　A. G65　　　　　　B. G66　　　　　　C. G67

44. 下列哪个指令格式表示在 XY 平面内（　　）。

　　A. G18 G20 X　　　B. G19 G03 Y　　　C. G17 G02 X

45. 现在常用的 CAM 软件,如 UG 等都支持（　　）刀具路径铣削。

　　A. 2～3 轴　　　　B. 2～4 轴　　　　C. 2～5 轴　　　　D. 2～6 轴

46. 已知工件坐标系 G54 X=-200.Y=-300.；G55 X=-150.Y=-200.；G56 X=-100.Y=-100.；执行下列程序后,机床坐标系 *XY* 平面的坐标位置是（　　）。

N1 G54 G00 G90 X-200.Y-100.；

N2 G55 X50.Y-50.；

N3 G92 X-100.Y-100.；

N4 G56 X-150.Y-200.；

N5 G53 X-200.Y-100.；

N6 G55 X100.Y50.；

N7 G28 X-300.Y-350.；

N8 G29 X50.Y0；

　　A.（50,0）　　　　B.（50,-150）　　　C.（-100,-200）　　D.（-100,-150）

47. 在数控铣床上铣一个正方形零件（外轮廓）,如果使用的铣刀直径比原来小 2mm,则计算加工后的正方形尺寸（　　）。

　　A. 小 2mm　　　　B. 小 1mm　　　　C. 大 2mm　　　　D. 大 1mm

48. 执行下列程序的轨迹图形是（　　）。

G90 G00 X200.0 Y40.0；

G03 X140.0 Y100.0 I-60.0 F300；

　　A. 是半径 *R*60 的 1/4 圆　　　　　　B. 是半径 *R*60 的 1/2 圆

C. 是半径 $R60$ 的 3/4 圆

49. 某直线控制数控机床加工的起始坐标为(0,0),接着分别是(0,5),(5,5),(5,0),(0,0),则加工的零件形状是( )。

　　A. 边长为 5 的平行四边形　　　　　B. 边长为 5 的正方形

　　C. 边长为 10 的正方形

50. 由机床的挡块和行程开关决定的坐标位置称为( )。

　　A. 机床参考点　　　B. 机床原点　　　C. 机床换刀点

51. 加工的圆弧半径较小时,刀具半径应选( )。

　　A. 大一点　　　　　B. 小一点　　　　　C. 无需考虑

52. 数控加工中心的固定循环功能适用于( )。

　　A. 曲面形状加工　　B. 平面形状加工　　C. 孔系加工　　　　D. 凸轮加工

53. 循环 G81,G85 的区别是 G81 和 G85 分别以( )返回。

　　A. F 速度、F 速度　B. 快速、快速　　　C. F 速度、快速　　D. 快速、F 速度

54. 数控系统的电网电压有一允许范围,超出该范围,轻则将导致数控系统( )。

　　A. 重要的电子部分损坏　　　　　　　B. 停止运行

　　C. 不能稳定工作

55. 经常停置不用的机床,过了梅雨天后,一开机易发生故障,主要是由于( )作用,导致器件损坏。

　　A. 物理　　　　　　B. 光合　　　　　　C. 化学

56. 正确使用和维护数控机床,对数控机床的使用寿命和故障率的减少起了( )作用。

　　A. 决定性的　　　　B. 最重要的　　　　C. 关键的

57. 数控机床加工调试中遇到问题想停机应先停止( )。

　　A. 冷却液　　　　　B. 主运动　　　　　C. 进给运动　　　　D. 辅助运动

58. 数控机床如长期不用时最重要的日常维护工作是( )。

　　A. 清洁　　　　　　B. 干燥　　　　　　C. 通电

59. 数控机床出现故障后,常规的处理方法是( )。

　　A. 维持现状、调查现象、分析原因、确定检查方法和步骤

　　B. 切断电源、调查现象、分析原因、确定检查方法和步骤

　　C. 机床复位、调查现象、分析原因、确定检查方法和步骤

60. 数控机床每天开机通电后首先应检查( )。

　　A. 液压系统　　　B. 润滑系统　　　　C. 冷却系统

(三)多项选择题

1. 下列知识中( )是数控机床操作工必须了解的。

　　A. 劳动法　　　　　B. 公共关系　　　　C. 劳动安全　　　　D. 企业组织

E. 职业道德　　　F. 环境保护　　　G. 劳动保护

2. 切削加工工序安排的原则是(　　)。

A. 先孔后面　　　B. 先粗后精　　　C. 先主后次　　　D. 先面后孔

E. 基面先行

3. (　　)量具是基准量具。

A. 量块　　　B. 直角尺　　　C. 线纹尺　　　D. 数字式千分尺

E. 激光测量仪

4. 操作人员在测量工件时应主要注意(　　)误差。

A. 量具　　　B. 基准件　　　C. 温度　　　D. 测量力

E. 读数

5. 公差配合中的尺寸有(　　)。

A. 基本尺寸　　　B. 实际尺寸　　　C. 浮动尺寸　　　D. 极限尺寸

6. 主轴准停装置常有(　　)方式。

A. 机械　　　B. 液压　　　C. 电气　　　D. 气压

7. 滚珠丝杠和普通丝杠比较的主要特点(　　)。

A. 旋转为直线运动　　　　　　B. 消除间隙,提高传动刚度

C. 不能自锁,有可逆性　　　　　D. 摩擦阻尼小

8. 数控机床总的发展趋势是(　　)。

A. 工序集中　　　　　　B. 高速、高效、高精度

C. 加工复杂零件　　　　　D. 提高可靠性

9. 数控加工控制有(　　)类型。

A. 主轴控制　　　　　　B. 各坐标轴运动控制

C. 顺序控制　　　　　　D. 刀架控制

10. 常用的 CNC 控制系统的插补算法可分为(　　)。

A. 脉冲增量插补　　　　　　B. 数字积分插补

C. 数据采样插补　　　　　　D. 逐点比较插补

11. 半闭环进给伺服系统的数控机床,其定位精度主要取决于(　　)。

A. 伺服单元　　　　　　B. 检测装置的精度

C. 机床传动机构的精度　　　　D. 控制系统

12. 工件定位时约束零件三个自由度的表面称为(　　),约束零件两个自由度的表面称为(　　),约束零件一个自由度的表面称为(　　)。

A. 定位面　　　B. 装置面　　　C. 承挡面　　　D. 导向面

E. 夹紧面

13. 数控机床上用的刀具应满足(　　)。

A. 安装调整方便　　B. 刚性好　　　C. 精度高　　　D. 强度高

E. 耐用度好

14. 数控机床上常用的铣刀种类是( )和成形铣刀、鼓形铣刀等。

A. 键槽铣刀　　　　B. 立铣刀　　　　C. 圆柱形球头立铣刀

D. 面铣刀　　　　　E. 模具铣刀

15. 对刀点合理选择的位置应是( )。

A. 孔的中心线上　　　　　　　　B. 两垂直平面交线上

C. 工件坐标系零点　　　　　　　D. 机床坐标系零点

16. 如果要求刀具在到达终点前减速并精确定位后才执行下一段程序段时,可使用( )指令。

A. G01　　　　　B. G09　　　　　C. G00　　　　　D. G61

17. 数控机床加工的零件精度高主要是因为( )。

A. 装夹次数少　　　　　　　　　B. 采用滚珠丝杠传动副

C. 具有加工过程自动监控和误差补偿

D. 具有自动换刀装置

18. 数控机床制定加工方案的一般原则是( )。

A. 先粗后精　　　B. 先近后远　　　C. 程序段最少　　　D. 先孔后面

19. 数控机床不适宜加工的零件是( )。

A. 单工序批量零件　　　　　　　B. 单件形状复杂零件

C. 高精度球类零件　　　　　　　D. 轮廓简单批量很大的零件

20. 加工( )零件,宜采用数控加工设备。

A. 大批量　　　　　　　　　　　B. 多品种中小批量

C. 复杂型面　　　　　　　　　　D. 叶轮叶形

21. 适合数控铣削的主要加工对象有( )零件。

A. 曲面类　　　　B. 箱体类　　　　C. 平面类　　　　D. 孔系类

E. 变斜角类

22. 数控加工中心适宜于加工( )的零件。

A. 形状复杂内容多　　　　　　　B. 多次装夹调整

C. 平面轮廓　　　　D. 立体轮廓　　　　E. 工艺装备多

23. 加工中心加工的既有平面又有孔的零件,常见的是( )零件。

A. 支架类　　　　B. 箱体类　　　　C. 盘、套、板类　　　D. 凸轮类

24. 加工中心加工的外形不规则的异型零件,是指( )零件。

A. 拨叉类　　　　B. 模具类　　　　C. 凸轮类　　　　D. 支架类

25. 数控加工编程前要对零件的几何特征如( )等轮廓要素进行分析。

A. 平面　　　　　B. 直线　　　　　C. 轴线　　　　　D. 曲线

26. 在未装夹工件前,空运行一次程序是为了检查( )。

A. 程序　　　　　　　　　　　　B. 刀具、夹具选取与安装的合理性

C. 工件坐标系　　　　　　　　　D. 机床的加工范围

27. 数控机床在切削螺纹工序之前,应对( )编程。

A. 主轴转速　　　B. 转向　　　　C. 进给速度

28. 数控机床常见的机械故障表现为( )。

A. 传动噪声大　　B. 加工精度差　　C. 运行阻力大　　D. 刀具选择错

29. 数控机床的电气故障分强电故障和弱电故障,弱电故障主要指( )。

A. CNC 装置　　　B. 插补装置　　　C. 分配器　　　　D. 伺服单元

E. PLC 控制器

30. 对数控机床进行日常维护、保养的主要目的是( )。

A. 机床清洁　　　　　　　　B. 延长元器件的使用寿命

C. 延长机械部件的变换周期　　D. 保持长时间的稳定工作

## 八、数控铣工中级理论知识模拟试卷四参考答案

(一)判断题

1. ×　2. √　3. ×　4. ×　5. ×　6. √　7. √　8. ×　9. ×　10. √

11. ×　12. √　13. √　14. ×　15. √　16. ×　17. √　18. ×　19. √　20. √

21. √　22. √　23. ×　24. √　25. ×　26. √　27. √　28. ×　29. ×　30. ×

(二)单项选择题

1. C　2. A　3. C　4. D　5. C　6. C　7. B　8. C　9. C　10. A

11. C　12. C　13. B　14. A　15. B　16. C　17. B　18. C　19. A,D　20. A

21. C　22. C　23. B　24. A　25. B　26. A　27. C　28. B　29. B　30. B

31. B　32. C　33. C,B　34. B　35. C　36. C　37. A　38. A　39. B　40. C

41. A　42. A　43. A　44. C　45. C　46. B　47. C　48. A　49. B　50. A

51. B　52. C　53. D　54. C　55. C　56. C　57. C　58. C　59. A　60. B

(三)多项选择题

1. ACEFG　2. AC　3. ABC　4. CDE　5. ABD　6. AC　7. BCD　8. ABD

9. BC　10. CD　11. BC　12. BDC　13. ABCE　14. ABDE　15. AB　16. BD

17. BC　18. ABC　19. ACD　20. BCD　21. ACE　22. ABE　23. BC　24. AD

25. ABD　26. ABD　27. AB　28. ABC　29. ADE　30. BCD

# 附：国家职业标准数控铣工
## [（试行）2005，中、高级节选]

## 1. 职业概况

### 1.2 职业定义

从事编制数控加工程序并操作数控铣床进行零件铣削加工的人员。

### 1.5 职业能力特征

具有较强的计算能力和空间感，形体知觉及色觉正常，手指、手臂灵活，动作协调。

### 1.6 基本文化程度

高中毕业（或同等学历）。

#### 1.8.2 申报条件

——中级：（具备以下条件之一者）

(1)经本职业中级正规培训达规定标准学时数，并取得结业证书。

(2)连续从事本职业工作5年以上。

(3)取得经劳动保障行政部门审核认定的，以中级技能为培养目标的中等以上职业学校本职业（或相关专业）毕业证书。

(4)取得相关职业中级《职业资格证书》后，连续从事本职业2年以上。

——高级：（具备以下条件之一者）

(1)取得本职业中级职业资格证书后，连续从事本职业工作2年以上，经本职业高级正规培训，达到规定标准学时数，并取得结业证书。

(2)取得本职业中级职业资格证书后，连续从事本职业工作4年以上。

(3)取得劳动保障行政部门审核认定的，以高级技能为培养目标的职业学校本职业（或相关专业）毕业证书。

(4)大专以上本专业或相关专业毕业生，经本职业高级正规培训，达到规定标准学时数，并取得结业证书。

#### 1.8.3 鉴定方式

分为理论知识考试和技能操作考核。理论知识考试采用闭卷方式，技能操作（含软件应用）考核采用现场实际操作和计算机软件操作方式。理论知识考试和技能操作（含软件应用）考核均实行百分制，成绩皆达60分及以上者为合格。

## 2. 基本要求

### 2.2 基础知识

#### 2.2.1 基础理论知识

(1)机械制图

(2)工程材料及金属热处理知识

(3)机电控制知识

(4)计算机基础知识

(5)专业英语基础

### 2.2.2　机械加工基础知识

(1)机械原理

(2)常用设备知识(分类、用途、基本结构及维护保养方法)

(3)常用金属切削刀具知识

(4)典型零件加工工艺

(5)设备润滑和冷却液的使用方法

(6)工具、夹具、量具的使用与维护知识

(7)铣工、镗工基本操作知识

# 3. 工作要求

高级别涵盖低级别的要求。

## 3.1　中级

| 职业功能 | 工作内容 | 技能要求 | 相关知识 |
|---|---|---|---|
| 一、加工准备 | (一)读图与绘图 | 能读懂中等复杂程度(如:凸轮、壳体、板状、支架)的零件图<br>能绘制有沟槽、台阶、斜面、曲面的简单零件图<br>能读懂分度头尾架、弹簧夹头套筒、可转位铣刀结构等简单机构装配图 | 复杂零件的表达方法<br>简单零件图的画法<br>零件三视图、局部视图和剖视图的画法 |
| | (二)制定加工工艺 | 能读懂复杂零件的铣削加工工艺文件<br>能编制由直线、圆弧等构成的二维轮廓零件的铣削加工工艺文件 | 数控加工工艺知识<br>数控加工工艺文件的制定方法 |
| | (三)零件定位与装夹 | 能使用铣削加工常用夹具(如压板、虎钳、平口钳等)装夹零件<br>能够选择定位基准,并找正零件 | 常用夹具的使用方法<br>定位与夹紧的原理和方法<br>零件找正的方法 |
| | (四)刀具准备 | 能够根据数控加工工艺文件选择、安装和调整数控铣床常用刀具<br>能根据数控铣床特性、零件材料、加工精度、工作效率等选择刀具和刀具几何参数,并确定数控加工需要的切削参数和切削用量<br>能够利用数控铣床的功能,借助通用量具或对刀仪测量刀具的半径及长度<br>能选择、安装和使用刀柄<br>能够刃磨常用刀具 | 金属切削与刀具磨损知识<br>数控铣床常用刀具的种类、结构、材料和特点<br>数控铣床、零件材料、加工精度和工作效率对刀具的要求<br>刀具长度补偿、半径补偿等刀具参数的设置知识<br>刀柄的分类和使用方法<br>刀具刃磨的方法 |

**续上表**

| 职业功能 | 工作内容 | 技能要求 | 相关知识 |
|---|---|---|---|
| 二、数控编程 | （一）手工编程 | 能编制由直线、圆弧组成的二维轮廓数控加工程序<br>能够运用固定循环、子程序进行零件的加工程序编制 | 数控编程知识<br>直线插补和圆弧插补的原理<br>节点的计算方法 |
| | （二）计算机辅助编程 | 能够使用 CAD/CAM 软件绘制简单零件图<br>能够利用 CAD/CAM 软件完成简单平面轮廓的铣削程序 | CAD/CAM 软件的使用方法<br>平面轮廓的绘图与加工代码生成方法 |
| 三、数控铣床操作 | （一）操作面板 | 能够按照操作规程启动及停止机床<br>能使用操作面板上的常用功能键（如回零、手动、MDI、修调等） | 数控铣床操作说明书<br>数控铣床操作面板的使用方法 |
| | （二）程序输入与编辑 | 能够通过各种途径（如 DNC、网络）输入加工程序<br>能够通过操作面板输入和编辑加工程序 | 数控加工程序的输入方法<br>数控加工程序的编辑方法 |
| | （三）对刀 | 能进行对刀并确定相关坐标系<br>能设置刀具参数 | 对刀的方法<br>坐标系的知识<br>建立刀具参数表或文件的方法 |
| | （四）程序调试与运行 | 能够进行程序检验、单步执行、空运行并完成零件试切 | 程序调试的方法 |
| | （五）参数设置 | 能够通过操作面板输入有关参数 | 数控系统中相关参数的输入方法 |
| 四、零件加工 | （一）平面加工 | 能够运用数控加工程序进行平面、垂直面、斜面、阶梯面等的铣削加工，并达到如下要求：<br>(1)尺寸公差等级达 IT7 级<br>(2)形位公差等级达 8 级<br>(3)表面粗糙度达 $Ra$ 3.2$\mu$m | 平面铣削的基本知识<br>刀具端刃的切削特点 |
| | （二）轮廓加工 | 能够运用数控加工程序进行由直线、圆弧组成的平面轮廓铣削加工，并达到如下要求：<br>(1)尺寸公差等级达 IT8<br>(2)形位公差等级达 8 级<br>(3)表面粗糙度达 $Ra$ 3.2$\mu$m | 平面轮廓铣削的基本知识<br>刀具侧刃的切削特点 |

**续上表**

| 职业功能 | 工作内容 | 技能要求 | 相关知识 |
|---|---|---|---|
| 四、零件加工 | （三）曲面加工 | 能够运用数控加工程序进行圆锥面、圆柱面等简单曲面的铣削加工，并达到如下要求：<br>（1）尺寸公差等级达 IT8<br>（2）形位公差等级达 8 级<br>（3）表面粗糙度达 $Ra\ 3.2\mu m$ | 1. 曲面铣削的基本知识<br>2. 球头刀具的切削特点 |
| | （四）孔类加工 | 能够运用数控加工程序进行孔加工，并达到如下要求：<br>（1）尺寸公差等级达 IT7<br>（2）形位公差等级达 8 级<br>（3）表面粗糙度达 $Ra\ 3.2\mu m$ | 麻花钻、扩孔钻、丝锥、镗刀及铰刀的加工方法 |
| | （五）槽类加工 | 能够运用数控加工程序进行槽、键槽的加工，并达到如下要求：<br>（1）尺寸公差等级达 IT8<br>（2）形位公差等级达 8 级<br>（3）表面粗糙度达 $Ra\ 3.2\mu m$ | 槽、键槽的加工方法 |
| | （六）精度检验 | 能够使用常用量具进行零件的精度检验 | 常用量具的使用方法<br>零件精度检验及测量方法 |
| 五、维护与故障诊断 | （一）机床日常维护 | 能够根据说明书完成数控铣床的定期及不定期维护保养，包括：机械、电气、液压、数控系统检查和日常保养等 | 数控铣床说明书<br>数控铣床日常保养方法<br>数控铣床操作规程<br>数控系统（进口、国产数控系统）说明书 |
| | （二）机床故障诊断 | 能读懂数控系统的报警信息<br>能发现数控铣床的一般故障 | 数控系统的报警信息<br>机床的故障诊断方法 |
| | （三）机床精度检查 | 能进行机床水平的检查 | 水平仪的使用方法<br>机床垫铁的调整方法 |

### 3.2 高级

| 职业功能 | 工作内容 | 技能要求 | 相关知识 |
|---|---|---|---|
| 一、加工准备 | (一)读图与绘图 | 能读懂装配图并拆画零件图<br>能够测绘零件<br>能够读懂数控铣床主轴系统、进给系统的机构装配图 | 根据装配图拆画零件图的方法<br>零件的测绘方法<br>数控铣床主轴与进给系统基本构造知识 |
| | (二)制定加工工艺 | 能编制二维、简单三维曲面零件的铣削加工工艺文件 | 复杂零件数控加工工艺的制定 |
| | (三)零件定位与装夹 | 能选择和使用组合夹具和专用夹具<br>能选择和使用专用夹具装夹异型零件<br>能分析并计算夹具的定位误差<br>能够设计与自制装夹辅具(如轴套、定位件等) | 数控铣床组合夹具和专用夹具的使用、调整方法<br>专用夹具的使用方法<br>夹具定位误差的分析与计算方法<br>装夹辅具的设计与制造方法 |
| | (四)刀具准备 | 能够选用专用工具(刀具和其他)<br>能够根据难加工材料的特点,选择刀具的材料、结构和几何参数 | 专用刀具的种类、用途、特点和刃磨方法<br>切削难加工材料时的刀具材料和几何参数的确定方法 |
| 二、数控编程 | (一)手工编程 | 能够编制较复杂的二维轮廓铣削程序<br>能够根据加工要求编制二次曲面的铣削程序<br>能够运用固定循环、子程序进行零件的加工程序编制<br>能够进行变量编程 | 较复杂二维节点的计算方法<br>二次曲面几何体外轮廓节点计算<br>固定循环和子程序的编程方法<br>变量编程的规则和方法 |
| | (二)计算机辅助编程 | 能够利用 CAD/CAM 软件进行中等复杂程度的实体造型(含曲面造型)<br>能够生成平面轮廓、平面区域、三维曲面、曲面轮廓、曲面区域、曲线的刀具轨迹<br>能进行刀具参数的设定<br>能进行加工参数的设置<br>能确定刀具的切入切出位置与轨迹<br>能够编辑刀具轨迹<br>能够根据不同的数控系统生成 G 代码 | 1. 实体造型的方法<br>2. 曲面造型的方法<br>3. 刀具参数的设置方法<br>4. 刀具轨迹生成的方法<br>5. 各种材料切削用量的数据<br>6. 有关刀具切入切出的方法对加工质量影响的知识<br>7. 轨迹编辑的方法<br>8. 后置处理程序的设置和使用方法 |
| | (三)数控加工仿真 | 能利用数控加工仿真软件实施加工过程仿真、加工代码检查与干涉检查 | 数控加工仿真软件的使用方法 |

续上表

| 职业功能 | 工作内容 | 技能要求 | 相关知识 |
|---|---|---|---|
| 三、数控铣床操作 | （一）程序调试与运行 | 能够在机床中断加工后正确恢复加工 | 程序的中断与恢复加工的方法 |
| | （二）参数设置 | 能够依据零件特点设置相关参数进行加工 | 数控系统参数设置方法 |
| 四、零件加工 | （一）平面铣削 | 能够编制数控加工程序铣削平面、垂直面、斜面、阶梯面等，并达到如下要求：<br>(1)尺寸公差等级达 IT7<br>(2)形位公差等级达 8 级<br>(3)表面粗糙度达 Ra 3.2μm | 1. 平面铣削精度控制方法<br>2. 刀具端刃几何形状的选择方法 |
| | （二）轮廓加工 | 能够编制数控加工程序铣削较复杂的（如凸轮等）平面轮廓，并达到如下要求：<br>(1)尺寸公差等级达 IT8<br>(2)形位公差等级达 8 级<br>(3)表面粗糙度达 Ra 3.2μm | 1. 平面轮廓铣削的精度控制方法<br>2. 刀具侧刃几何形状的选择方法 |
| | （三）曲面加工 | 能够编制数控加工程序铣削二次曲面，并达到如下要求：<br>(1)尺寸公差等级达 IT8<br>(2)形位公差等级达 8 级<br>(3)表面粗糙度达 Ra 3.2μm | 1. 二次曲面的计算方法<br>2. 刀具影响曲面加工精度的因素以及控制方法 |
| | （四）孔系加工 | 能够编制数控加工程序对孔系进行切削加工，并达到如下要求：<br>(1)尺寸公差等级达 IT7<br>(2)形位公差等级达 8 级<br>(3)表面粗糙度达 Ra 3.2μm | 麻花钻、扩孔钻、丝锥、镗刀及铰刀的加工方法 |
| | （五）深槽加工 | 能够编制数控加工程序进行深槽、三维槽的加工，并达到如下要求：<br>(1)尺寸公差等级达 IT8<br>(2)形位公差等级达 8 级<br>(3)表面粗糙度达 Ra 3.2μm | 深槽、三维槽的加工方法 |
| | （六）配合件加工 | 能够编制数控加工程序进行配合件加工，尺寸配合公差等级达 IT8 | 配合件的加工方法<br>尺寸链换算的方法 |
| | （七）精度检验 | 能够利用数控系统的功能使用百（千）分表测量零件的精度<br>能对复杂、异形零件进行精度检验<br>能够根据测量结果分析产生误差的原因<br>能够通过修正刀具补偿值和修正程序来减少加工误差 | 复杂、异形零件的精度检验方法<br>产生加工误差的主要原因及其消除方法 |

续上表

| 职业功能 | 工作内容 | 技能要求 | 相关知识 |
|---|---|---|---|
| 五、维护与故障诊断 | (一)日常维护 | 能完成数控铣床的定期维护 | 数控铣床定期维护手册 |
| | (二)故障诊断 | 能排除数控铣床的常见机械故障 | 机床的常见机械故障诊断方法 |
| | (三)机床精度检验 | 能协助检验机床的各种出厂精度 | 机床精度的基本知识 |

# 4. 比重表

## 4.1 理论知识

| 项　　目 | | 中级(%) | 高级(%) |
|---|---|---|---|
| 基本要求 | 职业道德 | 5 | 5 |
| | 基础知识 | 20 | 20 |
| 相关知识 | 加工准备 | 15 | 15 |
| | 数控编程 | 20 | 20 |
| | 数控铣床操作 | 5 | 5 |
| | 零件加工 | 30 | 30 |
| | 数控铣床维护与精度检验 | 5 | 5 |
| 合　　计 | | 100 | 100 |

## 4.2 技能操作

| 项　　目 | | 中级(%) | 高级(%) |
|---|---|---|---|
| 技能要求 | 加工准备 | 10 | 10 |
| | 数控编程 | 30 | 30 |
| | 数控铣床操作 | 5 | 5 |
| | 零件加工 | 50 | 50 |
| | 数控铣床维护与精度检验 | 5 | 5 |
| 合　　计 | | 100 | 100 |